Heidelberger Taschenbücher Band 194

Günter Fellenberg

Umweltforschung

Einführung in die
Probleme der Umweltverschmutzung

Mit 37 Abbildungen

Springer-Verlag
Berlin Heidelberg New York 1977

Professor Dr. G. FELLENBERG
Botanisches Institut und Botanischer Garten
der Technischen Universität Braunschweig
Humboldtstraße 1, D-3300 Braunschweig

ISBN-13: 978-3-540-08504-1   e-ISBN-13: 978-3-642-95315-6
DOI: 10.1007/978-3-642-95315-6

Library of Congress Cataloging in Publication Data. Fellenberg, Günter. Umweltforschung. (Heidelberger Taschenbücher; Bd. 194). Bibliography: p. Includes index. 1. Pollution. I. Title. TD174.F44. 363.6.77-15593.

Das Werk ist urheberrechtlich geschützt. Die dadurch begründeten Rechte, insbesondere die der Übersetzung, des Nachdruckes, der Entnahme von Abbildungen, der Funksendung, der Wiedergabe auf photomechanischem oder ähnlichem Wege und der Speicherung in Datenverarbeitungsanlagen bleiben, auch bei nur auszugsweiser Verwertung, vorbehalten.
Bei Vervielfältigungen für gewerbliche Zwecke ist gemäß § 54 UrhG eine Vergütung an den Verlag zu zahlen, deren Höhe mit dem Verlag zu vereinbaren ist.
© by Springer-Verlag Berlin · Heidelberg 1977.

Die Wiedergabe von Gebrauchsnamen, Handelsnamen, Warenbezeichnungen usw. in diesem Werk berechtigt auch ohne besondere Kennzeichnung nicht zu der Annahme, daß solche Namen im Sinne der Warenzeichen- und Markenschutz-Gesetzgebung als frei zu betrachten wären und daher von jedermann benutzt werden dürften.

Gesamtherstellung: Beltz Offsetdruck, Hemsbach/Bergstr.
2131/3130-543210

Vorwort

Während der vergangenen Jahre wurde mit einer Fülle populärer Publikationen auf breiter Basis das Bewußtsein für die Gefahren unserer mit Fremdstoffen belasteten Umwelt geweckt. Seither bemühen sich immer wieder Einzelne oder ganze „Bürgerinitiativen" redlich um Abhilfe.
Eine wirksame und für alle nützliche Verbesserung unserer Umwelt setzt jedoch nicht nur guten Willen und Liebe zur Natur voraus. Zu einer objektiven Beurteilung unserer Umweltsituation bedarf es einer gründlichen Detailkenntnis, besonders der physiologischen Auswirkungen aller die Umwelt belastenden Komponenten. Ferner muß stets versucht werden, jeden Belastungsfaktor auch in Beziehung zur Notwendigkeit seiner Freisetzung zu erfassen, dann erst lassen sich Schaden und Nutzen gegeneinander abwägen (z.B. Luftbelastung durch Müllverbrennung einerseits und Volumenreduktion des Mülls und Energiegewinnung andererseits). All diese Schwierigkeiten werden jedoch in den meisten Publikationen über Umweltbelastung außer Acht gelassen, zugunsten einer leicht eingängigen, emotionell gefärbten und häufig zu einseitigen Darstellung.
Mit diesem Buch soll versucht werden, einen ersten orientierenden Überblick über die Spannweite der Umweltbelastung zu geben und wichtige physiologische Konsequenzen der gegenwärtigen Umweltbelastung aufzuzeigen. Um einen möglichst breiten Leserkreis anzusprechen, wurden komplexe Zusammenhänge, wenn möglich, in vereinfachten Übersichtsskizzen zusammengefaßt und so erläutert, daß keine speziellen biologischen Vorkenntnisse zum Verständnis erforderlich sind. Das Buch ist aber nicht ausschließlich als Informationsquelle gedacht, sondern es wurde auch in der Hoffnung geschrieben, neue Interessenten für dieses Gebiet zu gewinnen, die nicht nur Naturliebe, sondern auch den Willen zu mühsamer Kleinarbeit im Labor

mitbringen, um die so dringend notwendigen wissenschaftlichen Grundlagen zu erarbeiten, die es uns ermöglichen sollen, ohne wissenschaftlich-technischen Rückfall in vergangene Jahrhunderte, unsere Umwelt in einem lebensförderlichen Zustand zu erhalten. Wertvolle Anregungen zum Aufbau und zur Gestaltung des Buches verdanke ich Herrn Dr. K. F. Springer und Herrn Dr. Wiebking. Meiner Frau danke ich für wissenschaftliche Beratung beim Kapitel über Medikamentenmißbrauch sowie für das Schreiben des Manuskripts. Schließlich gilt mein Dank allen Mitarbeitern des Springer-Verlags, die an der Herstellung des Buches beteiligt waren und den Wünschen des Autors stets in freundlicher Weise entgegenkamen.

Braunschweig, September 1977   G. FELLENBERG

Inhaltsverzeichnis

A. Einleitung 1

   I. Definition und Ursachen der Umweltbelastung 1
   II. Historische Entwicklung der Umweltbelastung 2
   III. Möglichkeiten zur Vermeidung der Umweltbelastung 4
   IV. Allgemeine Toxikologie 5
      1. Stoffaufnahme und -verteilung 5
         a) Der Vorgang der Giftstoffaufnahme . 5
         b) Die wichtigsten Resorptionsorgane des Menschen 8
      2. Möglichkeiten der physiologischen Wirkung 9
         a) Membranen 9
         b) Transportproteine 10
         c) Enzyme 10
      3. Giftstoffkonzentration und Wirksamkeit . 10
      4. Kombination mehrerer Wirkstoffe 12
      5. Individuelle Unterschiede der Empfindlichkeit 12
      6. Metabolisierung und Ausscheidung ... 14

B. Natürliche Umweltbelastung 17

   I. Luftverschmutzung 17
      1. Pollen 17
      2. Terpene 18
   II. Belastung durch niedere Organismen 19
      1. Mycotoxine 19
         a) Humanpathogene Mycotoxine 19
         b) Pflanzenpathogene Mycotoxine 23
         c) Schutz vor Mycotoxinen 24
      2. Phytoplanktontoxine 25

C. Anthropogene Umweltbelastung 28

I. Luftverschmutzung 28
 1. Beurteilung der Luftverschmutzung . . . 28
 2. Staub und Rauch 30
  a) Nichtmetallische Stäube 30
  b) Metallstäube 34
  c) Rauch 37
 3. Gase und Dämpfe 41
  a) Kohlenoxide 41
  b) Saure Emissionen 45
  c) Oxydantien 49
  d) Smog, Aerosol, PAN 53
  e) Äthylen 57
 4. Lebende Organismen als Indikatoren der Luftverschmutzung 58
 5. Möglichkeiten der Luftreinigung 60
  a) Planung von Industrieanlagen und Straßen 60
  b) Bedeutung von Pflanzen für die Luftqualität 62
  c) Abgasreinigung 65
II. Wasserverschmutzung 68
 1. Definition von EGW, GVE und BSB_5 . . 68
 2. Kommunale Abwässer 70
  a) Bakterielle Abwasserbelastung 70
  b) Mikrobiell abbaubare Substanzen . . 71
  c) Auftausalze 73
 3. Die Rolle der Landwirtschaft 73
  a) Viehhaltung und Silage 74
  b) Düngemittel 78
  c) Pflanzenschutzmittel 80
 4. Industrielle Abwasserbelastung 81
  a) Organische Verbindungen 81
  b) Anorganische Verbindungen 87
 5. Wasserreinigung 94
  a) Biologische Klärung 95
  b) Bedeutung höherer Pflanzen für die Wasserqualität 99
  c) Trinkwassergewinnung 99
  d) Wiedergewinnungsverfahren (Recycling) 101

III. Wärmebelastung 102
  1. Beseitigung von Abwärme 102
  2. Neue Technologien der Energiegewinnung 105
  3. Gefährdung des Großklimas durch Wärmekraftwerke? 107

IV. Müll 108
  1. Definition und Zusammensetzung 108
  2. Umweltbelastung durch Müll 109
  3. Müllbeseitigung 111
    a) Geordnete Deponie 111
    b) Verbrennung 112
    c) Kompostierung 113
  4. Vergleich von Deponie, Verbrennung und Kompostierung 117
  5. Wiedergewinnungsverfahren (Recycling) 118
    a) Verschrottung von Autowracks 119
    b) Aufarbeitung von Industrieschlämmen 120
  6. Entgiftung von Industrieschlämmen . . . 120

V. Pestizide 121
  1. Die Geschichte des DDT 121
  2. Definition und Bewertungsmaßstab . . . 125
  3. Chemische Klassifizierung 125
  4. Anwendungsbereiche der Pestizide und Möglichkeiten der Umweltbelastung . . . 130
  5. Umweltbelastung durch Nebenprodukte und Fehlsynthesen 132
  6. Rückstandsbildung und Toxizität 133
    a) Speicherung im Körperfett 133
    b) Abbauverhalten 134
    c) Konzentration in der Umwelt 137
  7. Auswirkungen auf die Umwelt 138
    a) Wirkungsweise 138
    b) Einfluß auf Bodenorganismen 139
    c) Einfluß auf Kulturpflanzen 140
    d) Einfluß auf Tiere 141
    e) Resistenzbildung 141
  8. Maßnahmen zur Verminderung des Pestizideinsatzes 142
    a) Verbesserung der Pestizidherstellung . 142

  b) Verbesserung der Anwendungsverfahren 143
  c) Entwicklung spezifisch wirkender Pestizide 143
  d) Verminderung des Pestizideinsatzes . 144
  e) Züchterische Maßnahmen 146
 VI. Medikamentenmißbrauch 147
  1. Antibiotika 148
   a) Anwendungsbereich 148
   b) Gefahren durch Antibiotika 152
   c) Resistenzbildung 152
   d) Schutz vor den Gefahren durch Antibiotika 154
  2. Schlafmittel und Psychopharmaka 155
   a) Schlafmittel 156
   b) Tranquillantien (= Tranquilizer) . . . 158
   c) Neuroleptika 159
   d) Antidepressiva 160
   e) Stimulantien 160
   f) Schutz vor Nebenwirkungen der Psychopharmaka 160
 VII. Cancerogene Substanzen 161
 VIII. Radioaktivität 166
  1. Formen und Maßangaben der Radioaktivität 167
  2. Beurteilung radioaktiver Elemente nach ihrer biologischen Wirksamkeit 169
  3. Physiologische Wirkung energiereicher Strahlen 170
  4. Eigenschaften und Verhalten der Mutationen 173
  5. Toleranzdosis für den Menschen 175
  6. Quellen künstlicher Strahlenbelastung des Menschen 177
   a) Allgemeiner Überblick 177
   b) Kernkraftwerke 178
  7. Schutz vor Radioaktivität 183
 IX. Lärmbelastung 184

Literatur 188

Sachverzeichnis 195

A. Einleitung

I. Definition und Ursachen der Umweltbelastung

Der Begriff Umweltbelastung umfaßt eine Fülle von Aspekten, die von der Verunreinigung der Luft, der Gewässer und des Bodens bis hin zur Verunstaltung der Landschaft, der Erosion von Baudenkmälern oder der Kontaminierung von Hühnerfleisch mit Hormonen reicht. Deshalb soll eine Definition des Begriffs Umweltbelastung vorangestellt werden, die das weite Gebiet eingrenzt.

Unter Umweltbelastung sollen hier nur alle jene Faktoren in unserer Umwelt verstanden werden, die die Gesundheit des Menschen gefährden oder beeinträchtigen. Mit dieser engen Fassung des Begriffs Umweltbelastung sollen bewußt Fragen der Ästhetik sowie Probleme des Natur- und Landschaftsschutzes ausgeklammert werden.

Fragt man nach den Gründen für die Umweltbelastung, wie man sie heute erlebt, dann stößt man auf zwei wesentliche Ursachen:

Die eine wurzelt in dem Drang des Menschen zur Technisierung. Wie kein anderes Lebewesen versteht es der Mensch, die verschiedensten Rohstoffe so aufzuarbeiten, daß sie ihm nützlich werden; sei es in Form von Geräten und Maschinen oder von Luxus- und Kunstgegenständen. Bei den technischen Herstellungsverfahren entstehen meist erhebliche Abfallmengen, die die Umwelt belasten. Außerdem wird zu den Aufarbeitungs- oder Herstellungsverfahren nicht nur körpereigene Energie verwendet, sondern überwiegend anderweitig gewonnene Energien. Aber auch die Energiegewinnung ist meist mit einer erheblichen Umweltbelastung verbunden. Somit stellt der gesamte Industrialisierungsprozeß eine der wichtigsten Komponenten der Umweltverschmutzung dar.

Die zweite wesentliche Ursache für die Umweltbelastung besteht darin, daß die zunehmende Bevölkerungsdichte zu steigender Nahrungsmittelproduktion zwingt. Da die landwirtschaftliche Anbaufläche nicht im gleichen Umfang mitwachsen kann wie die Bevölkerung, kann die notwendige Ertragssteigerung nur über eine Intensivierung der Landwirtschaft erzielt werden. Dazu gehört einmal eine leistungsfähige Düngemittelproduktion, sei es in Form von Stalldung oder Mineraldünger, und zum anderen gehört dazu ein wirksamer Schutz der Kulturpflanzen vor tierischen oder pflanzlichen Schädlingen. Die Notwendigkeit des Einsatzes von Pflanzenschutzmitteln wird gelegentlich bezweifelt. Deshalb soll an einem Beispiel der Wert von Pflanzenschutzmitteln erläutert werden: Beim Kohlanbau kann man mit einem Ertrag von 210 dz/ha rechnen, wenn Pflanzenschutzmittel nicht eingesetzt werden. Unter Verwendung von Pflanzenschutzmitteln kann der Ertrag auf 300 dz/ha gesteigert werden, das bedeutet einen Zuwachs von 42,8 %. Sowohl Herstellung als auch Anwendung von Düngemitteln und Pflanzenschutzmitteln stellen eine weitere wesentliche Komponente der Umweltbelastung dar.

Beide Ursachen für die steigende Umweltbelastung, industrielle Produktion und Nahrungsmittelproduktion nehmen mit steigender Bevölkerungsdichte notwendigerweise zu, solange nicht steuernd eingegriffen wird.

II. Historische Entwicklung der Umweltbelastung

Trotz der Abhängigkeit der Industrialisierung, Nahrungsmittelproduktion und Umweltverschmutzung von der Bevölkerungsdichte, stellt die Belastung der menschlichen Umgebung mit Giftstoffen durchaus kein neuartiges Problem dar. Durch die Tätigkeit des Menschen entstanden schon frühzeitig in der Geschichte Abfallprodukte, die in die Luft oder in das Wasser abgeleitet wurden und die giftig oder zumindest lästig waren. Deshalb versuchte man bald, durch Erlasse und Verordnungen die Abfallproduktion und die Abfallbeseitigung zu steuern. So durften z. B. im alten Griechenland die Gerbereien mit ihren übelriechenden Abgasen nur nach besonderer Genehmigung errichtet werden. Für Silberschmelzen waren besonders hohe Essen vorgeschrieben, damit sich die giftigen (SO_2-haltigen) Abgase besser verteilen konnten. Im alten Rom gab es beispielsweise eine Verordnung, nach der die stinkenden Betriebe der Abdecker, Gerber, Ölpresser und Wäscher nur jenseits des Tiber errichtet werden durften, dort also, wo keine Wohnsiedlungen standen. Auch die Schmelzöfen der Glasfabriken durften wegen ihrer luftverunreinigenden Abgase (HF-haltig) nur in einem begrenzten Stadtgebiet angesiedelt werden.

In Zwickau wurde 1348 der Gebrauch von Steinkohle in Schmieden innerhalb des Stadtgebietes untersagt. Mit einer „Bürgerinitiative" setzten 1407 die Bewohner von Goslar durch, daß Erze nicht mehr in Stadtnähe geröstet werden durften, weil die Rauchbelästigung durch die Erzhütten unerträglich geworden war.

Wie diese historischen Beispiele zeigen, existierten Probleme der Umweltbelastung nur lokal eng begrenzt, und man hatte noch keine Vorstellung davon, wie groß die Kapazität der gesamten Erde für umweltbelastende Komponenten ist. Deshalb glaubte man zunächst, daß der rasch zunehmende Ausstoß industrieller und landwirtschaftlicher Abfallprodukte mit dem rapiden Wachstum der Industrialisierung im vergangenen und in diesem Jahrhundert dadurch beseitigt werden könnte, daß man Abwässer und Abgase sich möglichst weiträumig ausbreiten ließ, um eine optimale Verdünnung der Schadstoffe zu erzielen. Den Zeitraum, der bis zur Entgiftung bzw. bis zum Abbau der Abfallprodukte verstreicht, beurteilte man allerdings ganz falsch. Diese Fehleinschätzung der Selbstreinigungskapazität der Natur bemerkte man erstmals ganz deutlich an Flüssen und Seen. Zunächst hatte man gehofft, daß die Binnengewässer durch den kontinuierlichen Zufluß frischen Quellwassers und den Abfluß verschmutzten Wassers schadlos Verunreinigungen in großer Menge aufnehmen könnten. Doch schon um die Jahrhundertwende zeigte sich, daß Fische, die gegen Schmutzwasser besonders empfindlich sind, in einigen Flüssen dem Aussterben nahe waren. Der noch im 19. Jahrhundert nicht unbeträchtliche Störfang im Unterlauf des Rheins (aus dem Rogen des Stör wird Kaviar hergestellt) war um die Jahrhundertwende deutlich eingeschränkt und erlosch 1920 völlig. Das gleiche Schicksal widerfuhr dem Lachsfang, der jedoch erst um 1955 gänzlich zum Erliegen kam. Inzwischen steht man einigermaßen ratlos vor der Feststellung, daß sogar die Weltmeere unübersehbare Anzeichen der Verschmutzung tragen und die Meeresfauna zumindest in küstennahen Gebieten stark in Mitleidenschaft gezogen ist.

Auch in die Luft entlassene Abgase werden nicht so stark und rasch verdünnt wie ursprünglich angenommen wurde. Der Waldbrand in Niedersachsen im Jahre 1975 hinterließ eine 200 km lange sichtbare Rauchfahne, wie aus Satellitenphotos hervorging. Noch viel weiter werden unter bestimmten klimatischen Bedingungen industrielle Abgase verfrachtet, wie später noch genauer berichtet wird (s. S. 46).

Die Beispiele zeigen, daß im Unterschied zur Antike und zum Mittelalter die Umweltbelastung heute zu einem weiträumigen, häufig sogar zu einem internationalen Problem geworden ist.

III. Möglichkeiten zur Vermeidung der Umweltbelastung

Die durch die Umweltbelastung drohende Gefahr ist heute wenigstens im Prinzip erkannt. Über die Möglichkeiten, diese Gefahren zu umgehen, gibt es jedoch sehr unterschiedliche Meinungen.

Eine vollständige Entgiftung aller industriellen Emissionen (= Auswürfe) und Abfallstoffe ist so kostspielig, daß sie nicht mit einem Mal durchgeführt werden kann. Deshalb muß bei einigen Industriezweigen zeitweise die Produktion eingeschränkt werden, um damit die Umweltbelastung zu reduzieren. Dieses Verfahren bringt jedoch wirtschaftliche Nachteile mit sich.

Im Bereich der Landwirtschaft wird häufig der Ruf nach „natürlichen" Anbauverfahren laut, d. h. nach Anbauverfahren ohne Einsatz von Pflanzenschutzmitteln und Mineraldünger. Würde man diesem Wunsch uneingeschränkt folgen, müßte man mit Ertragseinbußen von mehr als 50 % rechnen (vgl. dazu Ertragseinbußen im Kohlanbau alleine ohne Einsatz von Pflanzenschutzmitteln; S. 2). Das würde eine bisher nie dagewesene Hungersnot auslösen.

Somit bleibt als Kompromißlösung nur der Weg offen, zunächst die gefährlichsten Komponenten der Umweltbelastung im Rahmen des wirtschaftlich Möglichen auszuschalten, um damit das Risiko für unsere Gesundheit einzuschränken. Um dieses relativ bescheidene Ziel zu erreichen, muß man über die physiologische Wirksamkeit aller wichtigen Faktoren der Umweltbelastung informiert sein, um überhaupt zu wissen, welches die gefährlichsten Komponenten sind, und um einen Anhaltspunkt darüber zu gewinnen, in welchen Konzentrationen man diese Faktoren noch tolerieren kann. Deshalb sollen bevorzugt physio-

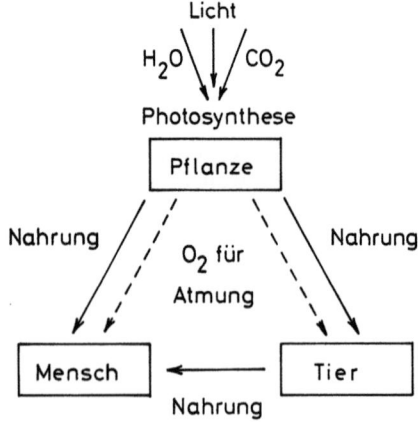

Abb. 1. Abhängigkeit des Menschen von Pflanzen und Tieren

logische Wirkungen einiger wichtiger Komponenten der Umweltbelastung erörtert werden. Hierbei zeigen sich am deutlichsten die großen Lücken in unserem Wissen über Umweltbelastung.

Obwohl eingangs die Definition der Umweltbelastung auf den Menschen bezogen wurde, sollen nicht nur direkte Auswirkungen auf den Menschen betrachtet werden. Als Teil der gesamten belebten Welt ist der Mensch sowohl von Tieren als auch von Pflanzen direkt abhängig. Den Pflanzen kommt dabei eine zentrale Stellung zu (Abb. 1), da sie die einzigen Lebewesen darstellen, die aus anorganischen Substanzen unter Zuhilfenahme von Licht als Energiequelle eine Totalsynthese organischer Substanzen durchführen können und zugleich Sauerstoff für die Atmung aus Wasser freisetzen. Dementsprechend werden die Pflanzen mehrfach im Mittelpunkt der Darstellungen stehen. Daß darüber hinaus weitaus kompliziertere Wechselbeziehungen zwischen Umweltbelastung und den verschiedensten Lebewesen existieren, wird später noch an einigen Beispielen deutlich.

Zunächst sollen einige allgemeine Grundlagen über Giftstoffwirkungen erörtert werden, wobei der Mensch im Mittelpunkt steht. Spezielle Eingriffe in Stoffwechselprozesse von Pflanzen werden später von Fall zu Fall gesondert besprochen.

IV. Allgemeine Toxikologie

1. Stoffaufnahme und -verteilung

Ein Giftstoff kann erst dann physiologisch wirksam werden, wenn er in die Zellen eingedrungen ist und mit dem Blutkreislauf (bei Pflanzen mit dem Transportstrom in den Leitbündeln) im ganzen Körper verteilt wurde. Dabei müssen zwei Barrieren überwunden werden, und zwar zunächst die Membranen, die jede (tierische und pflanzliche) Zelle umgeben und weiterhin die gesamte Gewebsschicht bis hin zu den Transportbahnen.

a) Der Vorgang der Giftstoffaufnahme

Die Zellmembranen bestehen hauptsächlich aus einer doppelten Schicht fettähnlicher Stoffe, den Lipiden (z.B. Lecithin). Diese Lipidmembran ist teilweise von Proteinen (= Eiweiß) bedeckt, zum Teil sind Proteine zwischen die Lipidmoleküle der Membran eingelagert. Trotz dieses generell einheitlichen Membranbaus kann die Durchlässigkeit für verschiedene Substanzen mitunter deutliche, organspezifische Unterschiede aufweisen, so daß damit die Resorptionsfähigkeit (= Stoffaufnahmefähigkeit) der einzelnen Organe verschieden ist (s. S. 8, 9).

Einige allgemeine Regeln lassen sich dennoch aus dem Bau der Membranen ableiten: lipophile (= gut fettlösliche) Stoffe werden generell leichter die Membranen passieren als hydrophile (= gut wasserlösliche) Stoffe. Ausgesprochen hydrophile Substanzen können nur dort durch die Membranen gelangen, wo Proteine in die Lipidschicht eingelagert sind und damit eine Pore für hydrophile Stoffe schaffen (Abb. 2). Wasserlösliche Stoffe werden demzufolge die

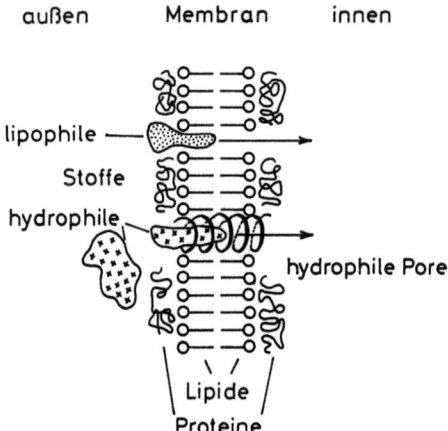

Abb. 2. Bauprinzip der Membranen und Darstellung des Durchtritts lipophiler und hydrophiler Stoffe

Membranen langsamer durchdringen als gut fettlösliche. Die Aufnahme der hydrophilen Stoffe wird um so langsamer erfolgen, je größer das Molekül (bzw. Molekulargewicht) ist. Anders ausgedrückt, hydrophile Moleküle, die größer sind als der Porendurchmesser, werden nur sehr schwer aufgenommen. Als Faustregel mag gelten, daß Stoffe bis zu einem Molekulargewicht von etwa 400 die Membranen noch relativ gut passieren, während bei höheren Molekulargewichten die Aufnahme ganz erheblich verzögert wird.

Die hier geschilderte Wanderung der Stoffe durch die Membranen (bzw. durch die ganze Zelle) bezeichnet man als Diffusion. Die Diffusionsgeschwindigkeit wird bei allen Stoffen sehr stark von der Temperatur mitbestimmt.

Die Menge der durch Diffusion aufgenommenen Stoffe hängt von deren Konzentration in der Umgebung der betreffenden Zellen ab, denn durch Diffusion wird stets ein Konzentrationsausgleich zwischen

Umgebung und Innenraum hergestellt. Befinden sich jedoch innerhalb der Zelle bestimmte Proteine, Fette oder andere Komponenten, die den eindiffundierten Stoff binden können, dann erniedrigt sich die Konzentration des freien Giftstoffes im Zellsaft, und er kann erneut aus der Umgebung in die Zelle nachdiffundieren, bis sich wieder ein Konzentrationsgleichgewicht zwischen Umgebung und Zellinnenraum eingestellt hat (Abb. 3). Auf diese Weise können Giftstoffe in der Zelle gegenüber der Umwelt angereichert werden (vgl. Pestizide, S. 133).

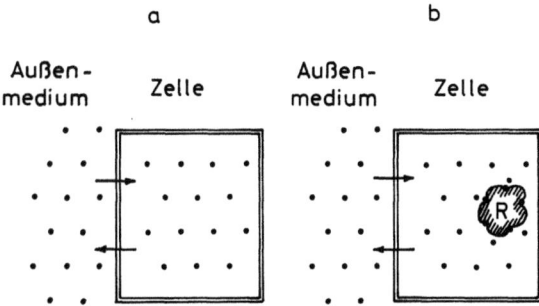

Abb. 3a u. b. Schematische Darstellung der Stoffaufnahme durch Diffusion. (a) Konzentrationsausgleich durch freie Diffusion. (b) Giftstoffanreicherung in der Zelle durch Bindung an einen Rezeptor R

Der zunächst in periphere Zellen eingedrungene Fremd- oder Giftstoff wandert durch Diffusion tiefer in das Gewebe ein, bis er in die Stoffleitungsbahnen gelangt. Von dort wird er dann rasch im ganzen Organismus verteilt. Die Ausbreitungsgeschwindigkeit der aufgenommenen Fremdstoffe hängt also im wesentlichen davon ab, wie lange es dauert, bis er die Leitbahnen für den Ferntransport erreicht hat. Das wird um so schneller der Fall sein, je dünner das Gewebe ist, welches die Umwelt von den Transportbahnen trennt und je weniger die äußeren Zellmembranen durch Auflagerungen geschützt sind. Diese Bedingungen erfüllen bei Pflanzen besonders die Wurzelspitzen und Laubblätter, sofern die Spaltöffnungen nicht geschlossen sind (s. S. 47). Bei Tier und Mensch kommen besonders Lunge und Verdauungstrakt in Frage, in gewissem Umfang sogar die gesamte Außenhaut.

Im folgenden sollen besonders die Verhältnisse beim Menschen genauer untersucht werden.

b) Die wichtigsten Resorptionsorgane des Menschen

Da die Diffusion bei Zimmertemperatur sehr langsam abläuft, fragt man sich, ob auf diesem Wege überhaupt mit einem raschen Stofftransport in die Blutbahn zu rechnen ist. Zum Beispiel benötigt Harnstoff fast 13 h, um durch Diffusion 1 cm zu wandern. Mit kürzer werdender Entfernung nimmt allerdings die Diffusionsgeschwindigkeit sprunghaft zu. Eine Entfernung von 1 µm (= 1 Zehntausendstel cm) wird in 0,0005 s zurückgelegt.

Die Lunge. Diese Strecke entspricht etwa der Wandstärke der Lungenbläschen (= Alveolen). Die Wände der Blutgefäße (= Kapillargefäße) im Bereich der Alveolen sind noch dünner. Dieses Beispiel zeigt, daß in speziellen Resorptionsorganen, wie z.B. der Lunge, durch Diffusion ein außerordentlich rascher Stofftransport bis in die Blutbahn möglich ist (Abb. 4). In die Lunge eingeatmete Stoffe breiten sich

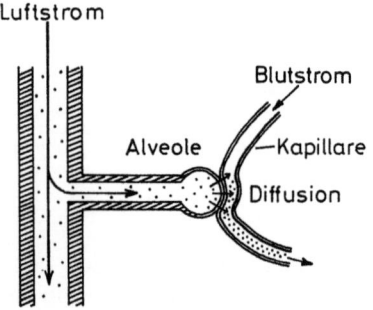

Abb. 4. Stoffaufnahme durch die Lungenbläschen (= Alveolen). (Nach Forth et al., 1975)

deshalb nahezu mit gleicher Geschwindigkeit im Körper aus wie nach einer intravenösen Injektion. Berücksichtigt man ferner, daß die gesamte Alveolarfläche in der Lunge eines erwachsenen Menschen ca. 90 m^2 groß ist, dann kann man sich ein Bild von der Stoffaufnahmeleistung der Lunge machen. Süchtige nutzen diese Eigenschaften der Lunge, indem sie ihre Suchtmittel inhalieren (z.B. Tabak- oder Opiumraucher).

Bei der Resorption in der Lunge muß der aufgenommene Stoff von der Gasphase in die flüssige Phase übertreten (Zellsaft, Blut). Deshalb spielt hier für die Resorption nicht nur die Lipidlöslichkeit des Stoffes eine Rolle, sondern zusätzlich das Löslichkeitsvermögen im Blut. Diese Kombination zweier Stoffeigenschaften drückt man durch den Löslichkeitskoeffizienten aus, der den Quotienten aus der Stoffkonzentration im Blut und der Stoffkonzentration in der Luft darstellt.

Der Verdauungstrakt. Im Verdauungstrakt werden die Stoffe nicht ganz so rasch resorbiert wie in der Lunge. Bevorzugt werden im Magen-Darmkanal lipophile Stoffe aufgenommen. Hydrophile Substanzen werden weniger gut resorbiert. Außerdem hängt die Aufnahme entscheidend vom Verteilungsgrad des Fremdstoffes ab. Je feiner verteilt ein Fremdstoff im Magen-Darmkanal vorliegt, desto besser wird er resorbiert (z.B. in Form von Lösungen oder Emulsionen). Die einzelnen Teilbereiche des Verdauungstrakts (Mundhöhle, Magen, Dünndarm, Dickdarm) weisen gewisse Unterschiede der Resorptionsfähigkeit auf; z.B. kann die Magenschleimhaut Ionen aufnehmen, die Schleimhäute von Mundhöhle und Dünndarm dagegen praktisch nicht.

Außenhaut. Als drittes resorbierendes Gewebe kann man die gesamte Außenhaut ansehen. Durch die Außenhaut werden ausschließlich lipophile Stoffe resorbiert. So können z.B. phenolische Stoffe, Organochlorverbindungen (u.a. TCDD, s. S. 132) direkt durch die Außenhaut aufgenommen werden, sofern sie in genügend fein verteilter Form auf die Haut einwirken. In Medizin und Kosmetik nutzt man diese Fähigkeit der Haut, um bestimmte Wirkstoffe äußerlich anwenden zu können, nachdem man sie in einer stark lipophilen Grundmasse (= Salbengrundlage) feinst verrührt hat.

2. Möglichkeiten der physiologischen Wirkung

Die Aufnahme von Fremdstoffen in lebende Zellen reicht noch nicht aus, um physiologische Veränderungen auszulösen (abgesehen von osmotisch wirksamen Substanzen, wie Kochsalz, Kaliumchlorid usw.). Vielmehr müssen sie an bestimmte Orte in der Zelle gebunden werden, an denen Stoffwechselvorgänge ablaufen. Man nimmt an, daß häufig Proteine oder Proteinkomplexe solche Rezeptoren darstellen.

a) Membranen

Proteine können z.B. Bestandteile von Membranen sein (s. Abb. 2). Treten solche Proteine als Bindungspartner von Fremdstoffen auf (z.B. Organochlorpestizide, s. S. 123), dann kann dadurch die Struktur der betroffenen Membranen so verändert werden, daß sie z.B. für Na^+-Ionen und K^+-Ionen durchlässiger (= permeabler) werden. Dadurch ändert sich der Ionengehalt in der Zelle (und an der Innenseite des Plasmalemmas) und gleichzeitig die Ladungsdichte. Diesen Vorgang bezeichnet man als „Auslösen eines Aktionspotentials". Finden solche Vorgänge an Nervenzellen statt, so wird dadurch die normale Erregungsleitung gestört. Bei anderen Körperzellen hat eine Änderung der

Ladungsdichte von Membranen zumindest eine Störung des Stoffaustausches und des osmotischen Wertes zur Folge.

b) Transportproteine

Viele Proteine sind an Transportprozessen beteiligt, so z.B. ganz bestimmte Transport- oder „carrier"-Proteine in Zellmembranen oder auch im Blutplasma, wie z.B. die Proteinkomponente im Hämoglobin.

Das Eisenatom im Hämoglobin (hier nicht die Proteinkomponente selber) kann z.B. Kohlenmonoxid (CO) oder Nitritionen (NO_2^-) anstelle von Sauerstoff binden. Dadurch wird der Sauerstofftransport im Blut blockiert, und es treten als Folge davon Sauerstoffmangelerscheinungen auf (s. S. 45 u. 51).

c) Enzyme

Sehr oft werden Fremd- oder Giftstoffe an Enzyme gebunden. Als Beispiel dafür sei auf die Schwermetalle verwiesen (s. S. 90). Bei der Bindung an Enzyme kann man verschiedene Bindungsmöglichkeiten beobachten.

1. Zeigen die Fremdstoffe ähnliches Bindungsverhalten wie das zu dem betreffenden Enzym gehörige natürliche Substrat, dann wird es konkurrierend zu diesem (= kompetitiv) an das Enzym gebunden. In diesem Fall wird das natürliche Substrat mit zunehmender Fremdstoffkonzentration immer mehr aus seiner Bindungsposition am Enzym verdrängt. Umgekehrt läßt sich die Giftstoffwirkung einfach durch Heraufsetzen der Konzentration des natürlichen Substrats aufheben.

2. Sehr viel häufiger jedoch wird ein Fremd- oder Giftstoff an eine andere Stelle des Enzyms gebunden als das natürliche Substrat. Trotzdem wird auch in diesen Fällen die Funktion des betroffenen Enzyms beeinträchtigt. Bei dieser (häufigsten) Art der Giftstoffbindung reicht oft eine sehr geringe Giftstoffkonzentration aus, um einen natürlichen Stoffwechselschritt zu hemmen (= um giftig zu wirken). Bei dieser Bindungsart ist es unmöglich, die Giftwirkung durch Steigerung der Konzentration des natürlichen Substrats zu unterdrücken.

3. Giftstoffkonzentration und Wirksamkeit

Durch welche Bindungsweise eine Giftstoffwirkung auch immer zustande kommt, stets hängt die Wirksamkeit von der Konzentration des Giftstoffes im Körper ab. Eine bestimmte Giftstoffmenge wirkt z.B. auf eine 45 kg schwere Person doppelt so stark wie auf eine 90 kg schwere

Person. Deshalb gibt man höchstzulässige Giftstoffdosen nicht als absolute Menge, sondern bezogen auf das Körpergewicht an (also in g Giftstoff/kg Körpergewicht). Entsprechend der unterschiedlichen chemischen Eigenschaften der einzelnen Giftstoffe wird auch deren Wirksamkeit unterschiedlich rasch mit steigender Konzentration zunehmen (Abb. 5). Je nachdem,

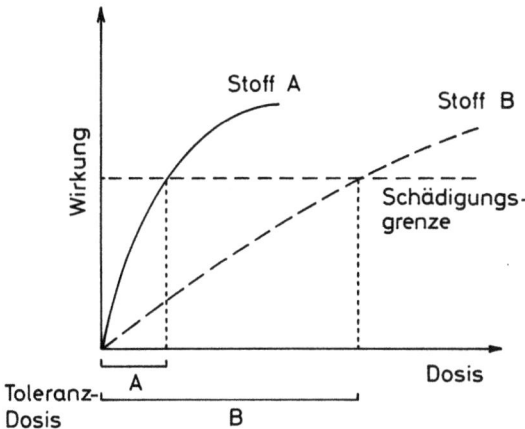

Abb. 5. Dosis-Effektkurve für zwei Stoffe A und B mit unterschiedlichen biochemischen Eigenschaften. (Nach Forth et al., 1975)

welchem Typ eine Substanz angehört, wird der Organismus entweder einen weiten oder nur einen schmalen Konzentrationsbereich ertragen können. Dieses unterschiedliche Verhalten wird z. B. bei den verschiedenen Gruppen von Pestiziden deutlich, die ganz unterschiedliche Toxizitätskonzentrationen aufweisen (vgl. Tabelle 23).

Solche einfachen „Dosis-Effekt-Kurven" sind jedoch nicht allen Substanzen zu eigen. Nicht selten wirken niedere Konzentrationen positiv auf den Stoffwechsel, und erst hohe Konzentrationen wirken sich toxisch aus, wie es u. a. bei vielen Schwermetallen der Fall ist (s. S. 94). Jene Stoffe weisen also zwei Dosis-Wirkungs-Abhängigkeiten auf, wobei der negative Effekt erst bei Konzentrationen beginnt, bei denen die optimale Konzentration für den positiven Effekt bereits überschritten ist (Abb. 6). Bei solchen Substanzen müssen zwar Konzentrationen im Bereich der ersten, positiv wirkenden Dosiseffektkurve erzielt werden, sie dürfen jedoch nicht überschritten werden. Dieses Problem stellt sich übrigens auch bei den meisten Arzneimitteln.

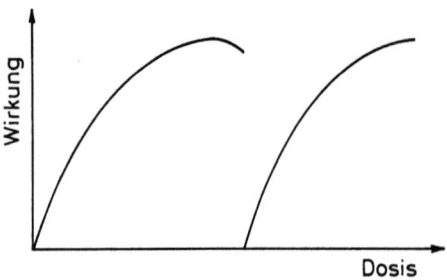

| Dosis-Wirkungsbereich | Dosis-Wirkungsbereich |
| des positiven Effekts | des negativen Effekts |

Abb. 6. Dosis-Wirkungsbeziehungen eines Stoffes mit zwei unterschiedlichen Dosis-Wirkungsbereichen. (Nach Forth et al., 1975)

4. Kombination mehrerer Wirkstoffe

Eine weitere Komplikation tritt dann auf, wenn zwei oder mehr verschiedene Stoffe gleichzeitig wirksam werden, wie es heute in der Regel der Fall ist. Entsprechend den Angriffsorten der einzelnen Substanzen ergeben sich dann ganz unterschiedliche Kombinationswirkungen.

Steigt die Kombinationswirkung mindestens auf die Summe der Einzeleffekte, dann liegt ein Synergismus (= Zusammenwirken) der Einzelkomponenten vor. Entspricht die Kombinationswirkung genau der Summe der Einzeleffekte, dann bezeichnet man diesen Synergismus als additiven Effekt. Übersteigt die Kombinationswirkung jedoch die Summe der Einzeleffekte, dann spricht man von über-additiver Wirkung oder von Potenzierung. Die Gründe für Synergismen können ganz unterschiedlicher Natur sein, und meist sind sie heute noch völlig unbekannt. Einige heute bereits bekannte Synergismen werden auf S. 56 erläutert.

Fällt eine Kombinationswirkung geringer aus als es der Summe der Einzeleffekte entspricht, dann liegt ein Antagonismus vor (= einander entgegengesetzte Wirkung der Einzelkomponenten). Auch die Gründe hierfür sind meist unbekannt. Ein bereits aufgeklärter Antagonismus wird auf S. 57 als Beispiel besprochen.

5. Individuelle Unterschiede der Empfindlichkeit

Ein allgemeiner Maßstab für die Giftigkeit von Wirkstoffen ist die sog. LD_{50}-Dosis. Dieser Wert sagt aus, bei welcher Dosis (in g/kg Körpergewicht) 50 % der mit einem Giftstoff behandelten Versuchstiere sterben. Diese Dosis liegt meist erheblich unter dem LD_{100}-Wert, der Dosis also, bei der alle behandelten Tiere sterben. Diese Gegenüberstellung von LD_{50}- und LD_{100}-Dosis verdeutlicht, daß innerhalb einer Art nicht alle Individuen gleich stark auf ein und dieselbe Konzentration eines bestimmten Giftstoffes (oder Arzneimittels) reagieren. Somit darf man sich bei der Bewertung der Giftigkeit von Umweltchemikalien nicht am Durchschnitt einer Vielzahl von Individuen orientieren, sondern stets am empfindlichsten Lebewesen aus dieser Gruppe. Die individuelle Empfindlichkeit kann gegenüber verschiedenen Umweltgiften erhebliche Unterschiede aufweisen. Z.B. kann eine Person, die gegenüber Quecksilber besonders empfindlich reagiert, das Insektizid Parathion oder das Schlafmittel Barbitursäure in überdurchschnittlich hohen Konzentrationen vertragen. Deshalb kann man keine zuverlässige Prognose über die Empfindlichkeit eines Individuums gegenüber bestimmten Substanzen abgeben. Die für eine Anzahl von Umweltgiften (und Medikamenten) durchgeführten toxikologischen (= die Giftigkeit betreffenden) Untersuchungen können deshalb nie mehr als einen Schätzwert für die durchschnittliche Empfindlichkeit der untersuchten Individuenzahl geben.

Die individuelle Empfindlichkeit der Lebewesen ist erblich festgelegt. Es ist deshalb nicht verwunderlich, daß solche Empfindlichkeitsunterschiede besonders stark bei verschiedenen Rassen und Arten auftreten. Das bedeutet, daß die Toxizitätsgrenze eines Stoffes, die man für Mitteleuropäer ermittelt hat, noch lange nicht für Japaner oder Neger gelten muß und umgekehrt (vgl. dazu S. 50, 164).

Die individuelle Empfindlichkeit wird auch durch das Lebensalter maßgeblich mitbestimmt, denn mit zunehmendem Lebensalter unterliegen viele Enzyme deutlichen Aktivitätsänderungen (vgl. Methämoglobinämie, S. 51). Deshalb sind häufig Kleinkinder und Säuglinge besonders empfindlich gegen verschiedene Giftstoffe (s. S. 79) und Medikamente.

Auch im Alter kann die Empfindlichkeit deutlich vom Durchschnitt abweichen. Die verminderte Resorptionsleistung von Magen und Darm kann die Empfindlichkeit gegenüber einzelnen Giftstoffen und Medikamenten reduzieren. Häufiger kommt es jedoch vor, daß ältere Individuen empfindlicher gegenüber Umweltgiften reagieren, weil bei ihnen Abbau und Ausscheidung der Giftstoffe nur zögernd ablaufen.

6. Metabolisierung und Ausscheidung

Mit Abbau und Ausscheidung sind bereits die letzten beiden ganz wichtigen Faktoren angesprochen, die die Wirksamkeit von Fremdstoffen im Körper beeinflussen.

Die vom Organismus aufgenommenen Fremdstoffe bleiben in der Regel nicht unverändert, da sie dem Angriff vieler Enzyme ausgesetzt sind. Stark lipophile Stoffe, die sich rasch im enzymarmen Körperfett anreichern, werden allerdings wesentlich langsamer enzymatisch umgewandelt (z.B. Organochlorpestizide, s. S. 133) als gut wasserlösliche Substanzen. Das für den Stoffumbau mit Abstand wichtigste Organ ist die Leber.

Die Metabolisierung (= Umwandlung) von Giftstoffen durchläuft in der Regel zwei charakteristische Etappen, wobei jede Etappe durchaus mehrere aufeinanderfolgende Reaktionen umfassen kann. In der ersten Etappe wird der Fremdstoff meist oxydiert oder reduziert. Dabei wird er häufig inaktiviert (vgl. Oxydation von Nicotin, s. S. 40), mitunter kann er dabei jedoch erst aktiviert werden (vgl. Vinylchlorid, s. S. 165, oder 3,4-Benzpyren, s. S. 166, oder mutagene Substanzen, s. S. 161). Die bei dieser Metabolisierung wirksam werdenden Enzyme

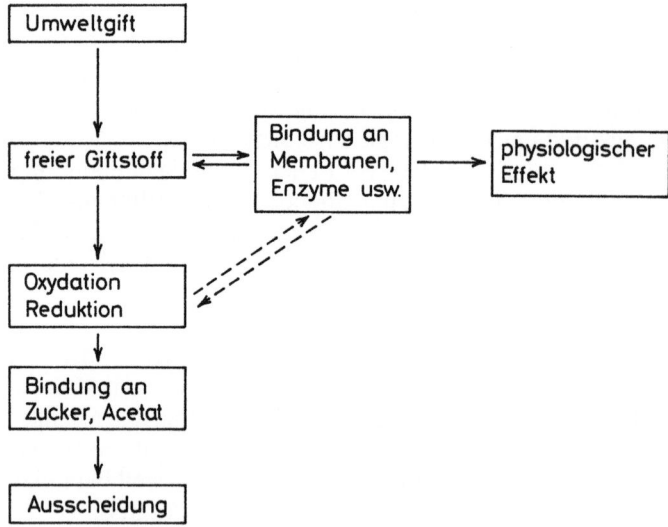

Abb. 7. Übersicht über das Verhalten von Giftstoffen im Körper. Da die der Ausscheidung vorangehenden enzymatischen Umwandlungen der Giftstoffe (und Medikamente!) in der Leber ablaufen, wird stets der Leberstoffwechsel besonders belastet, was sich bei Dauereinwirkung auch sehr häufig in Schädigungen der Leber äußert

werden manchmal erst durch die Fremdstoffe selber aktiviert, wie das Beispiel Nicotin zeigt.

In der zweiten Etappe des Umbaus wird der Giftstoff an Zucker, Glucuronsäure, Essigsäure, Aminosäuren oder andere leicht wasserlösliche Komponenten gekoppelt. In dieser Form können sie dann meist aus der Niere ausgeschieden werden.

Zu den in der Leber ablaufenden Umwandlungsprozessen müssen die Giftstoffe allerdings frei vorliegen, nicht gebunden an einen Rezeptor. Das bedeutet, daß eine sehr feste Bindung an Rezeptorproteine (s. S. 7) die Metabolisierung und Ausscheidung ähnlich wirksam verhindert wie eine Ablagerung im Körperfett. Giftstoffe, die von ihren Rezeptoren leicht freigesetzt werden, unterliegen dagegen einem raschen Umbau und einer raschen Ausscheidung (Abb. 7). Die Ausscheidung aus der Niere kann allerdings erheblich verzögert werden, wenn der Giftstoff auch nach der zweiten Etappe seiner Umwandlung noch stark lipophile Eigenschaften aufweist. Er kann dann zwar in der Niere aus dem Blut in die Harnkanälchen übertreten, doch setzt wegen des lipophilen Charakters sofort Rückresorption aus den Nierenkanälchen ins Blut ein. Hier kann die Ausscheidung nur durch eine erhöhte Fließgeschwindigkeit des Harns in den Nierenkanälchen erzielt werden, d. h. man muß viel trinken.

Aus der Stoffaufnahmerate und der Ausscheidungsrate resultiert schließlich die Giftkonzentration im Körper. Die Verweildauer einer Substanz im Organismus gibt man als biologische Halbwertzeit an. Darunter versteht man diejenige Zeitspanne, während der die Hälfte der aufgenommenen Substanzmenge ausgeschieden wurde.

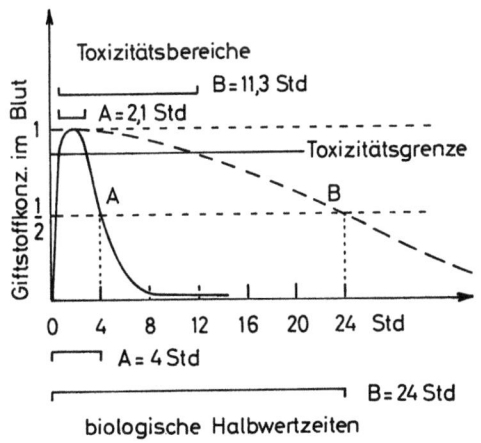

Abb. 8. Beispiel für die unterschiedliche Ausscheidungsgeschwindigkeit zweier verschiedener Giftstoffe. Die Zeitdauer bis zum Ausscheiden der halben aufgenommenen Giftstoffmenge heißt biologische Halbwertzeit. Sie beträgt für den Stoff A etwa 4 h, für den Stoff B etwa 24 h. (Nach Forth et al., 1975)

Mit der Stoffaufnahme setzt gleichzeitig die Stoffausscheidung ein. Die Ausscheidungsrate erreicht ihren Maximalwert, wenn die Stoffaufnahme ihr Maximum erreicht. Kann ein Giftstoff leicht ausgeschieden werden, dann wird auch die Giftstoffkonzentration im Blut rasch sinken, und es wird nur ein kurzfristiger physiologischer Effekt eintreten (Abb. 8). Wird ein Fremdstoff schlecht ausgeschieden (= hohe biologische Halbwertzeit), dann wird eine toxisch wirkende Konzentration wesentlich länger im Blut aufrechterhalten. Bei solchen Stoffen wird sowohl bei dauernder als auch bei periodisch wiederkehrender Einwirkung die Toxizitätsgrenze dauernd überschritten, es kann sogar zu einer Anreicherung des Giftstoffes im Körper kommen (= Kumulation oder Akkumulation, vgl. Abb. 9). Durch diesen Kumulationseffekt

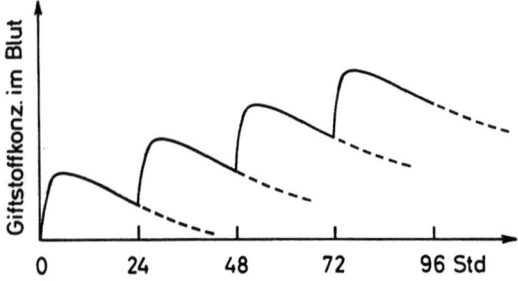

Abb. 9. Schematische Darstellung einer Giftstoffkumulation im Blut. Die Kumulation verläuft um so rascher, je kürzer die Periode der Schadstoffeinwirkung ist und je langsamer der Schadstoff ausgeschieden wird. In dem dargestellten Beispiel ist die Periodizität der Schadstoffeinwirkung und die biologische Halbwertzeit dieser Substanz gleich. Sie beträgt 24 h. (Nach Forth et al., 1975)

können im Laufe der Zeit sogar minimale Giftstoffkonzentrationen in der Umwelt toxische Konzentrationen im Körper erreichen. So ist es möglich, daß bei einer solchen „schleichenden Dauerbelastung" erst nach Jahren oder sogar Jahrzehnten plötzlich sog. Spätschäden auftreten, deren Ursache sich häufig nur schwer ermitteln läßt. Beispiele hierfür sind die Bleiakkumulation, die Akkumulation von Organochlorinsektiziden (s. S. 88 und 133) sowie die Akkumulation verschiedener Medikamente. Aus diesem Grund muß man Dauerbelastungen sowie periodisch wiederkehrenden Belastungen ungleich vorsichtiger gegenüberstehen als Kurzzeitbelastungen. Diesem Tatbestand versucht man bei der Erstellung von Grenzkonzentrationen für Umweltgifte Rechnung zu tragen, indem man unterschiedliche Werte für Kurzzeit- und Dauerbelastung einführte (vgl. MIK_K und MIK_D, s. S. 29).

B. Natürliche Umweltbelastung

Bevor nun wichtige Faktoren der Umweltbelastung detaillierter analysiert werden, soll zunächst auf den häufig übersehenen Tatbestand aufmerksam gemacht werden, daß neben der anthropogenen Umweltbelastung auch natürliche, nicht durch den Menschen erzeugte Verschmutzungsfaktoren existieren. Durch sie wird die Belastung des Menschen mit anthropogenen Verschmutzungsfaktoren noch verstärkt. Hierher gehört beispielsweise die Staubbildung in den Wüsten, die Ausbreitung von Blütenstaub sowie die sehr ernst zu nehmenden Ausscheidungen von Giftstoffen durch Pflanzen.

I. Luftverschmutzung

An der nicht anthropogenen Luftverschmutzung sind besonders drei Komponenten beteiligt: Staub, Pollen und Sporen sowie ätherische Öle. Die Wirkung von Staub soll erst später, im Zusammenhang mit der anthropogenen Luftverschmutzung, besprochen werden, weil der aus dem Weltall stammende kosmische Staub nur einen Bruchteil der gesamten Staubbelastung der Atmosphäre ausmacht und der Anteil natürlich entstandenen Staubes auf der Erde nur sehr schwer abgeschätzt werden kann.

1. Pollen

Eine sehr charakteristische Komponente der natürlichen Luftverschmutzung stellen Pollen von windbestäubenden Blütenpflanzen dar. Sporen von Pilzen und Moosen spielen dagegen eine ganz untergeordnete Rolle. Besonders bei trockenem, windigem Wetter werden Pollen in der Luft weit verfrachtet, da sie mit ihrem Durchmesser von durchschnittlich 10–50 μm sehr klein und leicht sind. Die Pollen können bei empfindlichen Personen allergische Reaktionen der Nasenschleimhaut und der Bindehaut der Augen auslösen, was sich in Entzündungen und Schleimabsonderungen äußert. Diese Form der Allergie wurde unter dem nicht ganz zutreffenden Ausdruck „Heuschnupfen" bekannt.

(Allergien werden als Antigen-Antikörper-Reaktionen angesehen, die nicht nur durch Proteine, sondern auch durch andere Substanzen oder Partikel ausgelöst werden können.) Im Verlauf eines Sommerhalbjahres blühen periodisch eine Reihe verschiedener windbestäubender Pflanzen: Erle und Haselnuß im Frühjahr, es folgen Kiefern im Spätfrühjahr, Getreide, Gräser und verschiedene Kompositen im Sommer. Da die verschiedenen Pollensorten nicht auf jede Person gleich stark wirken, werden auch unterschiedliche Personenkreise während der verschiedenen Jahreszeiten besonders stark vom „Heuschnupfen" befallen. Bei regnerischem Wetter klingt die Pollenallergie rasch ab, weil infolge der Feuchtigkeit die Pollen niedergeschlagen werden und deshalb die Pollenkonzentration in der Luft stark abfällt.

Die sehr lästigen Pollenallergien versucht man durch Injektionen von Antihistaminen wie Diphenhydramin oder Pyribenzamin zu bekämpfen. Wenn die Pollenkonzentration in der Luft besonders hoch ist, bringen diese Mittel jedoch keine Heilung, höchstens eine gewisse Linderung.

2. Terpene

Eine weniger bekannte Art natürlicher Luftverschmutzung geht von Coniferen aus. Coniferen besitzen die Fähigkeit, ätherische Öle in Stamm und Nadeln anzureichern. Chemisch handelt es sich dabei um verschiedene Terpene und Ester. Diese Substanzen sind für den charakteristischen Duft der Coniferennadeln und der Waldluft verantwortlich.

In sehr heißen und trockenen Gebieten, wie z. B. in den Randzonen der Wüste Nevada, geben die Nadeln so viele Terpene an die Atmosphäre ab, daß diese durch photochemische Reaktionen zu smogartigen Partikeln vernetzt werden (vgl. Smogbildung, S. 53). Als Folge davon kann es stellenweise zu regelrechter Dunstglockenbildung kommen, wie sie vom echten Smog bekannt ist (vgl. S. 53).

Über den Nadelwäldern Europas kann sich ein solcher Terpensmog allerdings nicht bilden. Da die Strahlungsintensität der Sonne bei uns geringer ist, werden weniger Terpene an die Luft abgegeben. Außerdem zerfallen diese Substanzen in der relativ feuchten Atmosphäre rasch zu harmlosen Spaltprodukten. In Mitteleuropa wirken also zwei Faktoren einer Anreicherung gesundheitsschädlicher Terpenkonzentrationen entgegen, und deshalb kann es auch nicht zur Dunstglockenbildung kommen.

II. Belastung durch niedere Organismen

In sehr viel größerem Umfang als höhere Pflanzen sind Mikroorganismen an der Umweltbelastung beteiligt. Streng genommen gehören hierzu alle mikrobiellen Krankheitserreger, die auf höheren Pflanzen, Tieren oder auf dem Menschen parasitieren. Dieses Gebiet soll aber wegen seiner allzu großen Breite hier nicht behandelt werden, vielmehr sollen einige Beispiele zeigen, daß es niedere Organismen gibt, die für Pflanze, Tier und Mensch toxische Substanzen abscheiden. Solche Toxine schädigen höhere Organismen, ohne daß ein spezifischer Parasitismus vorliegt. Viele solcher toxischen Substanzen fand man bisher in Pilzen (Mycotoxine) und Algen (Phytoplanktontoxine).

1. Mycotoxine

a) Humanpathogene Mycotoxine

Seit mindestens 2000 Jahren kennt man die sog. Kribbelkrankheit (Ergotismus), ein Leiden, das sich durch Muskelschwäche, Zittern, Erbrechen, Schwindelanfälle und Delirien äußert. Im Spätstadium vertrocknen Finger und Zehen und fallen ab. Um 1670 erkannte man, daß diese Krankheit, die im Mittelalter hin und wieder epidemisch auftrat, auf den Genuß von Mutterkörnern zurückgeht. Als Mutterkörner bezeichnet man übergroße, schwarze und besonders harte Roggenkörner, die ihre abnorme Gestalt durch Befall mit dem Pilz *Claviceps purpurea* erlangen. Dieser Pilz enthält, wie man heute weiß, eine Reihe

Lysergsäure

Ergotamin

von Alkaloiden, die sich alle vom Grundgerüst der Lysergsäure ableiten. Hierzu gehört u. a. das Ergotamin, das heute vielfache therapeutische Anwendung findet.

Seit die Gefährlichkeit des Mutterkorns bekannt ist, wird es einfach durch Sieben des Getreides entfernt und kann zur Gewinnung von Medikamenten gegen Blutungen des Uterus, Bluthochdruck und Migräne verwendet werden. Heute kennt man etwa 200 Schimmelpilzarten, die auf Mensch und Tier toxisch wirkende Substanzen absondern. Da praktisch jede Art von Lebensmitteln einem dieser Pilze als Substrat dienen kann, müssen alle verschimmelten Nahrungsmittel als potentielle Mycotoxinträger angesehen werden. Eine kleine Auswahl von Mycotoxinen ist in Tabelle 1 zusammengestellt.

Tabelle 1. Einige Schimmelpilze, die humanpathogene Mycotoxine produzieren, und ihre wichtigsten Substrate (Nahrungsmittel)

Schimmelart	Name des Toxins	Befallene Nahrungsmittel
Aspergillus flavus u. a.	Aflatoxine	Brot, Obst, Erdnüsse, Fleisch, Käse
Aspergillus ochraceus u. a.	Ochratoxin A	Brot
Aspergillus versicolor	Sterigmatocystin	Getreide, Leguminosen
Byssochlamys fulva	Byssochlaminsäure	Fruchtsäfte
Penicillium citrinum	Citrinin	Reis
Penicillium urticae	Patulin	Malz
Penicillium rubrum	Rubratoxine	Getreide

Unter der Vielzahl verschiedenartiger Mycotoxine gilt heute besonderes Augenmerk den Aflatoxinen, die offenbar sehr weit verbreitet sind. Aufmerksam wurde man auf die Aflatoxine erst im Jahre 1960, als in England bei einer Massenvergiftung 100 000 Truthühner und zahlreiches andere Geflügel innerhalb von einer Woche starben. Diese zunächst geheimnisvolle Truthahnkrankheit (Turkey-X-disease) ist besonders durch schwere Leberschäden sowie Milz- und Nierenstörungen der betroffenen Tiere gekennzeichnet. Später stellte sich heraus, daß die vergifteten Tiere alle von einem Futterposten gefressen hatten, der durch einen gelben Schimmelpilz, *Aspergillus flavus*, verdorben war. Die von diesem Pilz abgegebenen Giftstoffe, die man Aflatoxine (*Aspergillus flavus*-Toxine) nennt, waren die Ursache für das Massensterben, wie durch Experimente nachgewiesen wurde. Ähnliche Vergiftungen beobachtete man auch beim Menschen. In Kanada wurde eine ganze Familie mit Vergiftungserscheinungen in die Klinik eingeliefert.

Wie weitere Nachforschungen zeigten, hatte die Familie ein Spaghettigericht gegessen, das mit *Aspergillus flavus* kontaminiert war. Heute vermutet man hinter vielen Magen- und Leberkrebserkrankungen eine Vergiftung mit Aflatoxinen und anderen Mycotoxinen.

Obwohl Pilze, die Aflatoxine produzieren, auf fast allen Nahrungsmitteln wachsen können, reichern einige Lebensmittel bei Pilzbefall besonders hohe Aflatoxinmengen an (Tabelle 2). Die Aflatoxinbildung

Tabelle 2. Aflatoxin-B_1-Gehalt einiger Nahrungsmittel nach Befall mit aflatoxinproduzierenden Schimmelpilzen

Nahrungsmittel	Schimmelpilzart	Aflatoxin-B_1-Gehalt
Christstollen	*Aspergillus glaucus*	100 µg/kg
Erdnuß	*Aspergillus flavus*	1100 µg/kg
Walnuß	*Aspergillus flavus*	20 µg/Kern
Orangen	*Penicillium expansum*	5–50 µg/kg
	Penicillium citromyces	
Zitronen	*Penicillium digitatum*	20–30 µg/kg
Pfirsich	*Aspergillus niger*	5 µg/kg
Speck	*Aspergillus flavus*	1000–5000 µg/kg
Tomatenmark	*Aspergillus flavus*	20 µg/kg
Weißbrot	*Penicillium glaucum*	20 µg/kg
Landbrot	*Aspergillus glaucus*	10 µg/kg

hängt aber nicht nur vom Substrat ab, sondern auch von der Wachstumsaktivität der Pilze. Bestes Wachstum und damit höchste Aflatoxinproduktion weisen die betreffenden Pilze bei ca. 30° C und 75 % rel. Luftfeuchtigkeit auf.

Die einmal mit Aflatoxinen kontaminierten Nahrungsmittel sind praktisch nicht mehr verwendbar, denn diese Gruppe von Mycotoxinen ist hitzestabil und wird weder beim Kochen noch beim Backen zerstört. Es genügt auch nicht, Schimmelflecken von befallenen Lebensmitteln abzukratzen, da die Aflatoxine in das Substrat hineindiffundieren. Bei Käse und Vollkornbrot konnten noch mehrere Zentimeter unterhalb der verschimmelten Oberfläche Aflatoxine nachgewiesen werden.

Die chemische Struktur der einzelnen Aflatoxine ist einander sehr ähnlich. Weit verbreitet sind die Aflatoxine B_1 und G_1. Ihre Dihydro-Derivate B_2 und G_2 sowie die Formen M_1 und M_2 (Hydroxy-Derivate von B_1) sind weitaus seltener. Die Bezeichnung *B* wurde wegen der *b*lauen Fluoreszenz dieser Substanzen im UV gewählt. Die Substanzen der *G*-Reihe fluoreszieren *g*rün. Die *M*-Formen wurden in Anlehnung

Aflatoxin B_1 Aflatoxin G_1

an den ersten Fundort dieser Stoffe, nämlich in Milch, so benannt. Die Toxizität von Aflatoxin B_1 ist außerordentlich groß. Bei jungen Enten liegt die LD_{50}-Dosis (s. S. 12) bei 0,36 mg/kg. Weibliche Ratten erwiesen sich als resistenter. Bei ihnen liegt die LD_{50}-Dosis bei 17,9 mg/kg. Die Toxizität der anderen Aflatoxine ist geringer, wie Tabelle 3 zeigt.

Tabelle 3. Toxizität von vier verschiedenen Aflatoxinen, angegeben als LD_{50}-Wert für Enten

Aflatoxinart	LD_{50}-Wert
B_1	0,364 mg/kg
B_2	1,696 mg/kg
G_1	0,784 mg/kg
G_2	35,450 mg/kg

Wie bereits erwähnt, gehören Aflatoxine zu den carcinogenen (= krebserregenden) Substanzen. Bevorzugt rufen sie Leberkrebs hervor, daneben schädigen sie auch Milz, Magen und Nieren. Die Aflatoxine werden von den Zellen aufgenommen und dringen in den Zellkern ein. Dort lagern sie sich an die Chromosomen an. Die Chromosomen bestehen aus einem spiralisierten DNS-Doppelfaden, der die Erbeigenschaften trägt. Eingehüllt ist die DNS von chromosomalen Proteinen, die u. a. an der Regulation der RNS-Synthese, d. h. an der Weitergabe der genetischen Information ins Cytoplasma der Zelle beteiligt sind. Die Aflatoxine werden zunächst an die Proteinhülle der Chromosomen gebunden. Dadurch lösen sich diese Proteine teilweise vom zentralen DNS-Doppelfaden ab, und nun können zunehmend Aflatoxinmoleküle direkt an die DNS gelagert werden (Abb. 10). Die durch die Aflatoxinbindung hervorgerufene Störung des Chromosomenbaus hat Änderungen der RNS-Synthese zur Folge: an einigen Chromosomenabschnitten wird die RNS-Synthese gehemmt, an anderen Stellen aktiviert. Es kommt also zu einer regelrechten Mißregulation der Informationsweitergabe von den Chromosomen ins Cytoplasma (Abb. 10).

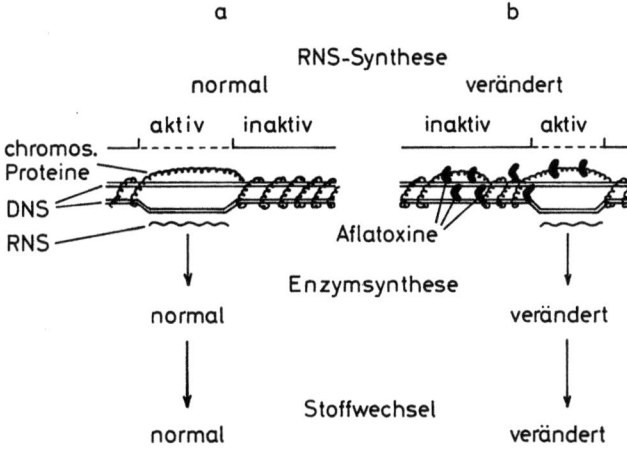

Abb. 10a u. b. Schematische Darstellung des Eingreifens von Aflatoxin B_1 in die Chromosomenstruktur und die RNS-Synthese. (a) Normalzustand, (b) Änderung des Aktivitätsmusters des gleichen Chromosomenabschnitts wie bei a unter dem Einfluß von Aflatoxin B_1

b) Pflanzenpathogene Mycotoxine

Unter den Pilzen wurden viele Vertreter gefunden, die pflanzenpathogene Mycotoxine absondern. Solche Substanzen führen besonders an

Tabelle 4. Mycotoxinproduzierende Pilze und deren Fähigkeit, Mißbildungen an Blütenpflanzen zu induzieren (nach Curtis und Tanaka, 1967)

Pilzart	Wurzel- verkrümmung	Sproß- verkrümmung
Aspergillus ficuum	+	+
Aspergillus niger	+	+
Aspergillus tubingensis	+	−
Penicillium roqueforti	+	−
Thielavia sepedonium	+	+
Byssochlamys nivea	+	+
Rhizopus delemar	+	−
Trichoderma viride	+	−

jungen Pflanzen und Pflanzenteilen zu Mißbildungen. Einige Pilzarten, die Blütenpflanzen schädigen, sind in Tabelle 4 zusammengestellt. Von einer dieser Substanzen, die wegen ihrer Fähigkeit, an Sproß und Wurzeln Mißbildungen auszulösen, Malformin heißt, wurde die chemische Struktur aufgeklärt. Es handelt sich um ein cyclisches Pentapeptid mit 3 D-Aminosäuren! Die Malforminwirkung scheint hauptsächlich

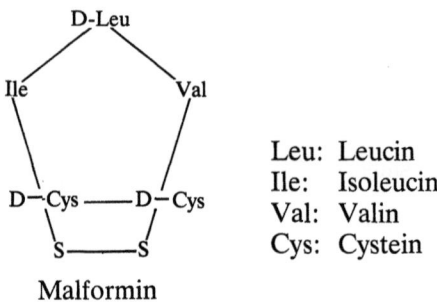

Leu: Leucin
Ile: Isoleucin
Val: Valin
Cys: Cystein

Malformin

die Zellwandbildung zu betreffen, denn von diesem Mycotoxin binden sich nicht weniger als 75 % an die Zellwände höherer Pflanzen, wogegen ähnlich gebaute, aber nicht pathogen wirkende Substanzen kaum an die Zellwand angelagert werden. Neben dieser Hauptwirkung beeinträchtigt Malformin auf indirektem Wege die DNS-, RNS- und Proteinsynthese, und es veranlaßt den Austritt von Indol-3-essigsäure, einem der wichtigsten Phytohormone, aus den Pflanzenzellen.

c) Schutz vor Mycotoxinen

Wie die hier dargestellten Beispiele gezeigt haben, bilden Mycotoxine eine sehr ernste Bedrohung für Mensch, Tier und Pflanze, die besonders dadurch heimtückisch und unberechenbar wird, daß man sie nur mit komplizierten chemischen oder biologischen Testverfahren erkennen kann. Darüber hinaus greifen Mycotoxine an zentralen Stellen in den Zellstoffwechsel ein. Somit bleibt praktisch keine andere Möglichkeit offen, als Nahrungs- und Futtermittel sowie junge Pflanzen vor Schimmelpilzen zu schützen. Angeschimmelte Rohstoffe sollten überhaupt nicht zur Lebensmittel- oder Futtermittelherstellung verwendet werden. Das gilt z. B. besonders für Tomaten, die zu Ketchup oder Tomatenmark verarbeitet werden, wie auch für Äpfel, aus denen Apfelsaft hergestellt wird. In Apfelsaft sollen schon mehrfach 600–1000 mg/l des cancerogenen Patulins gefunden worden sein. (Die recht großzügige Toleranzgrenze für die allerdings noch stärker toxisch wirkenden Aflatoxine liegt bei 30 μg/kg.)

Die sicherste Art, Lebensmittel und Futtermittel vor Mycotoxinen zu schützen, besteht darin, den toxinbildenden Pilzen ihre Wachstums- und Entwicklungsmöglichkeiten zu nehmen. Hierzu bieten sich besonders an: rasche Trocknung pflanzlicher Lebens- und Futtermittel, trockene und kühle Lagerung, besonders in Kombination mit Vakuumverpackung, und vor allem möglichst kurze Lagerungszeiten. Für Nahrungsmittel tierischer Herkunft empfiehlt sich besonders das Tiefkühlverfahren, oder es müssen solche Fungizide (= Substanzen, die Pilze abtöten) angewendet werden, die für den Menschen praktisch nicht giftig sind. Solche Mittel bieten aber nur sehr begrenzten Schutz. Alle diese Verfahren sind zwar teuer, die Ausgaben sollten aber in jedem Fall der Gefahr einer Mycotoxinvergiftung vorgezogen werden.

Mit Fungiziden wird regelmäßig das Saatgut behandelt, um Schäden durch Pilzbefall an den jungen Keimlingen zu verhindern. Die dazu verwendeten Substanzen sind sehr giftig für den Menschen, und sie können bei unsachgemäßer Anwendung zur Verseuchung von Boden und Oberflächengewässern führen. Über diese Mittel wird später noch genauer berichtet (s. S. 128).

2. Phytoplanktontoxine

Die zweite große Gruppe niederer Pflanzen, die umweltbelastende Substanzen absondert, setzt sich aus frei im Wasser schwebenden kleinen Algen, dem sog. Phytoplankton, zusammen. Die vom Phytoplankton in das Wasser abgegebenen Giftstoffe bezeichnet man als Phytoplanktontoxine. Von diesen Stoffen wurden bisher nur wenige chemisch charakterisiert (Tabelle 5). Die bisher bekannt gewordenen Beispiele zeigen, daß hierzu Substanzen ganz verschiedener Stoffklassen zu zählen sind, wie Proteine, Saponine usw.

Phytoplanktontoxine reichern sich im Wasser stets dann zu kritischen Konzentrationen an, wenn eine Massenvermehrung des Phyto-

Tabelle 5. Einige Algen, die Phytoplanktontoxine produzieren

Phytoplankton-Art	Toxin	Pathogene Wirkung
Nodularia spumigena	Biliproteid	Paralyse, Tod (bei Tieren)
Microcystis flos aquae	cyclisches Heptapeptid	Gastroenteritis (Mensch),
M. toxica		Tod (bei Tieren)
Prymnesium parvum	saponinähnlich	Tod (bei Fischen)
Gonyaulax subsala	$C_{10}H_{17}O_4N_7 \cdot 2\ HCl$	Paralyse, Tod (Mensch)
Gymnodinium	$C_{90}H_{162}O_{17}P$	Tod (bei Fischen)

planktons möglich ist. Besonders günstige Bedingungen hierfür herrschen z. B. in flachen, sich rasch erwärmenden Gewässern, die zur Fischzucht verwendet werden, die der Viehtränkung dienen, oder auch im Oberflächenwasser von Seen und Talsperren. Begünstigt wird die Planktonentwicklung durch das Einleiten von Abwässern, die reich an Mineralien oder organischen Substanzen sind. Konzentrationen von 0,02 mg/l Phosphat und 0,3 mg/l Stickstoff tragen zu einer deutlich beschleunigten Planktonentwicklung bei. Somit löst bereits die Mineraldüngung stark bewirtschafteter Fischgewässer eine Vermehrung dieser Algen aus. Zusätzlich hängt die Massenentwicklung der Algen von der Jahreszeit ab. Optimale Wachstumsbedingungen herrschen in der Regel während der Sommermonate.

Phytoplanktontoxine können auf verschiedenen Wegen den Menschen erreichen. Wasser aus Talsperren wird oftmals zur Trinkwassergewinnung mitverwendet. Von einigen solcher Toxine ist bekannt, daß sie die üblicherweise verwendeten Wasseraufbereitungsanlagen unverändert passieren und in das Trinkwasser gelangen. Ferner werden solche Giftstoffe in Wassertieren (Muscheln, Fische) angereichert, die selbst von Phytoplankton leben. Schließlich kann auch Schlachtvieh diese Toxine akkumulieren, wenn die Tiere regelmäßig mit phytoplanktonhaltigem Wasser getränkt werden. Der Mensch nimmt dann beim Verzehr solcher Wasser- oder Haustiere die Phytoplanktontoxine in konzentrierterer Form zu sich.

Nach der Inkorporation kritischer Mengen solcher Gifte treten beim Menschen Magen- und Darmentzündungen, Ruhr, Lähmungen oder sogar Tod ein. Man nimmt heute an, daß viele abakterielle Erkrankungen des Verdauungstraktes durch oral aufgenommene Phytoplanktontoxine hervorgerufen wurden. Der Mensch kann aber auch äußerlich mit den Algengiften in Berührung kommen, z. B. wenn er in planktonhaltigem Wasser badet (Teiche, Baggerseen). Dann treten Urticariasymptome (= Nesselsucht) sowie Bindehaut- und Schleimhautentzündungen im Mund- und Rachenraum auf. Neben dem Menschen sind auch Haustiere gefährdet. Sie erleiden durch Phytoplanktontoxine neuromuskuläre Störungen, Atmungsstörungen und Leberschäden. In Einzelfällen kann der Tod eintreten.

Phytoplanktontoxine stellen ein großes Problem für stark industrialisierte Länder dar, in denen durch die völlige Auslastung der Grundwasserreserven zunehmend Oberflächenwasser, wie z. B. aus Talsperren, zur Trinkwassergewinnung herangezogen wird. Somit kommt gerade in diesen Ländern (z. B. Deutschland) dem Schutz von Mensch und Tier vor Phytoplanktontoxinen immer größere Bedeutung zu.

Eine Behandlung der Gewässer mit Algiziden, d.h. mit Substanzen, die Algen abtöten, ist sehr riskant. Algizide enthalten als wirksame Komponente meist Metallionen wie Cu^{2+}, Zn^{2+}, Co^{2+} oder As^{3+}. In den für die Algenbekämpfung wirksamen Konzentrationen wirken diese Ionen auch auf den Menschen toxisch. Eine Bekämpfung mit Herbiziden, d.h. mit Pflanzenvernichtungsmitteln, birgt ebenfalls zu große Gefahren, denn diese Substanzen werden meist nur sehr langsam abgebaut und reichern sich deshalb im Wasser zu höheren Konzentrationen an. Außerdem passieren sie ebenfalls Wasseraufbereitungsanlagen und können damit ins Trinkwasser gelangen. Ferner wurde vorgeschlagen, besonders auf nährstoffhaltigen Abwässern zunächst Plankton zu ziehen, das keine Toxine produziert, wie Scenedesmus oder Chlorella. Diese Algen könnte man abfischen und als Viehfutter verwenden. Da aber Abwässer häufig Reste von Pflanzenschutzmitteln (s. S. 80) und Schwermetallen (s. S. 87) enthalten, können diese Stoffe zunächst in den Algen und dann im Vieh angereichert werden. Die wirksamste und ungefährlichste Methode besteht darin, das Wasser von Nährstoffen zu reinigen, so daß sich kein Phytoplankton ansammeln kann. Die beste Methode ist hier aber auch die teuerste und komplizierteste.

Mit dem Problem der Anreicherung von toxinproduzierendem Plankton in Gewässern, die mit Abwasser belastet sind, befindet man sich zum Teil auf dem Gebiet der anthropogenen Umweltverschmutzung. Dieses Gebiet soll nun eingehender erörtert werden.

C. Anthropogene Umweltbelastung

Der Mensch hat eine so vielgestaltige Umweltbelastung produziert, daß ein reines Aufzählen der einzelnen Faktoren gar nicht möglich ist. Deshalb soll zunächst der Zustand der für uns lebensnotwendigen Umwelträume, Luft und Wasser, untersucht werden, um danach einige spezielle Betätigungsfelder des Menschen herauszugreifen, die für die Umweltbelastung besondere Bedeutung erlangt haben.

I. Luftverschmutzung

1. Beurteilung der Luftverschmutzung

Die an die Luft abgegebenen Stoffe (= Emissionen) breiten sich aus (= Transmission) und können dann auf Mensch, Tier und Pflanze einwirken (= Immission). Da zwischen Emission und Immission die Ausbreitung der Luftverunreinigungen liegt, kann die bei der Immission wirksam werdende Schadstoffkonzentration nicht mehr so hoch sein wie am Ort der Emission. Die Immissionskonzentration wird um so geringer sein, je weiter der Immissionspunkt von der Emissionsquelle entfernt liegt und je stärker sich deshalb Schadstoffe verdünnen konnten. Beide Begriffe müssen also sorgfältig voneinander unterschieden werden.

Zur Charakterisierung von Emissionen und Immissionen hat man die Begriffe „maximale Emissionskonzentration" (MEK) und „maximale Immissionskonzentration" (MIK) geschaffen. Die MEK-Werte legen fest, wie viel von einer giftigen Substanz durch eine Emissionsquelle an die Atmosphäre abgegeben werden darf. Dabei werden in erster Linie die technischen Möglichkeiten der Abgasreinigung berücksichtigt und in zweiter Linie die Toxizität der Substanzen. Als MIK-Werte wurden dagegen Schadstoffkonzentrationen in der freien Luft festgelegt, die nach den derzeitigen Erfahrungen im allgemeinen für Mensch, Tier und Pflanze als unbedenklich gelten, d.h. keine feststellbaren Erkrankungen auslösen. Bei den MIK-Werten steht also allein die physiologische Wirksamkeit der Substanzen im Vordergrund, ohne Rücksicht auf die technische Realisierbarkeit. Nun ist es aber nicht gleichgültig, ob ein Schadstoff kurz- oder langfristig wirksam werden kann. Dem trägt man Rechnung durch die Einführung der Begriffe MIK$_D$ (= MIK-Dauerbelastung) und MIK$_K$ (= MIK-Kurzzeitbelastung, d. h. höchstens dreimal täglich 15 min).

Die verschiedenartigen Organismen zeigen oftmals sehr unterschiedliche Widerstandsfähigkeit gegenüber einzelnen Komponenten der Luftverschmutzung. Deshalb sind die MIK-Werte im allgemeinen so niedrig angesetzt, daß sie möglichst vielen Lebewesen gerecht werden.

In Großstädten werden die MIK-Werte oft weit überschritten. Deshalb hat man noch eine Richtlinie geschaffen, die speziell für den (häufig sehr widerstandsfähigen) Menschen zugeschnitten ist, und man bezeichnet sie als „maximale Arbeitsplatzkonzentration" (MAK). Darunter versteht man diejenige Schadstoffkonzentration in der Luft, die nach derzeitiger Erfahrung bei einer Einwirkungsdauer von 8 h täglich, auch über Jahre hinaus, die Gesundheit des Menschen nicht erkennbar schädigt (das bedeutet aber nicht, daß diese Schadstoffkonzentrationen keine physiologischen Veränderungen auslösen dürfen). Diese Werte resultieren aus Beobachtungen an Industriearbeitern und aus Tierversuchen. Die MAK-Werte können deshalb erheblich von MEK- und MIK-Werten abweichen (Tabelle 6).

Soweit bisher MAK- und MIK-Werte für einzelne Substanzen erstellt wurden, darf man diese nicht als unverrückbare Naturgrößen auffassen. Sie entsprechen lediglich dem augenblicklich verfügbaren Wissensstand. Stets muß es das wissenschaftliche Ziel bleiben, die physiologische Wirkungsweise aller wichtigen Umweltfaktoren so genau wie möglich zu erforschen, um gegebenenfalls diese Werte zu korrigieren.

MIK- und MAK-Werte sind heute für uns unerläßliche Hilfsmittel zur Beurteilung der Luftbelastung geworden. Man darf nicht dem utopischen Glauben verfallen, diese Werte werden eines Tages über-

Tabelle 6. Vergleich von MEK-, MAK- und MIK-Werten für einige Schadstoffe in der Luft

	MEK	MAK	MIK$_K$	MIK$_D$
Kohlenmonoxid	100	55	—	—
Stickoxide aus festen Brennstoffen	720–900	9	2	1
Stickoxide aus flüssigen Brennstoffen	450			
Schwefeldioxid	—	15	0,75	0,5
Chlorgas	—	1,5	1,5	0,3

Die Angaben bedeuten Milligramm pro Kubikmeter (mg/m^3)

flüssig, dann nämlich, wenn es gelungen sein wird, die Luft wieder völlig rein zu halten. Völlig reine Luft, wie sie sich der Großstädter manchmal erträumt, gibt es nämlich nicht — es sei denn, man stellt sie im Labor künstlich her. Luft wird durch kosmischen Staub, durch vulkanische Auswürfe, elektrische Entladungen in der Luft, durch verwesende Tiere und Pflanzen u. v. a. m. ständig belastet (Tabelle 7). Somit bliebe auch unter Ausschaltung der anthropogenen Luftverschmutzung die Frage nach den noch zu tolerierenden Schadstoffkonzentrationen aktuell (z. B. für Bewohner von vulkanischen Gebieten usw.).

Tabelle 7. Beispiel für die Konzentration einiger Luftbestandteile in industriell belasteter und nichtbelasteter Luft. (Häberle, 1973)

	Natürliche Luft	Belastete Luft
Stickstoff N_2	78,09 %	78,09 %
Sauerstoff O_2	20,94 %	20,94 %
Argon Ar	0,93 %	0,93 %
Stickstoffdioxid NO_2	0,0005–0,02 ppm	0,025–0,12 ppm
Ammoniak NH_3	0,006–0,01 ppm	0,075–0,285 ppm
Schwefeldioxid SO_2	0,0002 ppm	0,01–0,06 ppm
Kohlendioxid CO_2	305–470 ppm	330–350 ppm
Kohlenmonoxid CO	0,12–0,9 ppm	10–360 ppm

Nach diesen allgemeinen Maßstäben zur Beurteilung von Schadstoffen in der Luft sollen nun die wichtigsten, heute bekannten Faktoren im Detail betrachtet werden.

2. Staub und Rauch

Stäube sind feinstverteilte feste Teilchen (= kolloidale Teilchen) in der Größenordnung von etwa 100–1000 Å. Dabei sollen nichtmetallische Stäube von Metallstäuben unterschieden werden, weil auch ihre Wirkungsweise grundverschieden ist.

a) Nichtmetallische Stäube

Entstehung und Ausbreitung. Ausgeprägte Stauberzeuger sind z. B. Kohlekraftwerke, Hochöfen, Stahlwerke, Zementwerke und einige Zweige der chemischen Industrie. Außerdem wirbeln Kraftfahrzeuge ständig Staub auf, und im Stadtverkehr wird darüber hinaus der

Asbestabrieb der Bremsbeläge spürbar. Während alle diese Staubarten besonders in menschlichen Ballungsgebieten auftreten, spielen, global gesehen, ganz andere Staubarten eine große Rolle. Dazu gehört beispielsweise der Rauch abbrennender Vegetation in Steppen und Wüsten (gelegentlich auch in gemäßigten Breiten nach langanhaltenden Dürreperioden) sowie der durch Ausblasen des Bodens hochgewirbelte Staub in Wüsten und Wüstensteppen. Ferner führt die Überweidung von Steppengebieten in Südafrika, Südamerika und Australien dazu, daß dort als Folge der immer dünner werdenden Vegetationsdecke Staub vom Boden aufgewirbelt werden kann.

Zusätzlich tritt in die Atmosphäre ständig kosmischer Staub ein. Die Menge des kosmischen Staubes ist jedoch gering, verglichen mit der Staubmenge anthropogenen Ursprungs. Schätzungen zufolge treten jährlich ca. 1000 t kosmischen Staubs in die Erdatmosphäre ein, während vom Menschen allein in der Bundesrepublik jährlich 2,5 Mill. t industriellen Staubs produziert werden.

Die aufgewirbelten Staubpartikel sedimentieren oft relativ rasch, so daß die Auswirkungen des Staubs meist auf die nähere Umgebung der Emittenten beschränkt bleiben. Ein Beispiel soll das erläutern: In unmittelbarer Nähe eines Kalkwerks wird täglich ein Kalkstaubniederschlag von 3,17 g/m^2 gemessen, in einer Entfernung von 1 km sinkt dieser Wert auf 1,74 g/m^2 und in 2 km Abstand sedimentieren nur noch 0,27 g/m^2.

Ebenso breitet sich auch der durch Kraftfahrzeuge aufgewirbelte Staub nicht weit aus. Da aber in den Städten die Straßenschluchten, in denen Staub aufgewirbelt wird, nur wenige Meter breit sind, kann sich hier die Staubkonzentration nicht verdünnen, ehe sie auf Mensch und Tier wirksam wird.

Bei kräftiger Luftbewegung werden Staubteilchen jedoch hoch aufgewirbelt und können Staubwolken von 4–8 km Höhe bilden. Derart hoch aufgewirbelter Staub kann sich global ausbreiten und belastet damit die Gesamtatmosphäre. Besonders seit dem Beginn der zwanziger Jahre beobachtet man einen kontinuierlichen Anstieg des Staubgehalts in der gesamten Atmosphäre. Im Yellowstonepark, einem großen Naturpark in den USA, nimmt der Staubgehalt der Luft innerhalb von 5 Jahren etwa um den Faktor 10 zu, an anderen Stellen zum Teil noch stärker. Diese ständige Trübung der Atmosphäre muß sich notwendigerweise auf das Klima auswirken.

Beeinflussung des Klimas. Allerdings ist heute noch keineswegs klar, wie viele Klimafaktoren durch den stetig steigenden Staubgehalt der Luft beeinflußt werden. Einige Auswirkungen sind jedoch sicher. So nimmt auf jeden Fall die Strahlungsintensität der Sonne auf der

Erdoberfläche ab, im Durchschnitt um etwa 0,4 % jährlich. In wenigen Jahrzehnten bedeutet das bereits eine beträchtliche Energieeinbuße auf der Erdoberfläche. Solche Energieeinbußen können sich klimatisch auswirken, und zwar nicht nur als allgemeine Temperaturerniedrigung, sondern eventuell auch auf Windgeschwindigkeit, Windrichtung usw. Nur sind unsere Kenntnisse über die erforderlichen Energiedifferenzen, die solche Klimaänderungen auslösen, noch zu dürftig, als daß heute schon präzise Prognosen gestellt werden könnten (siehe auch S. 107). Staubpartikel wirken in der Luft auch als Kondensationskeime für Wasserdampf. Besonders in gemäßigten Breiten fördern sie Nebel- und Regenbildung. Bekannt ist z. B. die besonders häufige Nebelbildung im Rhein-Neckar-Dreieck bei Mannheim-Ludwigshafen. Hier kam es häufig zu Streitfällen zwischen Schiffern, die durch Nebel stark behindert werden, und den dort ansässigen Industriebetrieben, deren Staubemissionen immer wieder für die Nebelbildung verantwortlich gemacht werden, was im Einzelfall jedoch schwer zu beweisen ist.

Die staubhaltigen Auspuffgase hochfliegender Düsenflugzeuge verursachen bei entsprechend hoher Luftfeuchtigkeit Wolkenbildung. In stark frequentierten Lufträumen wird deshalb bei entsprechender Witterungslage die Wolkendecke vergrößert, was zu erhöhter Reflexion des Sonnenlichts und damit ebenfalls zu einer Energieeinbuße an der Erdoberfläche führt.

Physiologische Bedeutung für den Menschen. Eine verminderte Sonneneinstrahlung an der Erdoberfläche verursacht z. B. Vitamin-D-Mangel, was besonders bei Säuglingen Rachitis auslöst (Abb. 11). Als Folge solcher lokalen Unterschiede des Staubgehalts in der Luft muß Säuglingen in Mannheim etwa doppelt so viel Vitamin D zugeführt werden wie in Hannover.

Staub kann auch auf direktem Wege gesundheitsschädlich wirken, wenn er viele Jahre lang eingeatmet wird. Er dringt sehr tief in die Lunge ein und schlägt sich in den Luftwegen der Lunge nieder. Dort löst er chronische Reizungen der empfindlichen Schleimhäute aus. Dieses Leiden ist als Staublunge oder Silicose bekannt.

In Industriegebieten und Verkehrszentren befördern Staubpartikel toxische Substanzen in die Lunge. Normalerweise werden viele toxische Stoffe, die sich in der Luft befinden, von der Schleimhaut der oberen Luftwege aufgefangen. Haften solche Giftstoffe jedoch an Staubpartikeln, dann gelangen sie mit diesen in die Tiefe der Lunge, wo die Resorption in die Blutbahn (= Stoffaufnahme) viel leichter vonstatten geht als in den oberen Luftwegen. Durch diese Transportleistung der Staubpartikel werden sowohl Gase, wie SO_2, als auch cancerogene (= krebserregende) Substanzen, wie 3,4-Benzpyren, in die Lunge

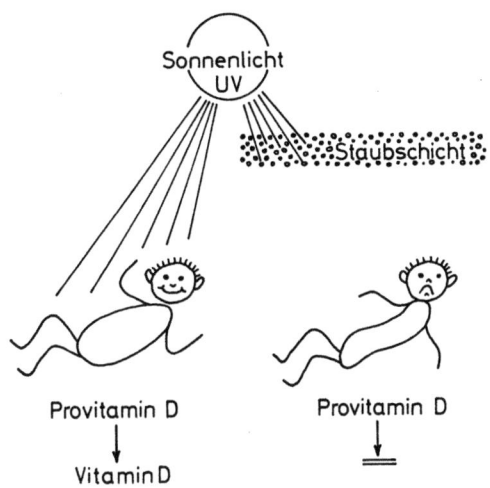

Abb. 11. Bei mangelnder Sonneneinstrahlung [wirksamer Anteil ist hierbei der ultraviolette Bereich (UV)] wird nicht mehr genügend Provitamin D, eine Vitaminvorstufe in der Milch, in Vitamin D umgewandelt. Es kommt zur Knochenerweichung, der sog. Rachitis. Sie äußert sich u.a. in Rückgratverkrümmungen. Dieser Mangel kann nur durch künstliche Zufuhr von Vitamin-D-Präparaten ausgeglichen werden

befördert. So ist es zu erklären, daß eine Reihe giftiger Stoffe in staubhaltiger Luft viel stärker toxisch wirken als in staubfreier Luft.

Eine besondere Stellung unter den Stäuben nimmt wahrscheinlich der Asbeststaub von den Brems- und Kupplungsbelägen der Kraftfahrzeuge ein. Ihnen traut man heute zu, daß sie Krebsentstehung an Atmungsorganen mitverursachen.

Eine weitere Staubkomponente mit spezifischer Giftwirkung ist der Kalkstaub. Besonders Calciumoxid (CaO) und Calciumhydroxid [$Ca(OH)_2$] führen zu Verätzungen der Schleimhäute und zu Hautausschlägen. Beim Vieh verursacht kalkstaubhaltiges Gras pH-Verschiebungen im Verdauungstrakt und löst Freßunlust aus.

Wirkung auf Pflanzen. Staub kann auch Pflanzen in Mitleidenschaft ziehen, wenn er sich auf den Blättern niederschlägt. CaO-haltige Stäube, wie sie in der Umgebung von Kalkwerken auftreten, bilden einen stark alkalisch reagierenden Überzug auf den Pflanzen. (Es wurden pH-Werte von 8–12 gemessen.) Dadurch wird den Blättern zu viel Wasser entzogen und das Cytoplasma der Zellen geschädigt. Meist äußert sich das durch Kollabieren (= Zusammenfallen) der Epidermis- und Palisadenzellen. Staub aus Zementwerken reagiert in Gegenwart genügend hoher Luftfeuchtigkeit unter Bildung von Tricalciumsilikaten, die eine zusammenhängende Schicht auf den Blättern bilden. Dadurch werden die für den Gasaustausch notwendigen Spaltöffnungen verschlossen, wodurch Atmung und Photosynthese gehemmt werden. Als allgemeine Regel mag gelten, daß Pflanzen, deren Spaltöffnungen auf Ober- und Unterseite der Blätter angeordnet sind (z. B. Coniferen), empfindlicher auf Staub reagieren als Pflanzen, deren Stomata überwiegend an der Blattunterseite liegen (z. B. Laubbäume).

Sogar gewöhnlicher Straßenstaub auf den Laubblättern vermindert die Photosyntheseleistung der Pflanzen, denn die Staubschicht reflektiert verstärkt den für die Photosynthese wichtigen Spektralbereich (400–750 nm), während Infrarotstrahlen (ca. 750–1350 nm) vermehrt absorbiert werden. So erwärmen sich verstaubte Blätter stärker als nichtverstaubte, was Stoffwechsel und Wasserhaushalt beeinträchtigen kann. Durch Regen wird der Staub innerhalb weniger Tage abgespült, und die Pflanzen erholen sich wieder (Abb. 12).

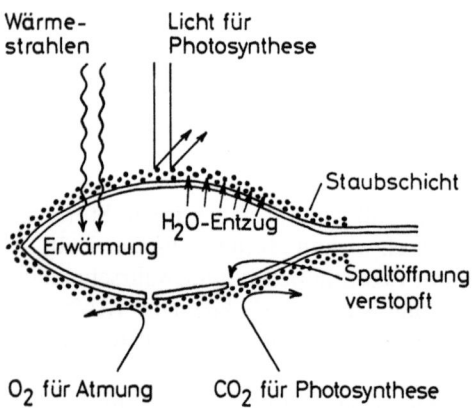

Abb. 12. Übersicht über die wichtigsten Wirkungen von Staub auf Laubblätter

b) Metallstäube

Von den vielen Schwermetallen und Metallverbindungen, die man in Industrie- und Großstadtstaub antrifft, soll als markantestes Beispiel das Blei herausgegriffen werden (s. auch S. 93). Blei gehört zweifellos zu den traditionsreichsten Schwermetallgiften des Menschen, denn Bleivergiftungen sind schon aus dem Altertum bekannt. Beispielsweise wurden in Knochenresten von Adeligen des alten Römischen Reichs erhöhte Bleigehalte nachgewiesen, und man nimmt an, daß die römische Oberschicht durch ständige Bleiaufnahme aus Koch-, Eß- und Trinkgefäßen langsam degenerierte.

Quellen von Bleiemissionen. Sogar heute noch können Eß- und Trinkgefäße Spuren von Blei abgeben. Das ist z. B. bei Zinngefäßen der Fall, die nicht aus hochreinem Zinn gefertigt wurden oder bei Keramikgefäßen, deren Glasur gelegentlich Bleisalze enthält, um einen besonders schönen Glanz zu erzielen. Weitaus größere Bleimengen geben heute Bleihütten und einige Zweige der chemischen Industrie (z. B. Herstellung von Weichmachern für Kunststoffe, wie Bleipalmitat) ab. Da Blei und Bleisalze wegen ihres hohen spezifischen Gewichts rasch sedimentieren, werden sie durch industrielle Abgase nur wenige Kilometer weit verfrachtet. Z. B. konnten nach einem Abgasunfall in Nordenham erhöhte Bleigehalte im Boden bis 2,5 km von der Emissionsquelle entfernt mit Sicherheit nachgewiesen werden. Für eine weite Verbreitung von Bleiemissionen sorgen heute besonders die Kraftfahrzeuge mit Otto-Motoren, weil dem Benzin stets Bleitetraäthyl als Klopfschutzmittel zugesetzt wird. Otto-Motoren stoßen beim Betrieb feinverteiltes Blei sowie unverbrannte Reste von Bleitetraäthyl aus, welches für längere Zeit in der Luft schwebfähig ist. Dadurch wird eine beträchtliche Bleibelastung der Umwelt erreicht: Legt man einen mittleren Benzinverbrauch für Pkws von 10 l/100 km zugrunde, dann entsprach dies bis zum 31.12.1975 einem Bleiausstoß von 2–3 g/100 km je Pkw. Seit dem 1.1.1976 (der Pb-Gehalt des Benzins wurde von 0,4 auf 0,15 g/l herabgesetzt) bedeutet das noch immer einen Ausstoß von 0,6–1 g/100 km je Pkw.

$$CH_3-CH_2-Pb(-CH_2-CH_3)(-CH_2-CH_3)(-CH_2-CH_3)$$

Bleitetraäthyl

Das feinstverteilte Blei wird leicht verweht und ist trotz der niedrig liegenden Auspuffrohre noch 100 m vom Straßenrand entfernt nachweisbar. Das hat beispielsweise zur Folge, daß Gemüse- und Weinfelder am Rande von Bundesstraßen oder Autobahnen kontinuierlich mit feinem Bleistaub berieselt werden. Die Pflanzen selbst werden dadurch kaum geschädigt, da sie nur sehr wenig Blei aufnehmen. Weitaus unangenehmer sind diese Bleiniederschläge auf Gemüse und Obst für Menschen und Tiere. Zwar können bis zu 90% des Bleis mit Detergenzlösungen abgewaschen werden. Verbraucher dürften jedoch kaum ihr Gemüse mit Detergenzlösungen waschen, und ebenso wenig werden die Weinbeeren vor dem Keltern mit Detergentien gereinigt. Wegen dieser Schwierigkeiten hat man Grenzwerte für den Bleigehalt von Obst und Gemüse festgelegt. Für Salat liegt die Obergrenze des Bleigehalts bei 7,5 mg Pb/kg Salat. Trotzdem wurde schon berichtet, daß die vierfache Menge dessen an Gemüsepflanzen, die zum Verkauf kamen, nachgewiesen wurde.

Aufnahme und physiologische Wirkung von Blei. Das über den Verdauungstrakt aufgenommene Blei bildet jedoch nicht die größte Gefahr, denn über Magen und Darm wird Blei nicht restlos resorbiert (= aufgenommen). Die größte gesundheitliche Gefahr geht von dem in der Luft feinstverteilten Blei und Bleitetraäthyl aus, das in den Straßen der Großstädte durch den Verkehr ständig aufgewirbelt wird. Hier werden Bleikonzentrationen von 30 μg Pb/m^3 Luft und mehr erreicht. Dabei ist zu beachten, daß der MAK-Wert für elementares Blei bei 0,2 mg/m^3, derjenige für Bleitetraäthyl bei 0,075 mg/m^3 liegt. Diese Gegenüberstellung von zwei MAK-Werten veranschaulicht, daß zur Beurteilung der Toxizität (= Giftigkeit) auch die chemische Natur der Bleiemission eine ausschlaggebende Rolle spielt (s. u.) und deshalb stets mitberücksichtigt werden muß.

Mit der Atemluft gelangt das Blei in die Lunge und wird dort viel rascher und vollständiger resorbiert als vom Verdauungstrakt. Das Blei gelangt in die Blutbahn, wird an die Erythrocyten (= rote Blutkörperchen) gebunden und so im ganzen Körper verteilt. Als obere Unbedenklichkeitsgrenze für die menschliche Gesundheit gelten 0,7 μg Pb/ml Blut. Das entspricht einer Pb-Konzentration im Harn von 0,07 μg/ml Harn. Diese Konzentration wird bei einer Bleiimmission von 0,5 μg/l Atemluft/8 h erreicht (= 500 μg Pb/m^3/8 h). Vom Körper aufgenommenes Blei löst eine Vielzahl physiologischer Störungen aus. Elementares Blei wird zu über 90 % in den Knochen abgelagert, der Rest verteilt sich auf Muskulatur, Nerven und Nieren. Anders verhalten sich organische Bleiverbindungen, wie das schon häufig erwähnte Bleitetraäthyl. Wegen seines lipophilen (= fettlöslichen) Charakters sammelt sich ein wesentlich größerer Anteil im Gehirn und im Nervensystem an. Dementsprechend stehen bei Vergiftungen mit organischen Bleiverbindungen Schädigungen des Zentralnervensystems im Vordergrund: hierzu gehören Erregungszustände (Übernervosität) und im fortgeschrittenen Stadium epileptische Anfälle. Als Spät- und Dauerschäden treten Parkinsonismus und Lähmungen auf.

Bereits bei Kindern kann eine starke Bleibelastung zur Minderung der Intelligenzleistungen führen. Einer amerikanischen Reihenuntersuchung zufolge wiesen intelligenzmäßig schwache Kinder einen Bleigehalt von 25,4 µg/ml Blut auf, während bei geistig normalen Kindern der Bleigehalt nicht 17,8 µg/ml Blut überstieg.

Vergiftungen durch anorganisches und organisch gebundenes Blei äußern sich ferner in der sog. Bleianämie: Blei hemmt den Einbau von Eisen in den roten Farbstoff der Erythrocyten und vermindert damit die Transportkapazität der roten Blutkörperchen für Sauerstoff. Die Bleianämie wird als grauer „Bleisaum" am Zahnfleischrand sichtbar. Zum Gesamtbild der Bleivergiftung gehören schließlich Verdauungsstörungen (Bleikolik) und Schädigungen der Phagocyten (= Freßzellen) in der Lunge, die für die Beseitigung eingedrungener Bakterien benötigt werden. Diese Bleischädigung äußert sich in einer erhöhten Anfälligkeit gegenüber Krankheitserregern. Eine Zusammenfassung der wichtigsten Bleiwirkungen gibt Abb. 13 wieder.

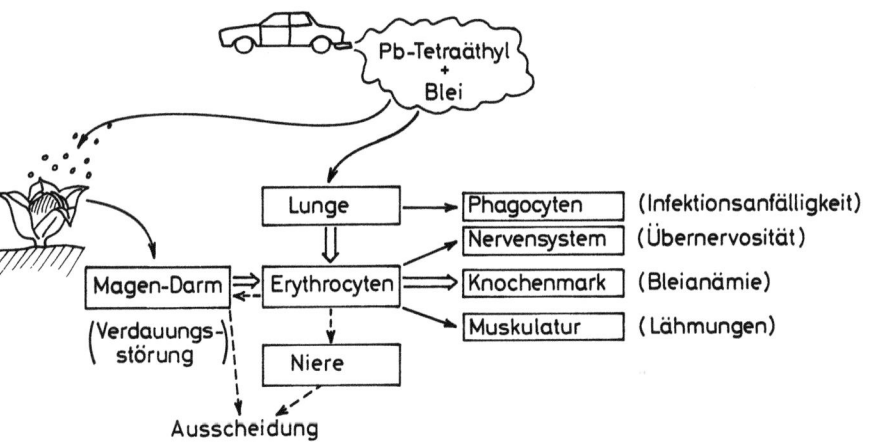

Abb. 13. Möglichkeiten der Aufnahme, der Verteilung und physiologischen Wirkung von Blei im menschlichen Körper

c) Rauch

Im Rauch sind feste kolloidale Teilchen mit feinsten Flüssigkeitströpfchen und Dämpfen gemischt. Unter den vielen Raucharten, die auf den Menschen heute einwirken, soll wieder ein charakteristisches Beispiel herausgegriffen werden, der Zigarettenrauch.

Im Jahre 1691 wurde im Lüneburger Raum das „lüderliche Werk des Tabaktrinkens" mit dem Tode bestraft. Würde man heute noch so verfahren, dann müßte man etwa 70 % der männlichen und 35 % der weiblichen erwachsenen Erdbevölkerung umbringen, denn so hoch schätzt man heute den Anteil der tabakrauchenden Bevölkerung.

Die Todesstrafe steht zwar heute nicht mehr auf dem Tabakgenuß, aber ungefährlich ist diese Gewohnheit trotzdem nicht geworden, wie noch gezeigt wird. Warum rauchen dann aber so viele Menschen? Den Anstoß dazu dürfte oftmals der Nachahmungstrieb des Menschen (besonders des jungen Menschen) geben, z. B. um so auf einfache Weise eine souveräne Geste von Erwachsenen zu imitieren. Wer aber einmal angefangen hat, Tabak zu rauchen, verfällt meist für immer der Suchtwirkung, die von einigen Inhaltsstoffen des Tabaks ausgeht.

Entstehung und Aufnahme des Zigarettenrauchs. Zum Rauchen werden die Tabakblätter so präpariert, daß sie stets einen gewissen Feuchtigkeitsgehalt aufweisen, sonst würde der Tabak beim Anzünden

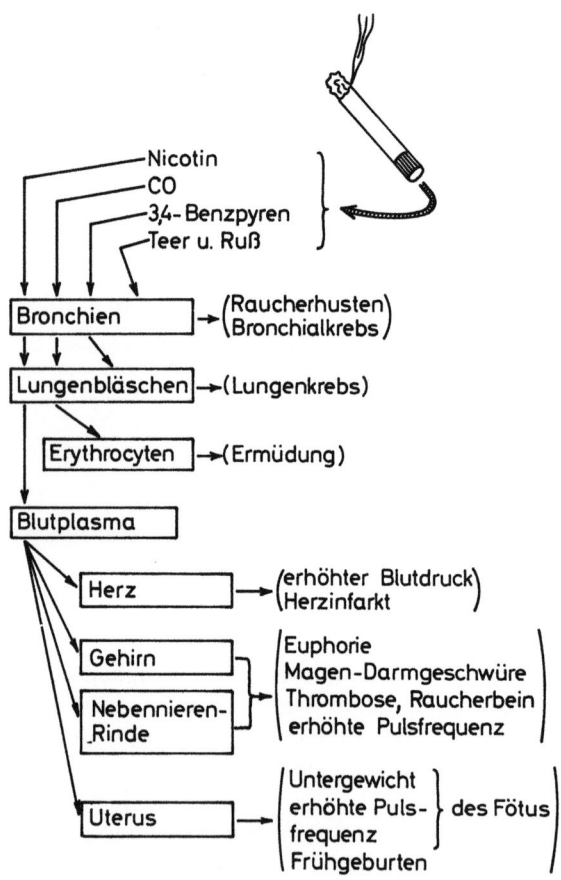

Abb. 14. Übersicht über die Verteilung und physiologische Wirkung einiger Inhaltsstoffe des Tabakrauchs im menschlichen Körper

lichterloh abbrennen. Die Feuchtigkeit sorgt jedoch für ein Glimmen, und mit dem dabei entstehenden heißen Wasserdampf wird eine Fülle verschiedener Substanzen (man schätzt weit über 1000) aus dem Tabak abdestilliert (Abb. 14).

Die vollständigste Resorption (= Aufnahme in die Blutbahn) der flüchtigen Rauchbestandteile erzielt man beim Inhalieren (Lungenzüge). Verweilt der Rauch jedoch nur in der Mundhöhle (Paffen), dann werden geringere Wirkstoffmengen aufgenommen, weil die Mund- und Nasenschleimhaut ein geringeres Resorptionsvermögen besitzt als die Lungenbläschen.

Größere Partikel im Rauch werden beim Inhalieren zum Teil in den Lungenkanälchen niedergeschlagen. Nach jahrelangem starken Rauchen verfärben sich deshalb die Lungenkanälchen schwarz und nicht das Gehirn, wie man es sich nach einem medizinischen Gutachten aus dem Jahre 1590 vorstellte.

Zusammensetzung und Wirkungsweise von Tabakrauch. Unter den Wirkstoffen des Tabakrauchs dominieren Nicotin, Kohlenmonoxid, Benzpyren und einige seiner Abkömmlinge sowie Teer und Ruß. Allein diese Substanzen bedingen ein recht kompliziertes pharmakologisches Wirkungsmuster (Abb. 14). Nicotin führt im Zentralnervensystem zur Ausschüttung körpereigener Amine. Diese Substanzen wirken euphorisierend und dürften besonders zur Suchterzeugung beitragen.

Nicotin

In den Nebennieren steigert Nicotin die Adrenalinausschüttung. Dadurch wird der Sympathicus erregt, was zur (1) Kontraktion der Gefäßmuskulatur (Herz, Arterien, Venen) bei (2) gleichzeitiger Erschlaffung der glatten (Eingeweide-)Muskulatur führt: (1) Pulsfrequenz und Blutdruck steigen, während die Hauttemperatur (Kontraktion der peripheren Gefäße) sinkt. Chronische Nicotinzufuhr bewirkt Arterienerkrankungen. Hiervon sind einmal die Herzkranzgefäße betroffen, was im Extremfall zum Herzinfarkt führt. Zum anderen werden die Beinarterien geschädigt, was im Spätstadium zum sog. Raucherbein (= Absterben der Beine) führt. Außerdem wird durch die Gefäßverengungen die Thrombosegefahr (Gefäßverstopfung) erheblich erhöht. Alle diese Kreislaufschäden treten bei Rauchern mindestens doppelt so häufig auf wie bei Nichtrauchern. Unter den Rauchern kann man eine deutliche Abhängigkeit der Anzahl der Krankheitsfälle von der Menge der gerauchten Zigaretten feststellen. (2) Die Hemmung der Darm- und Magentätigkeit bremst Verdauung und Appetit. (Der Ausspruch: „Zigaretten machen schlank" stimmt also.) Die Sekretion von Verdauungssäften des Magens und Zwölffingerdarms wird aber trotzdem angeregt. Diese Mißregulation führt zu vermehrtem Auftreten von Geschwüren in diesen Organen.

Nicotin überwindet bei Schwangeren die Placentaschranke und erreicht deshalb auch den Embryo, dessen Herzfrequenz ebenfalls meßbar ansteigt („der Embryo raucht mit"). Mit steigendem Zigarettenkonsum der Schwangeren nimmt die Häufigkeit an Frühgeburten zu, während das Geburtsgewicht nicotingeschädigter Kinder abnimmt.

Für erwachsene Menschen liegt die letale (= tödliche) Nicotindosis bei 1 mg Nicotin/kg Körpergewicht. Diese Menge wird von einem starken Raucher in 2–3 Tagen aufgenommen. Daß der Raucher trotzdem nicht stirbt, verdankt er dem raschen Abbau dieses Alkaloids im Körper. Bereits 2 h nach der Aufnahme ist nur noch die Hälfte des Nicotins vorhanden. Während eines normalen 8-Stunden-Schlafes wird selbst ein starker Raucher fast nicotinfrei.

Die Teer- und Rußteilchen des Tabakrauchs reizen die Schleimhäute und veranlassen sie zu stärkerer Sekretabsonderung. Das führt zu dem charakteristischen „Raucherhusten".

Das CO im Zigarettenrauch vermindert die O_2-Transportkapazität des Blutes um 10–20%. Starke Raucher können deshalb kaum sportliche Höchstleistungen vollbringen. Als sehr bedenklich wird auch das Vorkommen von Nickelspuren, neben CO, im Tabakrauch angesehen, weil die beiden Komponenten Nickeltetracarbonyl bilden können. Bereits Spuren dieser Substanz lösen Lungenkrebs aus (weitere CO-Effekte s. S. 44). Eine andere Lungenkrebs erzeugende Substanz im Tabakrauch ist das 3,4-Benzpyren. Bei mittelstarken Rauchern ist das Risiko, an dieser Krebskrankheit zu leiden, etwa 18mal so groß wie bei Nichtrauchern; starke Raucher (> 40 Zigaretten täglich) erkranken 60mal häufiger an diesem Krebsleiden als Nichtraucher (weiteres über 3,4-Benzpyren s. S. 164).

Bedeutung für die Umweltverschmutzung. Bisher war nur die Rede davon, daß sich ein Raucher selbst einer Reihe von gesundheitlichen Risiken aussetzt, wenn er Tabakrauch inhaliert. Man muß sich jedoch fragen, ob es eine Fernwirkung des Tabakrauchs gibt. Obwohl die von Rauchern erzeugte Rauchmenge verschwindend klein ist, verglichen mit industriellem Rauch, erreicht der Zigarettenrauch in der Regel doch hohe Konzentrationen, weil Tabak vielfach in geschlossenen Räumen geraucht wird. In kleinen Räumen von nur wenigen Kubikmetern Rauminhalt (z. B. 40–50 m³) genügen bereits wenige Zigaretten für eine massive Luftverschmutzung. Messungen ergaben, daß bei Nichtrauchern, die in verqualmten Zimmern sitzen, 2–5 % ihres Hämoglobins an CO gebunden sind. In vergleichbarem Umfang dürfte der Nichtraucher auch an den anderen Bestandteilen des Zigarettenrauchs beteiligt werden. Damit erweist sich das Tabakrauchen als ein Umweltproblem für alle. Man nimmt heute an, daß Zigarettenrauch unter all den vom Menschen erzeugten Umweltgiften die größten gesundheitlichen Schäden anrichtet, mehr noch als Berufskrankheiten in der chemischen Industrie, als Arzneimittelnebenwirkungen usw. Die als Folge der Gesundheitsschäden anfallenden finanziellen Belastungen des Bruttosozialprodukts (Krankenhausaufenthalt, Kuren, Invalidität, Tod) dürften allein in der Bundesrepublik viele Milliarden betragen und auf jeden Fall die Summe der an Tabakwaren eingenommenen Steuern weit übersteigen.

Bevor jedoch Maßnahmen zur Verminderung solcher Schäden besprochen werden, sollen zunächst die anderen Komponenten der Luftbelastung erörtert werden.

3. Gase und Dämpfe

Hatten wir es beim Rauch mit einem Gemisch von festen, dampfförmigen und flüssigen Stoffen zu tun, so sind Gase Substanzen, die unter normalen Bedingungen (Raumtemperatur, Luftdruck 1 atm) als Gas vorliegen und nicht kondensieren. Dämpfe sind dagegen Gase, die unter Normalbedingungen kondensierbar sind, wie z. B. Wasserdampf. Zu den heute in reichem Maße produzierten Gasen gehören u. a. Kohlendioxid (CO_2) und Kohlenmonoxid (CO).

a) Kohlenoxide

Entstehung und Kreislauf. Werden Brennstoffe organischen Ursprungs verbrannt, seien es nun Erdölprodukte, Kohle oder Holz, dann entsteht bei ausreichender Luftzufuhr Kohlendioxid. Außerdem wird es bei der Atmung von Mensch, Tier, Pflanze und Mikroorganismen erzeugt.

Kohlendioxid wird jedoch nicht nur produziert, sondern auch verbraucht (Abb. 15). Grüne Pflanzen benötigen ständig Kohlendioxid, um daraus mit Hilfe von Wasser und unter Ausnutzung der Sonnenenergie in der sog. Photosynthese Glucose herzustellen. Daraus können die Pflanzen, teils unter Zufügen von Elementen aus anorganischen Verbindungen, alle anderen lebensnotwendigen organischen Stoffe herstellen, wie Proteine, Nucleinsäuren, Fette, Vitamine u. v. a. m.

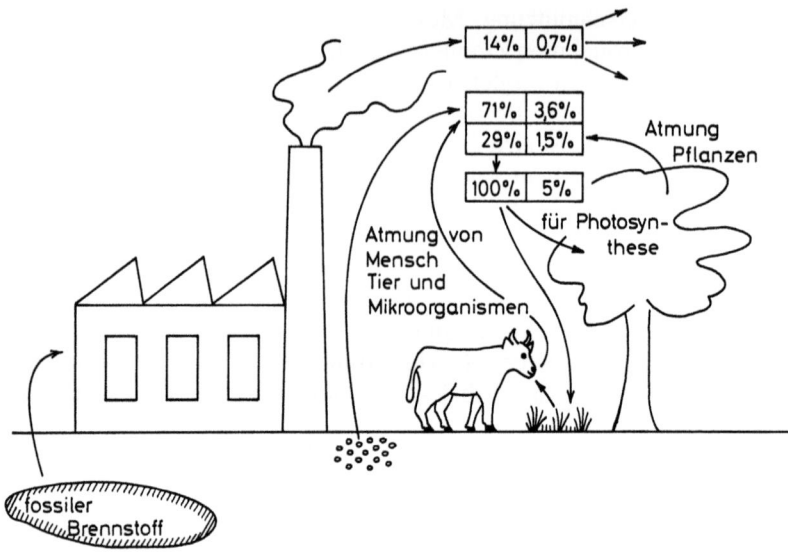

Abb. 15. Kreislauf des Kohlendioxids (CO_2) auf den Kontinenten (ein Austausch mit dem CO_2-Kreislauf in den Ozeanen findet praktisch nicht statt). Von den umrandeten Zahlen gibt jeweils die erste die CO_2-Gehalte, bezogen auf die jährlich photosynthetisch gebundene CO_2-Menge, an. Die zweite Zahl gibt die CO_2-Gehalte, bezogen auf den Gesamt-CO_2-Gehalt der Atmosphäre, an

Als Nebenprodukt der Photosynthese wird aus Wasser O_2 freigesetzt, und zwar in äquivalenter Menge zum verbrauchten CO_2, d. h. pro Molekül gebundenem CO_2 wird ein Molekül O_2 gebildet. Zur Energiegewinnung veratmen (= oxidieren) alle Lebewesen die von den Pflanzen hergestellten organischen Substanzen. Dabei entstehen wieder die Ausgangsprodukte CO_2 und H_2O, die erneut zur Photosynthese verwendet werden (Abb. 15). Durch die Atmung aller Lebewesen wird jährlich ebensoviel CO_2 freigesetzt wie die Pflanzen photosynthetisch zu binden vermögen.

Seit Beginn der gewaltigen industriellen Expansion in diesem Jahrhundert und dem damit verbundenen Verbrennen fossiler Brennstoffe wird mehr CO_2 gebildet, als die Pflanzen assimilieren (Abb. 15).

Durch diese ständige Überproduktion an CO_2 stieg seit der Jahrhundertwende der CO_2-Gehalt der Luft von ursprünglich 0,03 Vol % auf 0,0336 Vol %. Besonders hohe CO_2-Gehalte weist die Luft der Großstädte mit mehr als 0,04 Vol % auf.

In erdgeschichtlichen Epochen, bevor der Mensch entstand, also vor mehr als 3–4 Mill. Jahren, überwog zeitweise die Photosynthese gegenüber der Atmung. In diesen Epochen entstanden die Depots fossiler Brennstoffe (Erdöl, Steinkohle, Braunkohle).

Kohlenmonoxid entsteht bei unvollständiger Verbrennung. Die größten Kohlenmonoxiderzeuger sind Kraftfahrzeuge, da hier eine optimale Verbrennung nur bei einem bestimmten Betriebszustand, in der Regel bei voller Leistung, eingestellt werden kann. Die größte Kohlenmonoxidmenge geben die Motoren deshalb im Leerlauf ab. Verbrennungs- und Feuerungsanlagen emittieren weitaus weniger Kohlenmonoxid (vorausgesetzt, sie wurden richtig eingestellt).

In Großstädten kann der Kohlenmonoxidgehalt der Luft bis zu 100 ppm (= parts per million) erreichen und damit den MAK-Wert, der bei 50 ppm liegt, also weit übersteigen. Deshalb wird auch für Kohlenmonoxid die Frage nach der Beseitigung aus der Luft akut. Obwohl Kohlenmonoxid von Pflanzen nicht für die Photosynthese verwendet werden kann, gibt es dennoch biologische Bindungsmechanismen für dieses Gas. Eine Reihe von Blütenpflanzen kann Kohlenmonoxid in die Aminosäure Serin einbauen (Tabelle 8). Viele Algen

Tabelle 8. Blütenpflanzen, die überdurchschnittlich gut Kohlenmonoxid (CO) fixieren

---

Coleus (Buntnessel)
Daucus carota (Karotte)
Fagopyrum (Buchweizen)
Ficus variegatus (Feige)
Phoenix robelenis (Dattelpalme)
Medicago sativa (Luzerne)

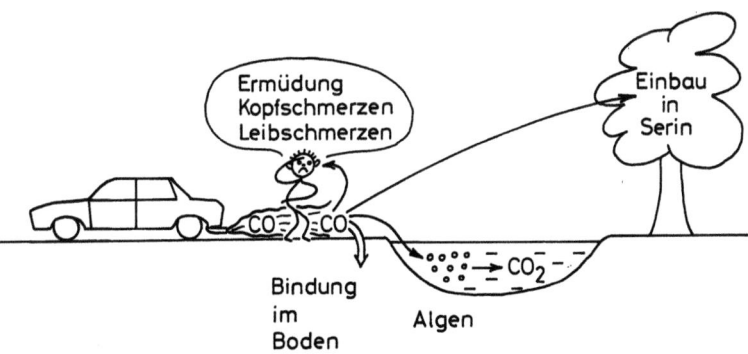

Abb. 16. Verteilung von Kohlenmonoxid (CO) in der Umwelt, Entgiftungsorte sowie einige physiologische Wirkungen auf den Menschen

oxidieren CO zu CO_2, besonders bei geringem O_2-Angebot. Zu den wichtigsten CO-Entgiftern gehört jedoch der Boden (Abb. 16).

Einfluß auf die Umwelt. Die beiden Kohlenstoffoxide beeinflussen die Umwelt in ganz unterschiedlicher Weise.

Kohlendioxid ist kein giftiges Gas. Lediglich in sehr hohen Konzentrationen hemmt es die Atmung.

Deutlich wird dagegen der Wärmehaushalt der Erde durch CO_2 beeinflußt, denn es reflektiert einen Teil der von der Erde abgegebenen Wärmestrahlen auf die Erdoberfläche zurück. Ein zunehmender CO_2-Gehalt der Luft wirkt also als Wärmespeicher und mindert damit die durch Staub bedingte Energieeinbuße. Bis heute läßt sich jedoch nicht errechnen, wieviel Prozent der staubbedingten Energieeinbußen (s. S. 32) durch CO_2 ausgeglichen werden, oder ob der wärmespeichernde CO_2-Effekt die Energieeinbußen sogar übersteigt. Dementsprechend können auch keine konkreten Prognosen über klimatische Auswirkungen gegeben werden (vgl. Wärmebelastung der Erde, S. 107). Zunächst müssen auf diesem Gebiet weitere wissenschaftliche Grundlagen erarbeitet werden, um dieses Problem besser beurteilen zu können.

Im Gegensatz zum Kohlendioxid ist Kohlenmonoxid ein stark giftig wirkendes Gas. CO verbindet sich ebenso mit dem Hämoglobin der roten Blutkörperchen wie O_2. Da aber CO etwa 300mal fester an den roten Blutfarbstoff gebunden wird als O_2, können bereits geringe CO-Konzentrationen in der Luft einen erheblichen Anteil des Hämoglobins blockieren (Tabelle 9). Da die Bindung von CO an Hämo-

Tabelle 9. Beziehungen zwischen CO-Gehalt der Luft und Kohlenmonoxid-Hämoglobin (COHb)-Bildung im Blut

CO-Konzentration der Luft	COHb-Gehalt des Blutes	Klinische Symptome
60 ppm = 0,006 Vol %	10 %	Anzeichen von Sehschwäche, leichte Kopfschmerzen
130 ppm = 0,013 Vol %	20 %	Kopf- und Leibschmerzen, Müdigkeit, beginnende Bewußtseinseinschränkung
200 ppm = 0,020 Vol %	30 %	Bewußtseinsschwund, Lähmung, Beginn von Atemstörungen, eventuell Kreislaufkollaps
660 ppm = 0,066 Vol %	50 %	Tiefe Bewußtlosigkeit, Lähmung, Atmungshemmung

Den einzelnen COHb-Konzentrationen entsprechen charakteristische klinische Symptome

globin dem Massenwirkungsgesetz folgt, handelt es sich hierbei um eine typische Gleichgewichtsreaktion. Dieses chemische Gleichgewicht $CO_{Luft} \rightleftarrows COHb$ stellt sich bei der Atmung eines ruhenden Menschen nach ca. 10 h ein, so daß die in Tabelle 9 angegebenen COHb-Werte erst erreicht werden, wenn eine ruhende Person 10 h den entsprechenden CO-Konzentrationen ausgesetzt war. Mit steigender Atmungsintensität stellt sich dieses Gleichgewicht jedoch rascher ein. Als Faustregel mag hier gelten, daß sich bei doppelter Atmungsfrequenz das Gleichgewicht in der Hälfte der Zeit einstellt, bei dreifacher Atemfrequenz in einem Drittel der Zeit usw. Wenn also in einer verkehrsreichen Großstadtstraße (CO-Konzentration 130 ppm) eine Person auf einer Straßenbank sitzt (Atmungskapazität 10 l/min), dann erreicht sie nach 10 h einen COHb-Gehalt von 20% und wird Kopf- und Leibschmerzen verspüren. Ein Straßenarbeiter, der in derselben Straße tätig ist (Atemkapazität 30 l/min), wird die gleichen Symptome schon nach einem Drittel der Zeit, nämlich nach 3–4 h, verspüren.

Die physiologische Wirkung des Kohlenmonoxids beruht zum Teil auf der Besetzung der Erythrocyten und dem damit verbundenen Defizit der Sauerstoffversorgung. Durch die Besetzung der Erythrocyten staut sich aber auch das Atmungs-CO_2 in den Zellen, was zu einer Ansäuerung des Cytoplasmas und damit zu Stoffwechselstörungen führt.

Während Mensch und Tier gegenüber CO sehr empfindlich sind, erweisen sich Pflanzen als völlig resistent gegenüber den bislang aufgetretenen CO-Konzentrationen. Selbst CO-Konzentrationen von 1% schädigen die Pflanzen noch nicht.

b) Saure Emissionen

Nahezu parallel zum Anstieg der Kohlenoxidbelastung der Luft stieg auch der Ausstoß saurer Emissionen. Unter dem Begriff „saure Emissionen" werden hier diejenigen Gase zusammengefaßt, die nicht nur zur Säurebildung befähigt sind, sondern vorwiegend auch durch ihren sauren Charakter wirken. Deshalb werden beispielsweise Stickoxide, die zwar zur Säurebildung befähigt sind, vorzugsweise aber durch ihre Oxydationskraft die Organismen beeinträchtigen, zu den Oxydantien gestellt.

Als charakteristische Vertreter saurer Emissionen werden hier besonders Schwefeldioxid (SO_2), Fluorwasserstoff (HF)- und Chlorwasserstoff (HCl)-Gas besprochen.

Herkunft und Konzentrationen. SO_2 entsteht u.a. beim Rösten sulfidischer Erze und bei der Düngemittel-, Cellulose- und Schwefelsäurefabrikation. SO_2-Emissionen bleiben jedoch nicht auf Industriegebiete beschränkt, denn grundsätzlich geben auch alle Heizungen und Verbrennungsmotoren SO_2 ab, wenn auch in geringerer Menge. Kohle enthält 0,3–6,5 % Schwefel, wobei besonders Braunkohle die Spitzenwerte erreicht. Erdöl bzw. Heizöl kann, je nach Herkunft, bis zu 5,1 % Schwefel enthalten. In Großstädten liegt deshalb der durchschnittliche SO_2-Gehalt der Luft bei 0,2–0,3 ppm. In Industriegebieten können allerdings vorübergehend Spitzenwerte bis zu 10 ppm auftreten. Solche Werte liegen bereits weit über der vertretbaren Norm (MIK_D = 0,5 ppm, MIK_K = 0,75 ppm, MAK = 5 ppm). HCl entsteht in der Düngemittelindustrie, in Emaillier- und Porzellanfabriken, in der elektrochemischen Industrie sowie beim Verbrennen chlorhaltiger Kunststoffe wie z.B. Polyvinylchlorid (PVC). Der MAK-Wert für HCl liegt bei 7 mg/m^3 Luft (= 5 ppm), bei reinem Chlorgas dagegen bei 1,5 mg/m^3 (= 0,5 ppm).

HF wird bei der Verhüttung von Schwermetallen und Aluminium frei. Ferner emittieren Glashütten, Emaille- und Porzellanwerke sowie Düngemittelbetriebe HF. Der MAK-Wert für HF liegt bei 3 ppm, derjenige für reines Fluorgas bei 0,1 ppm.

Nachweis von Fernwirkungen. Die hohe Toxizität saurer Emissionen versuchte man durch den Bau hoher Essen zu mildern, so daß sich

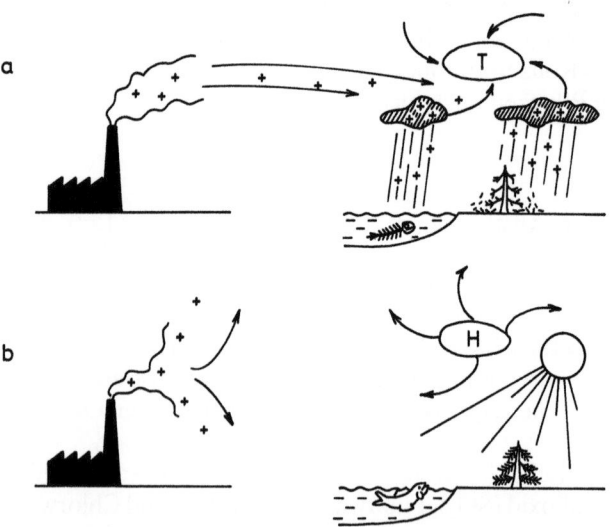

Abb. 17a u. b. Ausbreitung saurer Emissionen in Abhängigkeit von Luftdruck und Luftbewegung auf der Nordhalbkugel (a) bei Tiefdruckwetterlage (*T*) im Seegebiet, (b) bei Hochdruckwetterlage (*H*) im Seegebiet

die emittierten Gase zunächst stark verdünnen können, ehe sie auf lebende Organismen am Boden einwirken können. Hohe Essen verursachen aber gleichzeitig eine weite Ausbreitung der Gase in der Atmosphäre über die Grenzen der mitteleuropäischen Industriestaaten, wie z. B. die Bundesrepublik, hinaus (Abb. 17). Da sich die sauren Emissionen durchweg leicht in Wasser lösen, reichern sie sich in den Regentropfen an, und es kommt dadurch zu sauren Niederschlägen. Aus dem Ruhrgebiet dringen saure Emissionen bis nach Skandinavien vor. So wurden beispielsweise in Südnorwegen und Südschweden Säuregrade des Regenwassers von pH 3 gemessen. Dieser Säuregrad entspricht fast demjenigen von kohlensäurehaltigem Mineralwasser. Für den Menschen sind solche Säuregrade zwar völlig unschädlich, nicht aber für Pflanzen und wasserbewohnende Tiere. Saure Niederschläge reduzieren beispielsweise den Waldzuwachs und vermindern erheblich den Fischbestand der Binnengewässer (vgl. S. 76).

Saure Emissionen, die aus der Bundesrepublik, aus England oder Polen stammen, dringen besonders tief nach Skandinavien ein, wenn dort der Kern eines Tiefdruckgebietes liegt, welcher die Luft aus der Umgebung ansaugt. Hoher Luftdruck weist dagegen die verunreinigte Luft ab (Abb. 17).

Physiologische Wirkung beim Menschen. Alle drei Gase (aber auch Chlorgas und Fluorgas) bilden gemeinsam mit Wasser starke Säuren. Deshalb verätzen solche Gase, wenn sie eingeatmet werden, Schleimhäute und Lungenbläschen. In besonders schweren Fällen tritt Blut aus den Alveolen (= Lungenbläschen). Solch starke Verätzungen ereignen sich vorzugsweise in staubiger, feuchter Atmosphäre (s. S. 56).

Das besonders reaktionsfreudige HF bildet Salze und kann in dieser Form auch über den Verdauungstrakt aufgenommen werden. Dann tritt das Fluoridion in die Blutbahn ein, bewirkt eine Abnahme der Erythrocytenzahl und hemmt Enzyme des oxidativen Zuckerabbaus (= Atmung in der Zelle).

Die physiologischen Wirkungen der Fluoride lassen es nicht angebracht erscheinen, Trinkwasser zum Zwecke der Härtung des Zahnschmelzes zu fluorieren. Man verwendet besser die im wesentlichen lokal wirkende fluorierte Zahncreme.

Wirkung auf höhere Pflanzen. Noch empfindlicher als der Mensch reagieren Pflanzen auf saure Emissionen, wobei Nadelbäume empfindlicher sind als Laubbäume und krautige Pflanzen. Nadelbäume können nämlich ihre dem Gasaustausch dienenden Spaltöffnungen nicht verschließen, wozu Laubbäume und krautige Pflanzen befähigt sind. Bei Laubbäumen und krautigen Pflanzen hängt die Öffnungsweite der Spaltöffnungen maßgeblich von Umweltfaktoren ab: bei reichlicher

Wasserversorgung werden die Spaltöffnungen weiter geöffnet als bei Trockenheit.

Am empfindlichsten sind Flechten (= Lebensgemeinschaft aus Pilzfäden und Grünalgen) gegenüber sauren Emissionen, denn sie besitzen keine regulären Abschlußgewebe wie höhere Pflanzen. Bereits 0,02 ppm SO_2 hemmen meßbar das Wachstum der Flechten (der für den Menschen ausgelegte MAK-Wert beträgt 5 ppm).

SO_2 hemmt besonders die Photosynthese durch Zerstören der Chlorophylle a und b. In den Zellen bildet SO_2 zusammen mit Wasser schweflige Säure (H_2SO_3). Unter chronischer SO_2-Einwirkung kann die SO_3^{2-}-Konzentration in den Zellen so hoch steigen, daß das Schlüsselenzym der CO_2-Bindung, die Ribulose-1,5-diphosphatcarboxylase, blockiert wird. Die Atmung wird gleichzeitig etwas stimuliert. Das Zusammentreffen von gehemmter Photosynthese mit gesteigerter Atmung äußert sich in einem deutlichen Stärkeverlust der betroffenen Pflanzen. SO_3^{2-}-Ionen werden an eine Reihe cytoplasmatischer Proteine gebunden. Das soll zur Auflösung von Proteinstrukturen führen und das Cytoplasma über das normale Maß hinaus quellen lassen. Der Wasser- und Stoffaustausch der Zellen wird aber auch dadurch beeinträchtigt, daß SO_3^{2-} direkt an Zellmembranen gebunden wird. Als Folge solch tiefgreifender physiologischer Veränderungen sterben

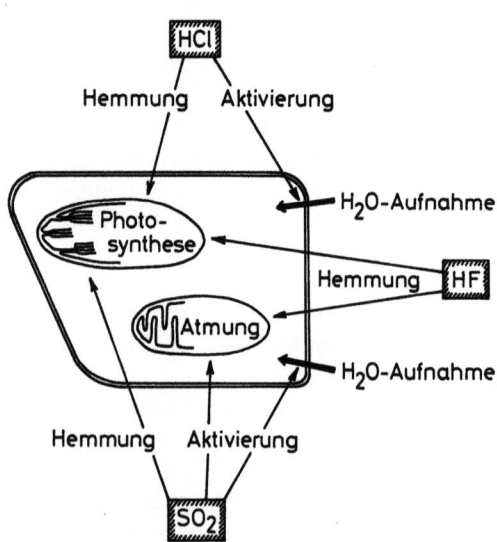

Abb. 18. Übersicht über wichtige physiologische Wirkungen saurer Emissionen auf Pflanzenzellen

ganze Zellbezirke ab, was äußerlich als braune „Nekroseflecken" sichtbar wird.

HCl vermindert vor allem die Chlorophyllsynthese und hemmt damit ebenfalls die Photosynthese. Cl^--Ionen wirken stark quellend, d.h. sie erhöhen die Wasseraufnahme der Zellen.

HF sowie Fluoride hemmen die Photosynthese auf noch unbekannte Weise. Die Atmung wird bei mäßiger HF-Einwirkung während der ersten Tage stimuliert, später gehemmt. Hohe HF-Konzentrationen (10 $\mu g/m^3$) hemmen die Atmung sofort (Abb. 18).

Ebenso wie SO_2 erzeugen HCl und HF an Blättern und Nadeln Nekroseflecken. Bei kontinuierlicher Begasung der Pflanzen wird zunächst das Wachstum gehemmt, da u. a. die Photosyntheseleistung zurückgeht, später können die Pflanzen absterben. Durch saure Emissionen wurden schon große Waldbestände und Obstbaumkulturen geschädigt.

c) Oxydantien

Herkunft und Konzentration. Unter Oxydantien werden hier jene Gase zusammengefaßt, deren physiologische Wirkung überwiegend auf Oxydationsvorgängen beruht, wie z. B. bei nitrosen Gasen [im wesentlichen Stickstoffmonoxid (NO) und Stickstoffdioxid (NO_2)] und Ozon (O_3).

Stickstoffoxide oder kurz Stickoxide entstehen in Salpetersäure- und Schwefelsäurefabriken sowie (hauptsächlich) in Verbrennungsmotoren. Die Auspuffgase von Kraftfahrzeugen können bis 1000 ppm nitrose Gase enthalten. Auch Zigarettenrauch enthält nitrose Gase, und zwar bis zu 300 ppm. Gemessen am MAK-Wert für reines NO_2 (5 ppm) sind diese Konzentrationen sehr hoch, sofern Auspuffgase und Zigarettenrauch in geschlossenen Räumen produziert werden, so daß die Chancen für eine Verdünnung der Emissionen gering sind. Geringe Mengen nitroser Gase entstehen beim Gewitter und beim Elektroschweißen.

Nitrose Gase unterliegen im Freien photochemischen Umsetzungen, die zur Ozonbildung führen. Speziell energiereiche UV-Strahlen zerlegen NO_2 homolytisch, d. h. es entsteht neben NO das reaktionsfreudige Radikal [O]. [O] kann mit Luftsauerstoff Ozon bilden:

$$NO_2 \xrightarrow{UV} NO + [O]$$
$$[O] + O_2 \longrightarrow O_3.$$

Da dieser photochemische Prozeß die Hauptbildungsquelle für Ozon darstellt, gehören Auspuffgase von Kraftfahrzeugen indirekt zu den größten Ozonerzeugern. Industrielle Ozonerzeugung (Elektrolyse, Spaltung von Peroxiden usw.) dürfte demgegenüber völlig in den Hintergrund treten.

Ozon entsteht auch auf natürliche Weise durch Einwirkung von UV-Strahlen auf Luftsauerstoff in großer Höhe. Von diesem stratosphärischen Ozon gelangen jedoch nur unbedeutende Mengen bis an die Erdoberfläche, da der Luftaustausch zwischen Stratosphäre und der darunterliegenden Troposphäre gering ist.

Es liegt also auf der Hand, daß die höchsten Ozonkonzentrationen in Großstädten anzutreffen sind. In der verkehrsreichen und sonnigen Stadt Los Angeles in den USA kann die Ozonkonzentration der Luft bis auf 1 ppm steigen, ein sehr hoher Wert im Vergleich zum MAK-Wert (0,1 ppm).

Bedeutung für die Atmosphäre. Die soeben erwähnte Ozonschicht in der Stratosphäre (in ca. 35 000 m Höhe) hat für uns Schutzfunktion, denn sie absorbiert den größten Teil der von der Sonne stammenden UV-Strahlen. Könnte die gesamte UV-Strahlung ungehindert bis an die Erdoberfläche gelangen, dann würde das besonders bei der hellhäutigen Bevölkerung zu schweren Hautschäden und zu Hautkrebs führen. Die dunkelhäutige Bevölkerung reagiert weniger empfindlich auf UV-Strahlen.

Diese Schutzschicht von Ozon ist heute der Gefahr ausgesetzt, durch die Tätigkeit des Menschen zerstört zu werden. Flugzeuge und Raketen entlassen Auspuffgase in die Stratosphäre, deren NO-Anteil die photochemische Ozonbildung nach folgendem Prinzip blockieren kann:

$$3\,NO + O_3 \rightarrow 3\,NO_2.$$

Zwar wissen wir, daß NO_2 wiederum Ozonbildung induzieren kann (s. S. 49), aber je mehr NO in den Ozongürtel gelangt, desto langsamer wird der ursprüngliche O_3-Gehalt wiederhergestellt, zumal in dieser Höhe die Luftdichte nur ca. 1 % des Wertes in Meereshöhe beträgt und damit auch der für diese Reaktionen wichtige O_2-Partialdruck entsprechend niedrig liegt.

Die in die Stratosphäre eingeschleppten reduzierenden Gase verdünnen sich besonders langsam, weil sich hier kein Regen bildet, der die Gase auswaschen könnte und weil, wie bereits erwähnt, der vertikale Luftaustausch gering ist.

Eine zweite Gefahr für den Ozongürtel kann, wie man befürchtet, aus den weit verbreiteten Spraydosen stammen, die als Treibgas Frigen (CF_2Cl_2) oder $CFCl_3$ enthalten. Diese Treibmittel können, wenn auch außerordentlich langsam, in die Stratosphäre eindringen. Unter dem

Einfluß von Sonnenlicht werden aus den Treibmitteln Cl-Radikale freigesetzt (= Homolyse), die O_3 unter Oxidbildung zersetzen.

Eine endgültige Beurteilung der Wirkung von Auspuffgasen und Treibmitteln aus Spraydosen ist bis jetzt noch nicht möglich. Zu wenig wissen wir noch über Abbau- und Regenerationsgeschwindigkeit des Ozons, über die Einwanderungsgeschwindigkeit reduzierender Stoffe in die Stratosphäre und über ihre Verweildauer. Gerade deshalb sollte man auf diesem Sektor vorerst größtmögliche Zurückhaltung üben und nicht größtmögliche Sorglosigkeit walten lassen, bis genauere Kenntnisse über Beziehungen zwischen menschlicher Tätigkeit und dem Ozongürtel der Stratosphäre konkrete Entscheidungen ermöglichen.

Physiologische Wirkungen. In Nähe der Erdoberfläche wirken sich Oxydantien (Ozon und Stickoxide) auf jeden Fall schädigend auf die menschliche Gesundheit aus. Dominierende Vergiftungserscheinungen sind die sog. Methämoglobinämie und Lungenödeme mit ihren Folgeerscheinungen. Dazu kommt es folgendermaßen:

Nitrose Gase, die in der Zelle leicht Nitrit (NO_2^-) bilden, übernehmen den Sauerstoff vom Hämoglobin, wobei Nitrat (NO_3^-) entsteht. Dabei wird das Fe^{2+}-Ion im Hämoglobin zu Fe^{3+} oxidiert. Der mit dreiwertigem Eisen besetzte Blutfarbstoff wird als Methämoglobin bezeichnet. Mit dieser Oxydation verliert das Eisen im Hämoglobin seine Fähigkeit reversibel O_2 anzulagern. Der Sauerstofftransport wird also gehemmt, etwa wie bei einer CO-Vergiftung (s. S. 44). 60–80% Methämoglobin wirken tödlich. Von der Methämoglobinämie oder Blausucht (weil die Lippen blau anlaufen) werden besonders Säuglinge betroffen, weniger Erwachsene. Erwachsene verfügen über einen Mechanismus, der Fe^{3+} im Methämoglobin wieder zu Fe^{2+} zurückverwandelt (= reduziert). Dieser Reduktionsmechanismus ist bei Säuglingen noch nicht voll entwickelt.

An der Bildung von Lungenödemen sind Ozon und nitrose Gase gleichermaßen beteiligt, weil sie zwei entscheidende Eigenschaften gemeinsam besitzen: durch ihre gute Fettlöslichkeit dringen sie bis in die Lungenbläschen (= Alveolen) vor, und außerdem denaturieren sie Eiweiße und machen damit die Wände der Lungenbläschen und Blutkapillaren undicht. Als Folge dieser erhöhten Permeabilität (= Durchlässigkeit) füllen sich die Lungenbläschen langsam mit Plasma aus den Blutkapillaren. Dadurch verzögert sich die Sauerstoffaufnahme des Blutes, und als Folge davon werden die Alveolar- und Kapillarwände noch durchlässiger. So füllt sich die Lunge langsam mit schaumiger Flüssigkeit. Endstadium ist der Erstickungstod (Abb. 19).

Bei Pflanzen beeinflussen nitrose Gase und Ozon ebenfalls die Permeabilität der Zellmembranen, wenn auch nicht so gravierend wie

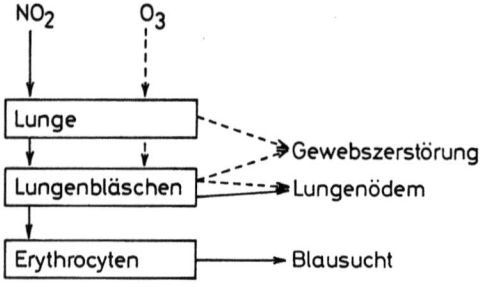

Abb. 19. Verteilung und physiologische Wirkungen von Oxydantien im menschlichen Körper

beim Menschen. Außerdem werden Chlorophyll und Carotinoide zerstört, was die Photosyntheseleistung hemmt.

Die Oxydantien blockieren ferner den Gasaustausch der Blätter. Auf noch unbekanntem Wege verhindert besonders Ozon die Öffnung der Stomata (= Spaltöffnungen) der Blätter. Dieser Spaltenschluß hemmt die Transpiration (= Wasserabgabe), den transpirationsabhängigen Stofftransport in der Pflanze sowie Photosynthese und Atmung. Ein Effekt, der für nitrose Gase spezifisch ist, besteht darin, daß diese in der Zelle Nitrit bilden. Nitrit wirkt in der Zelle mutagen, d.h. es kann Erbeigenschaften ändern (s. S. 177).

Eine spezifische Eigenschaft von Ozon besteht darin, organische Substanzen mit Doppelbindungen zu zerstören. Zunächst bilden sich sog. Ozonide, die in Gegenwart von Wasser in Aldehyde, Ketone und Peroxide gespalten werden. Als Beispiel sie die Aldehydbildung angeführt:

$$R_1-\overset{H}{\underset{}{C}}=\overset{H}{\underset{}{C}}-R_2 + O_3 \longrightarrow R_1-\overset{H}{\underset{}{C}}\underset{O}{\overset{O-O}{\diagup\diagdown}}\overset{H}{\underset{}{C}}-R_2$$

Ozonid

$$R_1-\overset{H}{\underset{}{C}}\underset{O}{\overset{O-O}{\diagup\diagdown}}\overset{H}{\underset{}{C}}-R_2 + H_2O \longrightarrow R_1-C\overset{H}{\underset{O}{\diagdown\!\!\!=}} + R_2-C\overset{H}{\underset{O}{\diagdown\!\!\!=}} + H_2O_2$$

Aldehyde

In Gegenwart hoher Ozonkonzentrationen werden deshalb menschliche, tierische und pflanzliche Gewebe regelrecht zersetzt, aber auch Gummi, Kunststoffe usw. werden brüchig und zerfallen langsam. An Pflanzen äußert sich das Schadbild in Form sog. Silberblätter: durch die

Gewebszerstörung tritt in das Blatt Luft ein, und die Luftkammern im Blattgewebe sorgen für Totalreflexion des Lichts.

d) Smog, Aerosol, PAN

Entstehung. Die Reaktionsfreudigkeit von Oxydantien löst mitunter Kettenreaktionen ungesättigter organischer Substanzen aus, wie bei der Smogbildung. Der Begriff „smog" stammt aus dem Englischen und setzt sich aus den Worten *smo*ke (Rauch) und f*og* (Nebel) zusammen.

Smog [Aerosole, Peroxyacetylnitrat (PAN)] sind entsprechend ihrer Teilchengröße Kolloide wie Staub und Rauch. Wir kennen heute zwei chemisch grundverschiedene Typen der Smogbildung, nämlich den Los-Angeles-Typ und den London-Typ.

Der Los-Angeles-Smog entsteht durch Reaktion von photochemisch gebildetem Ozon (s. S. 49) mit ungesättigten Kohlenwasserstoffen. Dabei auftretende Peroxyverbindungen und Ozonide dienen als Startersubstanz für Kettenpolymerisationen ungesättigter Kohlenwasserstoffe, die im wesentlichen aus Auspuffgasen von Kraftfahrzeugen stammen. Vereinfacht kann man sich das etwa folgendermaßen vorstellen:

1. Startreaktion

$$R_1\underset{O}{\overset{O-O}{\diagup\!\!\diagdown}}R_2 + \underset{\underset{R_x\ R_y}{|\ \ |}}{C=C}^{H\ H} \longrightarrow R_1-O-\overset{O}{\overset{\|}{C}}-\underset{\underset{R_x\ R_y}{|\ \ |}}{C}^{H\ H} + R_2-O.$$

Ozonid   Olefin   1. Radikal-   2. Radikal-
(Dialkylperoxid)   bildung   bildung

2. Kettenpolymerisation

$$R_1-O-\overset{O}{\overset{\|}{C}}-\underset{\underset{R_x\ R_y}{|\ \ |}}{C}^{H\ H} + n\,\underset{\underset{R_x\ R_y}{|\ \ |}}{C=C}^{H\ H} \longrightarrow R_1-O-\overset{O}{\overset{\|}{C}}-\underset{\underset{R_x\ R_y}{|\ \ |}}{C}^{H\ H}-\left[\underset{\underset{R_x\ R_y}{|\ \ |}}{C-C}^{H\ H}\right]_n.$$

Die Kettenverlängerung schreitet solange fort, bis ein geeigneter Reaktionspartner (z.B. NO, NO_2) das Radikalende absättigt. Die (kolloidalen) Polymerisate bilden mit feinsten Flüssigkeitströpfchen sog. Aerosole, die maßgeblich an der Bildung der charakteristischen Dunstglocken beteiligt sind.

Zerfallende Alkylperoxide (siehe Startreaktion) können auch mit NO_2 zu sog. Peroxyalkylnitraten reagieren:

$$R_1\underset{O}{\overset{O-O}{\diamond}}R_2 + NO_2 \rightarrow R_1-C\underset{O}{\overset{O-O-NO_2}{\diamond}} + R_2\cdot$$

Ozonid Stickstoff- Peroxyalkyl- Radikal
        dioxid   nitrat

Am häufigsten bildet sich dabei Peroxyacetyl*n*itrat (PAN):

$$\underset{H}{\overset{H}{HC}}-C\overset{\nearrow O}{-}O-O-NO_2$$

Daneben bildet sich Formalin und eine Fülle weiterer Substanzen.

Wegen der hier skizzierten Reaktionsschritte und der Anreicherung verschiedener Peroxide in der Dunstglocke bezeichnet man den Los-Angeles-Smog als oxidierenden Smog. Zur Bildung des Los-Angeles-Smog gehören außerdem ganz bestimmte klimatische Voraussetzungen: intensive Sonneneinstrahlung, Windstille, wie sie besonders in Talkesseln und Beckenlandschaften auftritt, sowie Inversions- und Hochdruckwetter, bei dem die Abgase nicht in höher gelegene Luftschichten entweichen können (Abb. 20).

Im Gegensatz zum oxidierenden Los-Angeles-Smog reagiert der London-Smog reduzierend, denn er entsteht bei SO_2-reicher Luft.

Bedingt durch die Küstennähe Londons können bei niedrigen Außentemperaturen ($-3°$ bis $+5°$ C) feuchte Meeresluftmassen durch Wasserdampfkondensation an Staub- und Rußteilchen der Stadtluft Nebel bilden. Durch Sonnenlicht wird SO_2 (besonders während der winterlichen Heizungsperiode) in einen angeregten Zustand versetzt (= in das SO_2-Radikal überführt), d.h. vorübergehend reaktionsfreudiger gemacht. Nun reagiert es spontan mit Luftsauerstoff zum SO_4-Radikal, welches unter O-Abspaltung sofort zerfällt:

$$SO_2 \xrightarrow{h\nu} [SO_2]$$
$$[SO_2] + O_2 \rightarrow [SO_4] \rightarrow SO_3 + [O].$$

Das dabei frei werdende [O]-Radikal kann ein weiteres SO_2-Molekül zu SO_3 oxidieren. SO_3 reagiert nun mit dem Wasser des Nebels zu Schwefelsäure:

$$SO_3 + H_2O \rightarrow H_2SO_4.$$

Auf diese Weise wird die Nebelluft zum Schwefelsäureaerosol.

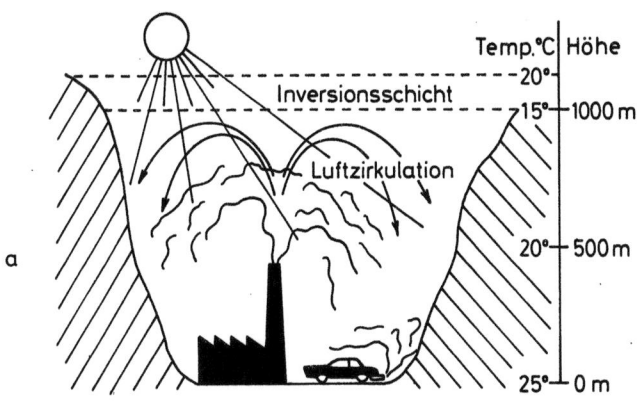

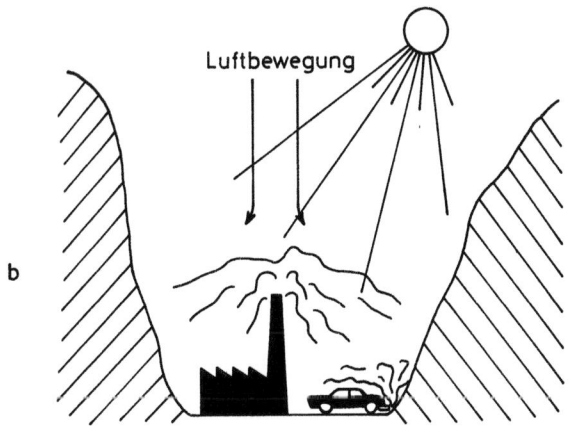

Abb. 20a u. b. Schematische Darstellung der wichtigsten geographischen und klimatischen Bedingungen für Smogbildung. (a) Inversionswetterlage: Hemmung der aufsteigenden Luftbewegung durch Temperatursprung in der Atmosphäre. (b) Hochdruckwetterlage: absteigende Luftbewegung

Stets enthält Smog eine Fülle organischer und anorganischer Substanzen, die aus den Emissionen von Industrie, Kraftfahrzeugen und Privatheizungen stammen (Tabelle 10).

Physiologische Wirkungen. Die physiologische Wirkung von oxydierendem Smog gleicht im wesentlichen derjenigen von Oxydantien, die Wirkung von reduzierendem Smog den SO_2-Effekten. Wegen der Anreicherung unterschiedlichster Stoffgruppen im Smog und durch das Einwirken verschiedener Umweltfaktoren ergeben sich viele Kombina-

Tabelle 10. Einige Begleitsubstanzen, die im Smog angereichert werden

---

Bleistaub
Cadmiumstaub
Ammoniak
organische Säuren
Fette
Formalin
Acrolein
gesättigte und ungesättigte aliphatische Kohlenwasserstoffe
gesättigte und ungesättigte cyclische Kohlenwasserstoffe
polycyclische Kohlenwasserstoffe

---

tionseffekte, die sich meist noch nicht vorherbestimmen lassen (s. S. 12). Einige Beispiele sollen das erläutern:

Beispiel 1:
Als im Jahre 1952 in London bei einer Inversionswetterlage innerhalb von fünf Tagen 4000 Menschen nachweislich an Smogfolgen starben, betrug die SO_2-Konzentration der Luft maximal 1,34 ppm (MAK-Wert für SO_2: 5 ppm!). Die katastrophale Wirkung dieser noch recht geringen SO_2-Konzentration wurde durch einen überdurchschnittlich hohen Staubgehalt der Luft ausgelöst. Inzwischen hat man die Erklärung hierfür gefunden: Normalerweise schlägt sich das gut wasserlösliche SO_2 zu 95–98 % an den alkalischen Schleimhäuten der oberen Luftwege nieder und führt dort allenfalls zu Reizungen. Wird SO_2 jedoch an Staubpartikel adsorbiert, dann gelangt es mit diesen bis in die Lungenbläschen. Die Wände der Blutkapillaren in den Lungenbläschen werden verätzt, und es bilden sich tödliche Lungenödeme, wie sie bei der Ozonwirkung besprochen wurden. Wäre bei jener Smogkatastrophe die Luft staubfrei gewesen, wäre kein einziger Mensch an den Smogfolgen gestorben. Für sich alleine wäre aber auch der Staub harmlos gewesen.

Beispiel 2:
Das im oxydierenden Smog enthaltene PAN hemmt ähnlich wie Ozon das Pflanzenwachstum durch Schädigung des Photosyntheseapparates. Dieser PAN-Effekt tritt jedoch nur dann ein, wenn die Pflanzen mindestens 30 min lang während und nach der Gaseinwirkung belichtet werden. Bei Dunkelheit bleibt PAN wirkungslos. Wie sich herausstellte, wird PAN bei Belichtung in NO_2 und das Peroxyacetylradikal zerlegt. Erst diese beiden Spaltprodukte zerstören oxydativ die Photosynthesepigmente. Das vollständige PAN-Molekül greift Chlorophyll nicht an.

Beispiel 3:
Kombinationen mehrerer Komponenten können sich mitunter in ihrer Wirkung abschwächen. Beispielsweise vermindert SO_2 die Wirkung von oxydierendem Smog. Der Ozon im Los-Angeles-Smog oxydiert SO_2 zu SO_3 bzw. in Gegenwart genügend hoher Luftfeuchtigkeit zu H_2SO_4 (Schwefelsäure). Schwefelsäure schädigt zwar auch die Organismen, ihre Toxizität ist jedoch geringer als diejenige von Ozon. Der MAK-Wert für Ozon liegt bei 0,2 mg/m³ Luft (= 0,1 ppm), derjenige für H_2SO_4 dagegen bei 1 mg/m³ Luft (= 0,5 ppm).

Diese wenigen Beispiele sollten zeigen, daß es einer gründlichen Detailkenntnis bedarf, um die oft überraschenden Auswirkungen von Schadstoffkombinationen abschätzen zu können. Hier liegt noch ein weites Forschungsfeld vor uns, ehe man weitere Kombinationswirkungen wichtiger Schadstoffkomponenten in unserer Umwelt analysieren kann.

e) Äthylen

Aus der Vielzahl organischer Verbindungen, die der Smog enthält, soll Äthylen herausgegriffen werden. Es verursacht bereits in geringen Konzentrationen erhebliche Schäden an Pflanzen, häufig sogar schon bei Wetterlagen ohne Smogbildung. Äthylen kommt im Leuchtgas vor, in den Crackgasen von Erdölraffinerien, in Abgasen von Koksöfen und in Auspuffgasen von Kraftfahrzeugen.

Die verschiedenen Pflanzenarten reagieren unterschiedlich stark auf dieses Gas. Während sich Narzissenblätter bei 3,4 ppm Äthylen krümmen, stellt sich dieser Effekt beim Buchweizen bereits bei 0,05 ppm ein. Zu den empfindlichsten Organen dürften Orchideenblüten gehören. Grundsätzlich reagieren junge Blätter viel schwächer auf Äthylen als alte. Diese unterschiedliche Reaktionsweise ist offenbar mit dem Gehalt der Blätter an Indol-3-essigsäure korreliert, einem Pflanzenhormon (= Phytohormon), das Blatt- und Fruchtfall wirksam hemmt und das Längenwachstum der Pflanzen stimuliert. Damit erweist sich Indol-3-essigsäure als Antagonist zum Äthylen, welches die Vergilbung und die Fruchtreifung beschleunigt sowie Blatt- und Fruchtfall auslöst. Zu Beginn der Vegetationsperiode, also in jungen Blättern, ist der Gehalt an Indol-3-essigsäure hoch, und dadurch werden Äthyleneinflüsse weitgehend unterdrückt. Mit abnehmender Konzentration dieses Phytohormons im Spätsommer und Herbst kann sich Äthylen immer stärker auswirken, da zu diesem Zeitpunkt die Pflanzen selber Äthylen produzieren, um den herbstlichen Blatt- und Fruchtfall einzuleiten.

In Kalifornien schätzt man den Schaden, den künstlich erzeugtes Äthylen durch Blütenabwurf und Blütenzerstörung jährlich anrichtet, auf 60000–70000 $. Selbst Äthylenkonzentrationen, die nicht einmal mehr gaschromatographisch sicher nachweisbar sind (z.B. 1,2 ml/m^3 Luft), verstärken in der Pflanze die Synthese einiger am Zellwandbau beteiligter Enzyme.

Somit können also Schadstoffkonzentrationen, die unterhalb der Nachweisgrenze liegen, mitunter noch meßbare Einflüsse auf den Stoffwechsel ausüben. Das trifft sicher nicht nur für Äthylen zu, nur konnte es hier einmal zweifelsfrei nachgewiesen werden. Wir wollen also festhalten, daß biologische Systeme (bestimmte Tiere, Pflanzen usw.) verschiedene Umweltfaktoren mitunter empfindlicher registrieren als chemische oder physikalische Nachweisverfahren.

4. Lebende Organismen als Indikatoren der Luftverschmutzung

Trotz der hohen Empfindlichkeit lebender Zellen werden heute routinemäßige Bestimmungen der Luftverschmutzung vorzugsweise mit Hilfe physikalischer Meßverfahren durchgeführt, weil sie eine Reihe anderer Vorzüge aufweisen. Am häufigsten wird dazu die Infrarot- oder Ultrarotspektroskopie angewendet. Bei diesem Meßverfahren nutzt man das unterschiedliche Absorptionsvermögen der verschieden strukturierten Substanzen im Infrarotbereich aus. Wird ein solches Meßgerät an einen automatischen Schreiber angeschlossen, dann kann die Entwicklung der Schadstoffkonzentration über längere Zeiträume hin kontinuierlich aufgezeichnet werden. Das ist besonders zum Nachweis kurzer Emissionsstöße mit hoher Schadstoffkonzentration wichtig. Physikalische und chemische Meßverfahren haben außerdem den Vorteil einer guten Reproduzierbarkeit, da sie nicht wie lebende Systeme durch variierende Umweltfaktoren (Temperatur, Feuchtigkeit, Licht usw.) beeinflußt werden.

Diese unbestreitbaren Vorzüge physikalischer und chemischer Nachweisverfahren machen aber dennoch die biologischen Tests nicht überflüssig, weil ihre Vorzüge auf ganz anderer Ebene liegen.

Mit Hilfe lebender Organismen kann man
1. die physiologische Wirksamkeit von Schadstoffen erfassen,
2. chronische Vergiftungen bei sehr langer Exposition beobachten,
3. die Wirkung eines Schadstoffes in Verbindung mit der Gesamtbelastung der Luft feststellen (vgl. Schadstoffkombinationen),
4. Großraumuntersuchungen durchführen, weil die Testobjekte (meist Pflanzen) ungleich billiger sind als Meßgeräte und deshalb in großer Menge aufgestellt werden können.

Diese kleine Gegenüberstellung physikalisch-chemischer und biologischer Testverfahren macht vielleicht deutlich, daß beide Untersuchungsprinzipien einander ergänzen und keineswegs miteinander in Konkurrenz stehen.

Unter den Pflanzen wurden epiphytische (= an großen Pflanzen oder Steinen sitzende) Flechten und Moose als besonders zuverlässige „Emissionsweiser" erkannt. Durch Beobachtung der Flechtenverbreitung und des Flechtenwachstums (dabei wird die von der Flechte bedeckte Fläche bestimmt) kann über längere Zeiträume hinweg die Entwicklung der Luftverschmutzung eines Gebietes untersucht werden.

Die einzelnen Arten von Flechten und Moosen weisen erhebliche Resistenzunterschiede gegenüber den einzelnen Faktoren der Luftverschmutzung auf. Beispielsweise sind die Moose *Sphagnum* und *Polytrichum commune* gegenüber HF und SO_2 sehr empfindlich. Die Art *Dicraniella heteromalla* ist gegen beide Gase recht widerstandsfähig. *Pohlia nutans* ist nur gegenüber SO_2 und *Nardia scalaris* nur gegenüber HF relativ resistent. Ganz ähnliche artspezifische Resistenzunterschiede sind auch bei Flechten bekannt. Somit kann man sich aus der Anzahl vorhandener Arten, deren Häufigkeit und Zuwachsraten ein Bild vom Ausmaß und von der Zusammensetzung der Luftverschmutzung in größeren Gebieten machen.

Zu den biologischen Nachweismethoden gehört u.a. das sog. Fangpflanzenverfahren, bei dem exponierte Pflanzen auf Habitus, Wachstum und Inhaltsstoffe hin untersucht werden.

Von der als Zierpflanze bekannten Begoniensorte Winterkönigin wurde eine Mutante gewonnen, die nach sechsstündiger Einwirkung von 0,15 ppm Ozon (das ist die O_3-Konzentration, bei der Smogalarm gegeben wird) weiße Flecken auf den Blättern bekommt. Diese Pflanze macht es künftig jedem Haushalt möglich, seine private Smogwarnanlage in dekorativer Form auf dem Fensterbrett des Wohnzimmers aufzustellen.

Mit der Einbeziehung von Pflanzen zur Untersuchung von Immissionsschäden wurde ein Anfang gemacht, Langzeitwirkungen von Schadstoffen zu ermitteln. Langzeitwirkungen bei Tieren wurden dagegen bisher nicht systematisch untersucht. Um Hinweise auf etwaige Spätschäden chronischer Immissionen aus Tierversuchen zu erhalten, müßte man sich von den üblichen Versuchstieren (Ratten, Mäuse, Kaninchen) trennen und Säugetiere einsetzen, die wenigstens 1–2 Jahrzehnte leben, zweifellos ein aufwendiges Verfahren. Solange jedoch keine Ansätze zu solchen Langzeituntersuchungen erkennbar sind, wird der Mensch weiterhin sein eigenes Versuchsobjekt für Spätschäden nach Dauerimmissionen spielen müssen, es sei denn, er könnte sich dazu entschließen, sein bereits vorhandenes technisches Wissen und seine finanziellen Möglichkeiten schon heute voll für die Beseitigung von Immissionen einzusetzen. Dann könnte bereits eine Vielzahl gefährlicher Immissionen reduziert werden.

5. Möglichkeiten der Luftreinigung

Da eine vollständige Luftreinigung, wie bereits erwähnt, gar nicht möglich ist (vgl. Tabelle 7), sollte man vernünftigerweise ein Absinken der Schadstoffkonzentrationen auf ein für Lebewesen unschädliches Maß anstreben. Hierzu bieten sich mehrere Möglichkeiten an, wie z. B. geschickte Planung von Industrie- und Verkehrsanlagen, Schutzpflanzungen und Abgasreinigung. Andere Maßnahmen, wie drastische Einschränkung des Energieverbrauchs, der industriellen Produktion sowie der Bevölkerungszahl der Erde sind ohne schwere wirtschaftliche Einbußen und ohne erhebliche Beschränkungen des Lebensstandards nicht vorstellbar. Solche Maßnahmen könnten nur unmerklich langsam eingeleitet werden, wobei die Frage offen bleiben muß, ob je die Mehrzahl der Menschen dazu bereit wäre, sich solchen Maßnahmen bewußt anzuschließen. Deshalb sollen nur die Möglichkeiten betrachtet werden, die auch unmittelbar praktikabel sind.

a) Planung von Industrieanlagen und Straßen

Allein eine sorgfältige Planung von Industrieansiedlungen und Straßenführung könnte zu einer spürbaren Reduktion von Schadstoffwirkungen auf lebende Organismen beitragen. Das Prinzip einer solchen Planung besteht darin, Emittenten dorthin zu verlegen, wo sie Mensch, Tier und Nutzpflanzen nicht direkt beeinträchtigen können. Auf diese Weise werden Schadstoffe in der Atmosphäre verdünnt und zum Teil durch Boden und Pflanzen gebunden. Das bedeutet, daß besonders Industrieanlagen nicht mehr allein nach den klassischen Kriterien angesiedelt werden sollten (günstige Verkehrswege, Nähe zu Rohstoffquellen oder Absatzmärkten), sondern daß neue, umweltschonende Kriterien mitberücksichtigt werden müßten. Das würde häufig zu höheren Transportkosten Anlaß geben, die als Preis für eine verbesserte Umwelt zu betrachten wären. Unter den umweltschonenden Kriterien wären besonders folgende zu nennen:

1. Vermeiden einer Konzentration von Industrieanlagen (und stark befahrenen Autobahnen) in Flußtälern und Talkesseln. Wegen der meist geringen Windgeschwindigkeiten in Flußtälern kommt es hier

besonders häufig zur Anreicherung von Schadstoffen und bei entsprechenden Emissionen zu Nebel- und Smogbildung. Eine zunehmende Bebauung der Flußufer drängt außerdem die natürlichen Auwälder zurück, die besonders die Bodenerosion bremsen.

2. Ansiedlung von Industrieanlagen und Hauptverkehrsstraßen am Ostrand der Städte.

Da in unseren Breiten Westwinde vorherrschen, sollte der Westrand der Städte von Industrieansiedlungen frei bleiben, um ein Verwehen der Emissionen ins Stadtzentrum soweit wie möglich zu reduzieren.

Bei der Anlage und Auswahl der Hauptverkehrswege in den Städten sollte berücksichtigt werden, daß sie möglichst gut vom Wind durchblasen werden können. Das kann erreicht werden, wenn die Straßen nicht zu eng sind und wenn sie in Ost-West-Richtung die Stadt durchqueren. Enge Hauptverkehrsstraßen in Nord-Süd-Richtung sollten gesperrt und der Verkehr auf breite Umgehungsstraßen verlegt werden. Solche Sperrungen für den Kraftfahrzeugverkehr und Anlagen von Fußgängerzonen haben bereits in vielen Städten die Cityluft deutlich entlastet.

3. Erhaltung von Naherholungsgebieten in der Nähe der Städte.

Ausreichend große Naherholungsgebiete, die nicht den Emissionen von Industrieanlagen und Kraftfahrzeugen ausgesetzt sind, sollen den Stadtbewohnern zur natürlichen Reinigung der Lunge dienen. In der reinen Luft dieser Gebiete können die Flimmerepithelien der Luftwege Staub- und Rußpartikel aus der Lunge befördern. Wird die Lunge dagegen ohne „Erholungsurlaub" fortwährend mit Staub und Ruß belastet, dann nimmt die Verweildauer dieser Partikel in der Lunge ständig zu, und es stellen sich Entzündungen ein, oder es bildet sich Krebs durch die an den Staubteilchen haftenden cancerogenen Substanzen (vgl. Abschnitt Staub).

4. Schonung wertvoller landwirtschaftlicher Nutzkulturen.

Insbesondere sollten Kulturen von Nahrungsmittel- und Futterpflanzen vor den Emissionen von Industrie- und Kraftfahrzeugen weitgehend verschont werden. Z. B. müssen die oberirdisch wachsenden Gemüsepflanzen besser gegen Immissionen geschützt werden als die unter der Erde wachsenden Kartoffelknollen und Spargelstangen.

Solche Entlastungen von Mensch, Tier und Nutzpflanzen sind in vielen Fällen nur möglich, wenn Großraumpläne erstellt werden, die von vornherein festlegen, welche Gebiete für Industrieanlagen und Großverkehrswege offenstehen und welche Gebiete auf jeden Fall geschützt werden müssen. Man sollte sogar soweit gehen, für jedes Gebiet Art und Stärke der tolerierbaren Emissionen festzulegen. Z. B. würde man dann typische Obstbaugebiete von bestimmten Emissionen weitgehend freihalten, wie SO_2, HF, HCl, nitrose Gase, Ozon und Blei, während beispielsweise CO_2 und CO hier tolerierbar wären.

Wie bereits erwähnt wurde, gehört Zigarettenrauch zu den wichtigsten giftigen Emissionen, die der Mensch produziert. Dementsprechend müßte besonders auch auf diesem Sektor reglementierend eingegriffen werden, zumindest dort, wo Raucher und Nichtraucher in geschlossenen Räumen zusammentreffen. Ein Rauchverbot an solchen Orten stellt zwar einen Eingriff in die Privatsphäre des Rauchers dar, aber ebenso bedeutet es stets einen Eingriff in die Privatsphäre des Nichtrauchers, wenn er gezwungen wird, sich in verqualmten Räumen aufzuhalten. Ein gangbarer Ausweg aus dieser Kontroverse ergibt sich, wenn man dem Schutz der menschlichen Gesundheit einen übergeordneten Rang einräumt; dann ist auch ein genereller (gesetzlicher) Schutz des Nichtrauchers vor den Emissionen der Raucher möglich. Damit würde man das Rauchen ganz allgemein einschränken. Aber dieser Regelung steht wohl die hohe Steuereinnahme aus Tabakwaren entgegen, die gegenwärtig in der Bundesrepublik bei ca. 8–9 Milliarden DM jährlich liegen dürfte.

b) Bedeutung von Pflanzen für die Luftqualität

Während die Planung von Industrieanlagen und Verkehrswegen nur für eine geschicktere Verteilung aller entstehenden Emissionen sorgt, kann man durch Schutzpflanzungen darüber hinaus die Luftqualität insgesamt verbessern. Die Bedeutung der Pflanzen für die Beschaffenheit der Luft in Großstädten wird häufig falsch eingeschätzt. Der Pflanzenbestand in Städten trägt nur wenig zur Anreicherung der Luft mit Sauerstoff bei. Man rechnet, daß ein Laubblatt von 30 cm^2 Oberfläche (einseitige Oberfläche) an einem Sonnentag etwa 2,4 ml Sauerstoff pro Stunde produziert. Ein großer Laubbaum mit 200 000 Blättern schafft an einem ganzen Sonnentag ungefähr 9400 l Sauerstoff. Das reicht gerade für den Tagesbedarf von 2–3 Menschen. Die O_2-Versorgung der Städte ist also auf jeden Fall von der Zufuhr O_2-reicher Luft aus dem großen Sauerstoffvorrat der Atmosphäre angewiesen. Dieser Vorrat geht auf die CO_2-Assimilation der Pflanzen zurück, die bei der Photosynthese ebensoviel O_2 erzeugen, wie sie CO_2 binden. Durch das Verbrennen fossiler Brennstoffe wird mehr O_2 verbraucht, als die Pflanzen photosynthetisch freisetzen (vgl. S. 42 und Abb. 15). Aber dieses Defizit beträgt jährlich höchstens ein Tausendstel Prozent des gesamten Sauerstoffvorrats in der Atmosphäre. In 1000 Jahren würde also der Sauerstoffgehalt um etwa 0,2 % abnehmen, eine Menge, die man nicht spürt. Da aber die Vorräte an fossilen Brennstoffen bei

Zugrundelegen des gegenwärtigen Verbrauchs nicht entfernt solange ausreichen werden, brauchen wir uns wegen des Gesamtsauerstoffhaushalts der Atmosphäre keine grauen Haare wachsen zu lassen. Wir können davon ausgehen, daß der Pflanzenbestand des Festlandes im großen und ganzen noch immer den Sauerstoffgehalt der Atmosphäre annähernd konstant hält und somit ein Ausgleich des Sauerstoffdefizits der Städte aus der Umgebung möglich ist.

Bedeutsam sind Pflanzen in Städten, Straßen und in der Umgebung von Industriegebieten für die Luftreinigung, da sie sowohl zur Entstaubung als auch zur Aufnahme giftiger Abgase beitragen. Wohlorganisierte Schutzpflanzungen erwiesen sich als weitaus wirksamer als zerstreut stehende Pflanzen. Zweckmäßigerweise werden mindestens 10–30 m breite Schutzstreifen bepflanzt, auf denen die Bäume lockerer stehen müssen als im Wald, damit der Wind hindurchblasen kann. Außerdem sollte die Pflanzung eine üppige Bodenvegetation (Rasen, Sträucher usw.) besitzen. Solche Pflanzungen vermindern die Windgeschwindigkeit erheblich, wobei gröbere Staubpartikel ($> 0,04$ mm $\emptyset$) sedimentieren. Feinere Staubteilchen schlagen sich zum größten Teil an den Blättern nieder (Abb. 21). Zudem binden die Pflanzen einen Teil der toxischen Gase, wie CO, SO_2 usw. Bei zu dichter Bepflanzung geht

Abb. 21a u. b. Aufbau und Wirkung von Schutzpflanzungen auf staubhaltige Luft. (a) Pflanzung zu dicht, (b) aufgelockerte Pflanzung, die vom Wind durchblasen wird und somit die Luft wirksam filtrieren kann

die Filterwirkung weitgehend verloren (Abb. 21), und der mitgeschleppte Staub sedimentiert zum Teil hinter der Pflanzung.

Die Bäume und Sträucher von Schutzpflanzungen müssen natürlich gegenüber den auftretenden Emissionen resistent sein. Die verschiedenen Pflanzenarten weisen jedoch oft erhebliche Resistenzunterschiede auf, die bei der Anlage solcher Pflanzungen berücksichtigt werden müssen (Tabelle 11). Unter den Obstbäumen sind z. B. die Steinobstar-

Tabelle 11. Einige Beispiele für Resistenz von Pflanzen gegenüber verschiedenen Immissionen

Immissionsart	Resistenzgrad	Pflanzenart
Rauch	resistent	Platane Robinie Roteiche Rot- oder Grauerle Schwarzer Holunder Salweide Tulpenbaum
	mittlere Resistenz	Bergahorn Hybridpappel Rotbuche Sandbirke Stiel- und Traubeneiche Ulme
	mäßig resistent	Bergkiefer Japanische Lärche Lebensbaum
	nicht resistent	Fichte Tanne
Saure Abgase	resistent	Götterbaum Graupappel Schwarznußbaum Süßkirsche Traubenkirsche Trompetenbaum Zuckerahorn
	empfindlich (besonders HF)	Berberitze Esche Fichte Kiefer

ten generell empfindlicher als die Kernobstarten, und unter diesen sind Äpfel wiederum empfindlicher als Birnen.

Resistenzeigenschaften können durch Kreuzung von einer Sorte auf die andere übertragen werden, so z. B. bei Lärchen, die wie Laubbäume im Herbst ihre Nadeln abwerfen. Die größere Rauchhärte der japanischen Lärche läßt sich so auf die empfindlicheren europäischen Lärchen übertragen. Dabei steigt die Rauchhärte der europäischen Lärche in dem Maße an, wie das Erbgut der japanischen Lärche im Bastard (= Kreuzungsprodukt) zunimmt. Die Rauchresistenz einer Pflanze hängt ferner von verschiedenen Umweltfaktoren ab. Die Resistenz wird durch Nährstoffreichtum des Bodens, hohen Kalkgehalt (besonders wichtig bei sauren Emissionen) und geringe Bodenfeuchtigkeit (vermindert die Spaltöffnungsweite) verstärkt. Die Bildung von Kaltluftseen (in allseitig geschlossenen Mulden und Tälern) vermindert die Rauchhärte.

Diese wenigen Beispiele deuten bereits an, daß viele Möglichkeiten existieren, die Luftqualität durch pflanzenbauliche Maßnahmen zu verbessern, die heute bei weitem noch nicht in ausreichendem Maße genutzt werden. Doch so sehr auch eine breite Anwendung von Schutzpflanzungen wünschenswert ist, sollte darüber nicht vergessen werden, das Übel bei der Wurzel zu fassen: das bedeutet, die Abgase zu reinigen, soweit es technisch und wirtschaftlich möglich ist, aber auch soweit es für die Lebewesen erforderlich ist.

c) Abgasreinigung

Schon heute stehen eine Vielzahl technischer Verfahren zur Verfügung, um die Konzentration der verschiedensten Schadstoffe in den Abgasen zu vermindern. Dabei bedient man sich im wesentlichen dreier verschiedener Verfahrenstechniken, nämlich der Trockenabscheidung, der Naßabscheidung und der Nachverbrennung von Abgasen.

Trockenabscheidung. Die Trockenabscheidungsverfahren dienen in erster Linie der Entstaubung von Abgasen. Im einfachsten Fall werden die Abgase durch eine Reihe von Staubkammern geblasen. Beim Auftreffen der Gase auf Prallwände, die im Abgasstrom stehen, setzt sich Staub ab. Er kann von Zeit zu Zeit von den Prallwänden abgeschüttelt werden. Eine Weiterentwicklung stellen Zyklone dar, bei denen die Abgase mit so hoher Geschwindigkeit tangential in zylindrische Staubkammern geblasen werden, daß die Staubteilchen durch die dabei wirksam werdenden Zentrifugalkräfte an der Kammerwand abgelagert werden.

Eine besonders wirksame Staubabscheidung erzielt man in Elektroabscheidern. Hierzu werden die Abgase in eine Staubkammer mit einem

Hochspannungsfeld von 30 bis 80 kV geleitet. Die vom Hochspannungsdraht abgegebenen Elektronen laden die Staubteilchen negativ auf. An den geerdeten Kammerwänden schlagen sich dann die aufgeladenen Staubteilchen nieder (Abb. 22). Ein weiteres Prinzip der

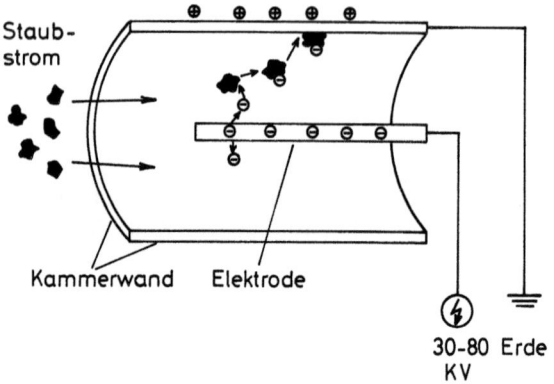

Abb. 22. Prinzip eines Elektroabscheiders

Trockenabscheidung besteht darin, die Abgase durch möglichst engmaschige Filterpakete zu schicken. Als Filtermaterialien kommen Textilien, Metallgewebe oder Aktivkohle in Frage. Aktivkohle kann neben Stäuben auch erhebliche Mengen von Gasen und Dämpfen aufnehmen. Sie wird häufig als Universalfilter eingesetzt.

Naßabscheidung. Bei den Naßabscheideverfahren werden die Abgase mit Wasser (bei sauren Abgasen gegebenenfalls mit verdünnter Lauge) besprüht, oder sie werden durch Trägermaterialien geleitet, die das Waschmittel in feiner Verteilung enthalten. Neben Staubpartikeln werden dabei auch wasserlösliche Gase entfernt. Die bei diesem Verfahren anfallenden verschmutzten Waschflüssigkeiten bedürfen selber einer Nachbehandlung zur Entgiftung. Somit stellen die Naßabscheideverfahren, die insbesondere für Aerosole und giftige (saure) Abgase eingesetzt werden, besonders kostspielige und komplizierte Reinigungsverfahren dar.

Nachverbrennung von Abgasen. Abgase mit nicht vollständig oxydierten Komponenten können durch Nachoxydation oder Nachverbrennung entgiftet werden. Hierzu erhitzt man die Abgase bei Luftzutritt auf ca. 900°C, wobei eine praktisch vollständige Oxydation erreicht wird. Diesen Vorgang, der z. B. in Erdölraffinerien angewendet wird, bezeichnet man als Abfackeln. Abgase lassen sich aber auch bei geringerer Temperatur in Gegenwart eines geeigneten Katalysators oxydieren, wie man es u. a. bei den Auspuffgasen von Kraftfahrzeugen ausprobiert hat. Allerdings werden bei Nachverbrennungen vermehrt Stickoxide emittiert. Da die Nachverbrennung außerdem von Energiezufuhr abhängig ist und die Katalysatormasse sich langsam verbraucht, hat sich diese Form der partiellen Entgiftung bei Auspuffgasen bisher nicht durchgesetzt.

Entschwefelung von Erdöl. Bei der Verbrennung von Erdöl versucht man bereits das Öl selbst zu reinigen, um so die Abgase zu entgiften. Ein Teil des im Erdöl gebundenen Schwefels kann mittels Katalysatoren hydriert und damit flüchtig gemacht werden. Der Schwefelgehalt des Heizöls sinkt dabei auf ca. 1,5–2,5 %, und in entsprechendem Maße auch der SO_2-Gehalt der Heizungsabgase. Würde ein Gesetz existieren, das die Verwendung entschwefelten Heizöls verbindlich vorschreibt, dann könnte besonders im Winter der SO_2-Gehalt der Stadtluft spürbar gesenkt werden. Entschwefeltes Heizöl ist allerdings etwas teurer als nichtentschwefeltes Öl.

Abgasreinigung von Kraftfahrzeugen. Da die Kraftfahrzeuge zu den Hauptquellen der Luftverschmutzung in den Städten gehören, muß besonders hier auf eine Verminderung der Schadstoffemission hingewirkt werden. Eine Möglichkeit bestünde beispielsweise in einer Sperrung kreuzungsreicher und enger Innenstadtstraßen mit häufigem Verkehrsstillstand, denn im Leerlauf geben die Motoren die meisten Schadstoffe ab. Weiterhin sollten kleine Motoren mit hoher Verdichtung und hoher Drehzahl, die Benzin mit hoher Oktanzahl (und Bleigehalt) benötigen, eliminiert werden, denn solche Motoren weisen auch den höchsten Schadstoffausstoß auf. Bei Verzicht auf hohe Verdichtung läßt allerdings bei gleichbleibendem Kraftstoffverbrauch die Motorleistung nach, weil der Kraftstoff weniger gut ausgenutzt wird. Die Motoren bedürfen also einer konstruktiven Verbesserung, damit auch bei guter Kraftstoffauswertung giftige Emissionen gering bleiben.

Der Gesetzgeber könnte hier auch eingreifen, indem er die Schadstoffemissionen der Kraftfahrzeuge in die Besteuerungskriterien einbezieht.

Häufig wird die Ansicht geäußert, daß Abgase aus Dieselmotoren weniger giftig seien als diejenigen aus Ottomotoren. Das trifft jedoch nur für die CO- und Pb-Emissionen zu. Dafür emittieren Dieselmotoren u. a. viel mehr Ruß als Ottomotoren (Tabelle 12).

Langfristig gesehen müssen neue Antriebsmittel gesucht werden. Das wird nicht nur wegen der zunehmenden Luftverschmutzung notwendig, sondern auch wegen der begrenzten Vorräte an Erdöl, die vielleicht in ca. 100 Jahren erschöpft sein werden. Erste Versuche mit Elektroantrieb, Brennstoffzellen (s. S. 106) oder Flüssiggas haben zwar

Tabelle 12. Schadstoffe aus Otto- und Dieselmotoren (World Health Organization (Hrsg.), 1964)

	Schadstoffe in kg/1000 l Kraftstoff bei	
	Ottomotor	Dieselmotor
Aldehyde	0,5	1,2
Kohlenmonoxid	274,0	7,1
Kohlenwasserstoffe	24,0	16,4
3,4-Benzpyren	72,0 mg	105,0 mg (nicht im Leerlauf)
Stickoxide	13,5	26,4
Schwefeldioxid	1,1	4,8
organische Säuren	0,5	3,7
Ruß	1,4	13,2
Blei	5–30 mg/m^3 Abgas	—

bislang keine befriedigenden Lösungen erbracht, aber trotzdem wird die Suche nach neuen Antriebsmitteln weitergehen müssen, wenn sich nicht unsere Nachkommen eines Tages wieder nur zu Fuß fortbewegen sollen.

II. Wasserverschmutzung

Weitaus stärker als die Luftverschmutzung ist die Wasserverschmutzung fortgeschritten. Die Anzahl der in die Abwässer entlassenen Fremdstoffe überschreitet bei weitem die Zahl der Fremdstoffe in der Luft. Bevor jedoch einige charakteristische Substanzen im Detail besprochen werden, müssen zunächst einige allgemeine Begriffe erläutert werden.

1. Definition von EGW, GVE und BSB$_5$

Wenn man sich mit Wasserverschmutzung beschäftigt, dann möchte man z. B. die Abwasserbelastung durch Menschen mit derjenigen durch Industrie und Landwirtschaft vergleichen. Da aber die das Wasser belastenden Fremdstoffe häufig ganz verschiedenen Stoffklassen angehören, ist ein Vergleich auf der Basis bestimmter Schadstoffkonzentrationen gar nicht möglich. Deshalb bezieht man die Verschmutzung eines Gewässers auf diejenige Menge von Abfallstoffen, die ein Mensch pro Tag im Durchschnitt produziert. Die Größenordnung bezeichnet man als *E*inwohnergleichwert (*EGW*). Die Abfallmenge, die einem EGW entspricht, läßt sich auf Grund der Vielzahl von Substanzen, die daran beteiligt sind, nicht klar definieren. Aber man kann messen, wieviel Sauerstoff verbraucht wird, bis Mikroorganismen die vom Menschen erzeugten Abfallstoffe oxydativ zersetzt (= veratmet) haben. Aus vielen Messungen weiß man, daß während einer Abbauzeit von fünf Tagen hierzu 54 g Sauerstoff verbraucht werden. Anders ausgedrückt, man mißt den *biochemischen Sauerstoffbedarf* während 5 Tagen, der zum oxydativen Abbau organischer Abfallprodukte benötigt wird, kurz den *BSB$_5$*-Wert. 1 EGW entspricht also einem BSB$_5$-Wert von 54 g O$_2$.

In der Landwirtschaft wird als Bezugsgröße außerdem die *Großvieheinheit (GVE)* verwendet, die auf die Menge aller Abgänge eines Rindes von 500 g Lebendgewicht bezogen wird. Ein Vergleich von EGW und GVE ist über den BSB$_5$-Wert möglich. Der BSB$_5$-Wert für 1 GVE liegt bei 800 g O$_2$ und entspricht damit etwa 15 EGW. Es soll aber nochmals festgestellt werden, daß sich dieser Vergleich nur auf die mikrobiell abbaubaren organischen Substanzen bezieht. Eine quantitative Bestimmung von mineralischen Bestandteilen in den Abgängen von Mensch und Rind zeigt ganz deutlich, daß die Abwasserbelastung mit Mineralstoffen nicht immer mit dem BSB$_5$-Wert in Beziehung steht (Tabelle 13).

Tabelle 13. Vergleich von BSB$_5$-Werten mit dem Anfall mineralischer Substanzen für Einwohnergleichwerte (EGW) und Großvieheinheiten (GVE) (nach Viehl, 1968)

	BSB$_5$	Stickstoff (N)	Phosphat (P$_2$O$_5$)	Kali (K$_2$O)
Mensch	54 g	13,5 g	5 g	8 g
Rind	800 g	225,0 g	80 g	300 g

Nachdem nun Möglichkeiten zum Vergleich von Abwasserbelastungen bekannt sind, stellt sich die Frage, aus welchen Quellen die Abwasserbelastung im wesentlichen stammt. Hier lassen sich besonders drei große Gruppen anführen:

1. kommunale Abwässer,
2. landwirtschaftliche Abwässer,
3. industrielle Abwässer.

2. Kommunale Abwässer

Kommunale Abwässer enthalten die menschlichen Ausscheidungsprodukte, gewisse Küchenabfälle und Waschmittel, hauptsächlich also Kohlenhydrate, Fette, Eiweiße, Detergentien, Phosphate und Bakterien.

Art und Menge der ins Abwasser abgegebenen Abfallprodukte sind pro Einwohner annähernd gleich, so daß es gerechtfertigt war, diese Abfallmenge in Form des Einwohnergleichwertes als Standardgröße anzunehmen. Sehr verschieden kann allerdings die Wassermenge sein, die mit dieser konstanten Abfallmenge belastet wird. Man kann nämlich feststellen, daß der Wasserverbrauch nicht nur mit steigendem Lebensstandard zunimmt, er ist auch bei Großstädtern etwa 2–3mal höher als bei Kleinstädtern. Das bedeutet, daß bei gleicher Abfallmenge Großstädter und Personen mit hohem Lebensstandard weitaus größere Abwassermengen produzieren und entsprechend mehr Frischwasser verbrauchen als Kleinstädter und Personen mit geringerem Lebensstandard. Dieser Tatbestand ist gerade in hochindustrialisierten Ländern mit ihren meist völlig ausgelasteten Grundwasserreserven bedeutsam, und er könnte eines Tages gerade dort zu Bewirtschaftungsmaßnahmen führen.

Die kommunale Abwasserbelastung bringt drei große Probleme mit sich, (a) die Belastung mit Bakterien, die z.T. humanpathogen sind, (b) die Belastung mit mikrobiell abbaubaren organischen Substanzen und (c) die Belastung mit Auftausalzen.

a) Bakterielle Abwasserbelastung

Eine Beurteilung der Gewässer nach allen darin enthaltenen Bakterienarten ist zu kompliziert, um praktisch angewandt werden zu können. Man weiß aber, daß in fäkalienbelasteten Gewässern *Escherichia coli* eine dominierende Rolle spielt. Deshalb zählt man in erster Linie *Coli*-Bakterien, und erst in zweiter Linie stellt man die Gesamtzahl aller Bakterien fest. Das Wasservolumen, in dem eine *Coli*-Zelle enthalten ist, bezeichnet man als den „*Coli*-Titer". Der *Coli*-Titer dient als wichtiges Kriterium für die Beurteilung der Wasserqualität. Bisher herrscht allerdings noch keine Einigkeit darüber, welche Forderungen an ein hygienisch einwandfreies Wasser gestellt werden sollen. So gibt es Bewertungstabellen, nach denen Wasser noch als sehr gut bezeichnet wird, welches weniger als eine *Coli*-Zelle pro 100 ml Wasser enthält; nach anderen Bewertungsgrundlagen dürfen in sehr gutem Trinkwasser überhaupt keine *Coli*-Bakterien nachweisbar sein (jedoch in geringer

Anzahl andere Bakterien, z.B. weniger als 100 pro 100 ml). Zur Vermeidung von Seuchengefahren wäre es begrüßenswert, wenn man allgemein die strengeren Maßstäbe anerkennen würde.

b) Mikrobiell abbaubare Substanzen

Neben der Abwasserbelastung in hygienischer Hinsicht schaffen kommunale Abwässer Probleme durch die Belastung mit organischen Substanzen, Detergentien und Waschmitteln. Da solche Substanzen Mikroorganismen als Nahrungsquelle dienen, wird durch die Abfallstoffe die Ansiedlung und die Vermehrung von Mikroorganismen im Abwasser gefördert. Abwässer, die ein übermäßiges Nährstoffangebot bieten, bezeichnet man als eutrophiert (richtiger wäre hypertrophiert). Der eigentlich erwünschte biologische Abbau der organischen Substanzen zu Wasser und Kohlendioxid hat jedoch zur Folge, daß dem Abwasser mehr Sauerstoff entzogen wird als unbelastetem Wasser. In stark belastetem Wasser ist das Nährstoffangebot so groß, daß sich die Mikroorganismen stärker vermehren als es der Sauerstoffgehalt des Wassers zuläßt. Alle sauerstoffbedürftigen Lebewesen im Wasser sterben dann ab, und ihre Leichen machen das Wasser noch nährstoffreicher. In diesem Wasser vermehren sich nun die sonst nur in geringer Zahl vorkommenden anaeroben Mikroorganismen, die organische Substanzen unter Ausschluß von Sauerstoff zu Methan (CH_4), Ammoniak (NH_3), Schwefelkohlenstoff (CS_2) und Schwefelwasserstoff (H_2S) abbauen, also zu den Komponenten der sog. Faulgase. Das Wasser ist somit in einen Faulschlamm übergegangen. Faulgase sind für höhere Tiere und Pflanzen giftig und unterbinden endgültig die Ansiedlung sauerstoffabhängiger Lebewesen im Wasser.

Den Übergang vom aeroben zum anaeroben Abbau organischer Substanzen im Wasser bezeichnet man als „Umkippen" des Gewässers. Umgekippte Gewässer stellen nicht nur wegen des Aussterbens der Fische einen Verlust für unsere Ernährung dar, sie belasten mit ihren Faulgasen auch die Atmosphäre, denn besonders H_2S und CS_2 sind für den Menschen stark giftig.

Mit der allgemeinen Verbreitung elektrischer Waschmaschinen ist der Waschmittelverbrauch stark angestiegen. Seither werden die kommunalen Abwässer auch mit Polyphosphaten und Phosphatverbindungen in nennenswertem Umfang belastet, da diese Substanzen zu den wichtigsten Bestandteilen der Waschmittel gehören. Phosphate stellen im Wasser meist den begrenzenden Faktor (= Minimalfaktor) für das Wachstum von Algen und Bakterien dar. Sie tragen deshalb am stärksten zur Eutrophierung der Gewässer bei. Außerdem vermindern

Tabelle 14. Einige Charakteristika für verschiedene Wassergüteklassen (nach Loub, 1975; stark verändert)

Wassergüteklasse	Saprobienstufe	Vorkommen	Biochemische Charakterisierung	Art des biologischen Abbaus	Einige Leitorganismen
I	oligosaprob	Bergbäche Bergseen	O_2-reich keine org. Substanzen	aerob	Bakterien: < 100 pro ml Wasser Blaualgen, Kieselalgen, Grünalgen, Rotalgen; Rädertiere, Strudelwürmer, Fliegenlarven; stark O_2-bedürftige Fische: Forellen
II	β-mesosaprob	viele große Seen, Teile nicht stark verschmutzter Flüsse	noch O_2-reich enthält org. Bestandteile	aerob Sauerstoffzehrung unter 50 %	Bakterien: weit unter 100000 pro ml Wasser Blaualgen, Kieselalgen, Grünalgen, Protozoen, Muscheln, Insektenlarven; Fische in großer Artenvielfalt
III	α-mesosaprob	Flußbuchten, Tümpel, stark gedüngte Fischteiche Vorfluter der Kläranlagen	noch O_2haltig reich an org. und anorg. Stoffen	aerob Sauerstoffzehrung über 50 %	Bakterien: weniger als 100000 pro ml Wasser Blaualgen, Kieselalgen, Grünalgen, Pilze Protozoen Schleie, Karpfen, Aal
IV	polysaprob	organische Abwässer Faulschlamm	Spuren von O_2 sehr reich an org. und anorg. Stoffen	vorwiegend anaerob	Bakterien: weit über 1 000 000 pro ml Wasser darunter Kokken und Schwefelbakterien; Blaualgen Protozoen, Ciliaten, Bachröhrenwurm (Tubifex), Zuckmückenlarven; keine Fische
	Verödung	Gewässer, in die Giftstoffe, bes. Schwermetalle geleitet werden	Anwesenheit von Giftstoffen, dauernde Verhinderung der Wiederbelebung		

Polyphosphate und Phosphatverbindungen die Oberflächenspannung des Wassers, so wie es von den verschiedensten Detergentien bekannt ist. Dadurch bildet sich leicht Schaum auf der Wasseroberfläche.

Die einzelnen Stadien vom klaren bis zum stark eutrophierten Wasser kann man durch Messen des O_2-Gehaltes oder an Hand der Mikroorganismen feststellen (Tabelle 14).

c) Auftausalze

Ein spezielles Abwasserproblem ergibt sich aus dem winterlichen Gebrauch von Auftausalzen auf verschneiten oder vereisten Straßen. Mit dem Tauwasser versickert ein beträchtlicher Anteil des Auftausalzes (NaCl) im Boden und gelangt damit in den Bereich der Baumwurzeln. Das in zu großer Menge aufgenommene NaCl verursacht an den Blatträndern Dürreschäden (= Nekrosen), es kommt zum vorzeitigen Blattfall, dem mehrere nicht synchrone Knospenaustriebe folgen können. Diese Salzschäden treten dann auf, wenn der Cl^--Gehalt der Blätter mehr als 1 % der Blatttrockenmasse ausmacht.

In physiologischer Hinsicht weisen NaCl-geschädigte Blätter Symptome vorzeitigen Alterns auf, denn ihr Gehalt an den Hauptnährstoffen Stickstoff, Phosphor und Kalium ist wie bei alternden Blättern stark reduziert. Deshalb wird zur Behebung dieser Schäden eine Düngung mit diesen Elementen empfohlen. Die geschädigten Bäume erholen sich dann innerhalb von 3–4 Jahren.

Als besonders salzempfindlich erwiesen sich Ahorn, Linde und Roßkastanie. Während Platanen mäßig anfällig sind, gehören Eichen und Robinien zu den salztoleranten Gehölzen, in denen kaum erhöhte Na^+- und Cl^--Gehalte gefunden wurden.

Da gerade einer Bepflanzung in Städten und an außerstädtischen Verkehrswegen eine nicht zu unterschätzende Rolle bei der Luftreinigung zukommt (s. S. 63), sollten Auftausalzschäden möglichst ganz vermieden werden. Das bedeutet, daß dort, wo salzempfindliche Pflanzen stehen, wesentlich weniger Salz auf die Fahrbahn gelangen sollte als bisher.

Besonders die Baumscheiben selber sollten vom Salzstreuen ausgenommen werden.

3. Die Rolle der Landwirtschaft

Neben den kommunalen Belastungen des Wassers steuert die Landwirtschaft eine Fülle weiterer charakteristischer Komponenten bei. Die wichtigsten Faktoren stammen aus (a) Viehhaltung und Silage,

(b) Felddüngung und (c) Pflanzenschutzmitteln. Sie sind in Abb. 23 zusammengefaßt.

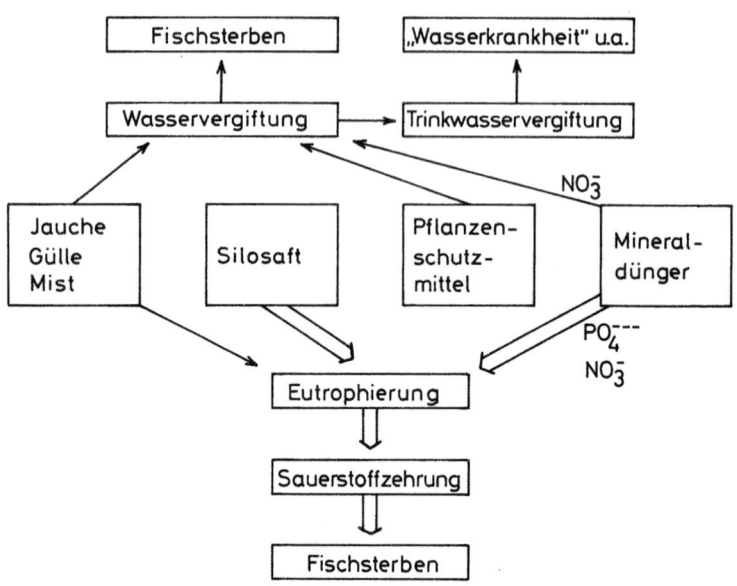

Abb. 23. Übersicht über die Beiträge der Landwirtschaft zur Wasserverschmutzung

a) Viehhaltung und Silage

Bei der Viehhaltung fallen große Mengen tierischer Abgänge an. Sie übertreffen allein in der Bundesrepublik mengenmäßig diejenigen der menschlichen Bevölkerung! Dazu kommen die aus Melkständen und Milchräumen stammenden Schmutzwässer, die hauptsächlich Milchreste, Reinigungsmittel und Kot enthalten. Ihr Umfang beträgt das $1^1/_2$fache der gemolkenen Milchmenge.

Abgesehen von den Abwässern aus Melkständen und Milchräumen sollten die tierischen Abgänge weder in das Abwasser noch in freie Oberflächen- oder Grundwässer gelangen. Sie sollten zur Herstellung von Festmist, Jauche (= flüssige Abgänge) oder Gülle (= Gemisch aus festen und flüssigen Abgängen) verwendet werden, um sie als Felddüngung einsetzen zu können. Daß dennoch ein Teil der tierischen Abgänge in Abwasser oder freie Gewässer gelangt, hat mehrere Gründe. Eine Möglichkeit ist beim Überlaufen von Jauchegruben und Mistlagerplätzen gegeben, wenn diese nicht rechtzeitig geleert werden oder nach starken Regenfällen überlaufen. Eine weitere Möglichkeit besteht darin, daß tierische Abgänge durch Regenwasser von Weideflächen in benachbarte Gewässer eingespült werden. Diese Gefahr besteht insbesondere bei Hangneigungen von über 20° oder wenn das Vieh zu dicht an Oberflächengewässer herangelassen wird. Solche unbeabsichtigten Gewässerverunreinigungen dürften jedoch nur zu örtlichen Störungen führen.

Weiterreichende Folgen hat dagegen das Einleiten (trotz Verbots!) von Jauche in die Kanalisation oder in Vorfluter (= Fließgewässer, welches das Abwasser aufnimmt). Solche Praktiken entstanden aus Mangel an Arbeitskräften, aus dem zunehmenden Hinwenden zum Minderaldünger und in besonderem Maße durch die immer weiter voranschreitende Trennung von Feldbau und Viehhaltung. Wie später noch gezeigt wird (s. S. 115), läßt sich heute aber nicht verwendeter Mist durch Kompostierung auf legalem Wege beseitigen.

Die mit der Jauche in den Vorfluter eingebrachten Schadstoffe sind besonders Schwefelwasserstoff (H_2S), Ammoniak (NH_3) und organische Substanzen.

H_2S entsteht beim Abbau von Eiweißen (die SH-haltige Aminosäuren besitzen). Dieses nach faulen Eiern riechende Gas hemmt ähnlich wie Blausäuregas (HCN) die Atmung durch Blockierung metallhaltiger Atmungsenzyme (Cytochromoxidasen usw.). Es wirkt auf Mensch und Tier tödlich. Die Belastung des Vorfluters mit diesem gefährlichen Gas ist jedoch nur von kurzer Dauer, denn in Gegenwart von Sauerstoff wird es rasch zu Schwefel und Schwefelsäure oxydiert.

Ammoniak (NH_3) entsteht aus Jauche und Gülle durch bakteriellen Abbau des darin enthaltenen Harnstoffs:

$$O=C{\left<{NH_2 \atop NH_2}\right.} + 2H_2O \xrightarrow{\text{Urease aus Bakterien}} O=C{\left<{OH \atop OH}\right.} + 2NH_3 \nearrow$$

Harnstoff + Wasser ⟶ Kohlensäure + Ammoniak

Ein Liter Jauche kann bis zu 4,5 g NH_3 enthalten. NH_3 ist eine der wichtigsten Komponenten, die den beißenden Geruch der Jauche verursacht. Bedingt durch seine leichte Wasserlöslichkeit reizt NH_3 zunächst die Bindehäute der Augen und der oberen Luftwege. Gelangt es in größeren Mengen in die Blutbahn, dann schädigt es Blut- und Nervenzellen und kann auf diesem Wege bei Mensch und Tier tödlich wirken. Besonders empfindlich sind Fische, da das im Wasser gelöste Gas direkt an die Resorptionshäute der Kiemen gelangt und nicht wie bei Landwirbeltieren zum großen Teil an den feuchten Bronchien (= obere Luftwege) niedergeschlagen wird.

Im Wasser steht Ammoniak in einem temperatur- und pH-abhängigen Gleichgewicht zum weniger giftigen Ammonium-Ion:

$$NH_3 + H_2O \underset{\substack{\text{hoher pH} \\ \text{hohe Temperatur}}}{\overset{\substack{\text{niederer pH} \\ \text{niedere Temp.}}}{\rightleftarrows}} NH_4^+ OH^-$$

Ammoniak + Wasser　　　　　　　　　　Ammoniumhydroxid

So liegt beispielsweise in einem Fischteich mit einem pH von 11 und einer Temperatur von 25° C dieses Gleichgewicht fast völlig auf seiten des NH_3. In Fischteichen steigt häufig der pH-Wert (= Säuregrad) des Wassers wegen der Photosynthesetätigkeit der Wasserpflanzen auf Werte von 10 und darüber (= alkalisch). Wird in diesem Stadium Jauche eingeleitet, dann entwickelt sich reichlich Ammoniak, und die Fische sterben ab.

Durch die Tätigkeit der Bakteriengattungen *Nitrosomonas* und *Nitrobacter* wird Ammoniak nur langsam zu Nitrit und Nitrat oxydiert. Das dabei entstehende Sauerstoffdefizit im Wasser wird wegen des langsamen Reaktionsablaufes durch Sauerstoffdiffusion aus der Atmosphäre ersetzt. Die organischen Bestandteile der Jauche führen aber wegen des raschen oxydativen Abbaus zu einem rapiden Sauerstoffschwund des belasteten Wassers, der durch Diffusion aus der Atmosphäre nicht mehr ausgeglichen werden kann. Daneben wirkt Jauche eutrophierend (s. S. 71).

In die Kanalisation eingeleitete Jauche überlastet besonders kleine Kläranlagen, und sie entlassen dann ungenügend geklärtes Wasser.

Neben den tierischen Abgängen bringt die Silierung von Viehfutter Probleme für Grund- und Oberflächenwasser mit sich. Das Silieren ist eine Form der Futtermittelkonservierung. Dazu wird Pflanzenmaterial, wie Zuckerrübenblätter, Hülsenfrüchte, Mais und Klee, mehr oder minder hoch aufgeschichtet (= Flach- bzw. Hochsilos) und einer Gärung unter Luftabschluß unterworfen. Dabei entstehen Säuren, besonders Milchsäure, die das Pflanzenmaterial konservieren und ihm außerdem einen für das Vieh angenehm säuerlichen Geschmack verleihen. Während der ersten 20 Tage der Silierung sickert reichlich Saft aus dem gestapelten Pflanzenmaterial. Dieser stellt ein Gemisch aus Wasser, Zellsaft, leicht löslichen organischen Stoffen, Gärsäuren und Mineralstoffen dar. Dieser Sickersaft tritt vermehrt dann auf, wenn wegen der Witterungsbedingungen das Pflanzenmaterial frisch und nicht vorgewelkt einsiliert werden muß, wie es meist beim Silieren der Zuckerrübenblätter im Herbst der Fall ist.

Die Silosickersäfte weisen einen um ein Vielfaches höheren BSB_5-Wert auf als kommunale Abwässer. Wenn man sie frei ablaufen läßt, können sie Oberflächen- und Grundwasser ganz erheblich belasten. Deshalb müssen Silosickersäfte wie Jauche gesammelt und in kleinen Portionen als Dünger verwendet werden.

Die heutige Massentierhaltung zwingt den Viehhalter dazu, immer mehr Silofutter herzustellen. Oft sind deshalb die Auffangbehälter für den Sickersaft zu klein, so daß er überläuft und im Boden versickert. Nicht verwertbare Sickersäfte werden oftmals wie Gülle und Jauche in Vorfluter oder in die Kanalisation eingeleitet. Sammelgruben werden auch heimlich von Zeit zu Zeit geöffnet, oder es werden Löcher in den Zementboden geschlagen, damit sich der Silosaft selber einen Weg in die Natur suchen kann. Zum Teil werden freie Silos ohne Bodenabdichtung auf Feldern errichtet, von wo die Sickersäfte ungehindert in den Boden oder in die Felddrainage ablaufen können.

Bei direkter Einleitung in Vorfluter führen der hohe Nährstoffgehalt und die besonders leicht abbaubaren organischen Substanzen zur Eutrophierung. Silosaft bewirkt, wie kein anderer Abfall, einen schlagartig einsetzenden Sauerstoffschwund im Wasser, der in kürzester Frist ein Fischsterben auslöst. Außerdem wirkt er geruchsbelästigend. In Rübenbaugebieten wurde nachgewiesen, daß während der etwa zweimonatigen Rübenernte die Qualität des Wassers in Bächen und Flüssen durch Silosaft erheblich verschlechtert wurde. Im Extremfall sank vorübergehend die Wasserqualität von Güteklasse II auf Güteklasse IV (s. Tabelle 14), d.h. Bäche, in denen das Jahr über noch Forellen leben können, werden vorübergehend so stark belastet, daß überhaupt keine Fische am Leben bleiben.

Offenbar ist noch viel Aufklärungsarbeit unter den Landwirten nötig, verbunden mit verstärkten Kontrollen und hohen Bußgeldern beim Nichtbeachten von Vorschriften, um die hier beschriebenen ungesetzlichen Wasserverschmutzungen einzudämmen.

Die billigste Möglichkeit der Beseitigung von festen und flüssigen Abgängen in Tierhaltung und Silage besteht darin, sie als Düngemittel auf freien Ackerflächen zu verwenden. Die Düngung bewachsener Flächen mit Silosaft hat Verätzungen der Pflanzen und Ernteausfälle zur Folge. Probleme ergeben sich bei der Massentierhaltung ohne zugehörige große Ackerflächen. Hier muß eine teure biologische Klärung (s. S. 95) der flüssigen Abgänge durchgeführt werden. Die festen Abgänge müssen kompostiert oder getrocknet werden, um sie interessierten Landwirten als Düngemittel anbieten zu können, oder es bleibt nur das teuerste aller Beseitigungsverfahren übrig, die Verbrennung.

b) Düngemittel

Ebenso wie die Viehhaltung mußte der Ackerbau mit steigender Bevölkerungsdichte intensiviert werden. Will man dem Boden jedes Jahr optimale Erträge abverlangen, dann muß man ihm die von den Pflanzen entzogenen Nährstoffe ständig wieder zurückgeben. Bis zu den zwanziger Jahren düngte man vorzugsweise mit wirtschaftseigenem Stalldung. Hierdurch wird aber der Nährstoffbedarf der Pflanzen nur unvollständig gedeckt. Heute gleicht man das Mineralstoffdefizit der Äcker hauptsächlich und in optimaler Weise mit billigem Mineraldünger aus. Die organischen Düngemittel wendet man heute mehr als Humusbildner und Strukturverbesserer des Bodens (= Bodenverbesserungsmittel) an. Mit dem Mineraldünger werden dem Boden große Mengen von Ionen zugeführt, die von Pflanzen leicht aufgenommen werden, und zwar Stickstoff als NO_3^- und NH_4^+, Kalium als K^+, Phosphor als $H_2PO_4^-$, HPO_4^{2-} und PO_4^{3-} sowie Calcium als Ca^{2+}.

Kalium und Calcium sind für die weitere Betrachtung uninteressant, denn sie können nicht das Wachstum der Mikroorganismen im Wasser entscheidend beeinflussen, und sie sind in weitem Konzentrationsbereich ungiftig (das gilt jedoch nicht für die großen Kalimengen aus Bergwerken!). Die anderen Elemente können aber für die Wasserbelastung sehr bedeutsam werden. Deshalb soll ihr Weg vom Acker in das Wasser genauer betrachtet werden.

Das Schicksal von Nitrat und Phosphat im Boden hängt von vielen Faktoren ab. Je leichter sich ein Düngemittel in Wasser löst, desto rascher wird es vom Regenwasser aus dem Boden ausgespült. Die Auswaschung wird jedoch um so mehr verzögert, je größer das Wasserhaltevermögen und je größer die Adsorptionskraft des Bodens ist. Geringe Niederschlagsmengen verlängern ebenfalls die Verweildauer des Düngemittels im Boden. Ein Teil der Nährsalze wird vorübergehend von Mikroorganismen im Boden gebunden.

Von großer Bedeutung für den Verbleib der Düngemittel ist auch die Vegetationsdecke des Bodens. Aus vegetationslosen Äckern werden weitaus mehr Mineralien ausgewaschen als aus vegetationstragenden Böden. Aus brachliegenden Äckern wird z.B. ca. 10–20 mal so viel Nitrat ausgespült wie aus Böden mit Dauerkulturen (z.B. Grünland). Bei ganzjährig bepflanzten Böden werden während der Hauptvegetationszeit weniger Mineralien ausgewaschen als in Perioden schlechten Wachstums (Winterhalbjahr), denn die Stoffaufnahme durch die Wurzeln erfolgt am raschesten während der Periode besten Wachstums.

Starke Bodenbelüftung beschleunigt den Mineralisierungsprozeß organisch gebundenen Stickstoffs und trägt damit ebenfalls zu einer N-Auswaschung bei, besonders wenn der Boden brachliegt.

Phosphat wird im allgemeinen weniger stark ausgespült als Nitrat, weil es fester an Tonmineralien und Oxide adsorbiert wird. Außerdem werden Phosphate im Boden sehr rasch als schwer lösliche Calcium- oder Eisensalze gefällt. Deshalb werden Phosphate nur aus kalkarmen Böden rasch ausgeschwemmt. Langfristig gesehen, fallen jedoch auch schwer lösliche Phosphate der Erosion anheim und werden dann später doch noch den Gewässern zugeführt.

Obwohl insgesamt gesehen der Phosphataustrag aus dem Boden im Vergleich zum Stickstoffverlust mengenmäßig gering ist, stellt Phosphat den wichtigsten eutrophierenden Faktor dar, der aus der Düngung stammt, weil Phosphat im Wasser stets ein Mangelelement für die Organismen darstellt. Stickstoffverbindungen tragen ebenfalls zur Eutrophierung bei, doch dominiert hier die Giftwirkung. Im Trinkwasser liegt die maximal zulässige Nitratkonzentration bei 50 mg/l. Säuglinge zeigen bereits bei 30–40 mg/l Vergiftungserscheinungen. Zu hohe Nitratkonzentrationen im Wasser führen bei Erwachsenen zur sog. Wasserkrankheit, die sich u. a. in Diarrhö und Kopfschmerzen äußert. Säuglinge leiden an Blausucht oder Methämoglobinämie (s. S. 51), nachdem das Nitrat im Körper zum Teil in Nitrit überführt wurde.

Will man die durch Düngemittel hervorgerufene Wasserbelastung vermeiden, dann bedarf die Mineraldüngung einer Reihe flankierender Maßnahmen:

1. Die Düngung sollte in kleineren Portionen, dafür aber öfter erfolgen.
2. Düngung bei nicht gut entwickeltem Wurzelwerk der Pflanzen müßte ganz unterbleiben.
3. Die Düngermenge sollte dem Bodentyp und der Niederschlagsmenge stets angepaßt werden und niemals schematisch erfolgen.
4. Wasserhaltekapazität und Adsorptionskraft des Bodens müssen durch geeignete Bodenverbesserungsmittel aufrechterhalten oder gegebenenfalls verbessert werden.
5. Leicht erodierbare Hänge sollten nicht als Ackerböden mit winterlicher Brache verwendet werden.
6. Eine Überdüngung des Bodens muß unterbleiben.

Besonders häufig werden Böden mit Stickstoff überdüngt. Warum der Landwirt dazu neigt, veranschaulicht das Mitscherlich-Gesetz. Dieses besagt, daß der Ertrag einer Pflanze um so größer ausfällt, je kleiner die Differenz zwischen optimaler und tatsächlicher Nährstoffversorgung ist. Da der Bedarf der Pflanzen an Stickstoff von allen erforderlichen Mineralnährstoffen am größten ist, wird natürlich ein Vielfaches dessen an Stickstoff auf den Acker ausgebracht, was an anderen Mineralien verwendet wird (Abb. 24).

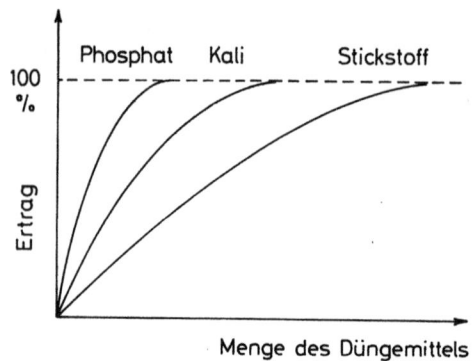

Abb. 24. Schematische Darstellung des Mitscherlich-Gesetzes. Da sich die Ertragskurve des Stickstoffs mit steigender Stickstoffmenge nur sehr langsam der 100%-Ertragslinie nähert, kann N-Düngung auch in außergewöhnlich hohen Mengen noch eine Ertragssteigerung gewährleisten. Da Mineraldünger relativ billig sind, lohnt sich eine sehr starke N-Düngung in den meisten Fällen. Als Folge einer sehr starken Düngung können Nitrate auch sehr leicht aus dem Boden in das Grundwasser eingespült werden

Alle hier besprochenen Düngemaßnahmen erfordern jedoch viel Detailkenntnisse und einen erhöhten Aufwand an Arbeitskraft und Kosten. Letzten Endes hat auch diese Kosten der Verbraucher zu tragen.

c) Pflanzenschutzmittel

Die anzustrebenden optimalen Felderträge setzen nicht nur eine ausreichende Düngung voraus, sondern auch einen umfassenden Schutz der Kulturpflanzen vor Ungeziefer, Pilzbefall und Unkräutern. Um das zu erreichen, werden heute in großer Menge die verschiedensten Pflanzenschutzmittel eingesetzt (s. S. 125). Die Pflanzenschutzmittel gehören zu den später noch zu besprechenden Pestiziden (s. S. 125). Hier soll lediglich darauf hingewiesen werden, daß diese Substanzen auf verschiedenen Wegen in das Wasser gelangen können; nämlich durch

1. Verwehen der in Form von Spritzmitteln verwendeten Pflanzenschutzstoffe,
2. Auskippen von Spritzbrüheresten in Gewässer,
3. Auswaschen von Spritzbrühebehältern,
4. Abtropfen der Spritzbrühe von Landpflanzen,
5. Auswaschen aus dem Boden durch Regen (hierbei wird jedoch kaum das Grundwasser, sondern meist Oberflächenwasser verunreinigt),
6. Eintrag mit Regenwasser in Flüsse und Seen. (Regenwasser enthält höhere Konzentrationen an Pestiziden als Luft. Die Herkunft dieser Substanzen im Regenwasser ist noch nicht geklärt.)

Wie später noch erörtert wird (s. S. 133), sind Pflanzenschutzmittel durchweg mehr oder minder giftige Substanzen. Besonders empfindlich reagieren u. a. Fische auf Verunreinigungen mit Pflanzenschutzmitteln. Deshalb eignen sich Fische auch sehr gut zum raschen Nachweis von Pestizidrückständen in Oberflächengewässern, in Kläranlagenabläufen und im Rohwasser von Trinkwasseraufbereitungsanlagen. Die Fähigkeit der Fische (einsömmerige Karpfen), sich gegen einen Wasserstrom zu stellen, dient als Kriterium für giftstofffreies Wasser. Sobald sich 25% der Fische nicht mehr in der Strömung halten können, wird Giftalarm gegeben.

Um eine Belastung der Gewässer mit Pflanzenschutzmitteln zu vermeiden, ist eine verstärkte Aufklärung der Landwirte nötig. Darüber hinaus sind auch auf diesem Gebiet scharfe Kontrollen erforderlich, um falsche Anwendung, Lagerung und Beseitigung von Spritzbrüheresten zu vermeiden. Weiterhin sollte künftig eine chemische Entkrautung von Drainage- und Wassergräben unterbleiben und durch mechanische Entkrautung ersetzt werden, was allerdings wieder höhere Kosten verursacht. Weitere Maßnahmen, die primär nicht in der Hand der Landwirte liegen, werden später besprochen.

4. Industrielle Abwasserbelastung

Die größte Fülle verschiedenartiger Substanzen steuert die Industrie zur Abwasserbelastung bei. Dieses fast unüberschaubare Schadstoffchaos wollen wir zu ordnen versuchen, indem wir die Einzelkomponenten zu wenigen großen Stoffgruppen zusammenfassen und aus jeder Gruppe nur einige besonders charakteristische Vertreter herausgreifen.

a) Organische Verbindungen

Beginnen wollen wir mit organischen Verbindungen, deren genaue Zahl heute noch gar nicht bekannt ist. Allein daraus geht schon hervor, wie undurchsichtig heute noch der Bereich der industriellen Abwasserbelastung ist. Unter den organischen Stoffen nehmen Erdöl und Erdölprodukte einen besonders breiten Raum ein, denn sowohl Erdölförderung als auch Erdölverarbeitung nahmen in den beiden vergangenen Jahrzehnten sprunghaft zu.

Erdöl und Erdölprodukte. Erdöl, so wie es aus dem Boden gefördert wird, ist ein Gemisch aus einer Vielzahl gesättigter und ungesättigter Kohlenwasserstoffe. Dieses vielseitige Stoffgemisch wird zur Herstellung von Heizöl, Kraftstoffen, Salbengrundlagen, Medikamenten, Kosmetika, Kunstfasern, Plastik und einer Vielzahl weiterer Produkte verwendet. Beim Öltransport, bei dessen Aufarbeitung und Verbrauch gelangen, wie noch gezeigt wird, erstaunlich große Mengen in das Wasser. Durch den stark hydrophoben Charakter des Erdöls breitet sich dieses als dünner Film auf der Wasseroberfläche aus. Dadurch wird der Gasaustausch zwischen Wasser und Luft verhindert.

Bei Schwimmpflanzen verklebt Öl die Spaltöffnungen der Blätter und blockiert damit Atmung und Photosynthese. Bei Fischen und Krebsen, die gelegentlich an die Wasseroberfläche kommen, bildet das Erdöl einen Film auf den Resorptionshäuten der Kiemen und verhindert damit ebenfalls die Sauerstoffaufnahme. Das Gefieder von Wasservögeln wird vom Öl verklebt und verliert damit seine spezifische, wasserabweisende Struktur. Wasservögel gehen in veröltem Wasser deshalb leicht unter. Sickert Öl in den Boden ein, dann hemmt es die Stoffaufnahme der Pflanzenwurzeln.

Da Tiere und der Mensch keine Enzyme für den Erdölabbau besitzen, darf veröltes Wasser auch nicht getrunken werden, denn das Erdöl verhindert auch die Stoffaufnahme durch die Resorptionshäute im Verdauungstrakt.

Eine ganz andere Gefahr geht vom Erdöl durch seinen Gehalt an wasserlöslichen Stoffen, wie Phenolen, Aldehyden, Pyridinen usw., aus. Diese Substanzen sind meist hochgiftig, obwohl sie nur in geringer Menge im Öl enthalten sind. Für Kleinkrebse und Fische liegt die Toxizitätsgrenze dieser Stoffe im allgemeinen zwischen 1 und 10 mg/l.

Mit zunehmender Erdölproduktion in den letzten Jahrzehnten stieg auch die Menge des in die Gewässer gelangten Erdöls steil an. Man schätzt, daß z.Z. jährlich etwa 4 Mill. Tonnen Erdöl in die Ozeane fließen. Diese gewaltige Menge stammt hauptsächlich aus Tankerunfällen (bei einem Unfall können bis zu 100000 t Rohöl ins Meer laufen), Abpumpen von Altöl aus allen Schiffsgattungen, Tankerreinigungen, Schiffskollisionen und Erdölbohrungen auf dem Meeresgrund. Beim Fündigwerden solcher Bohrungen können bis zu 1 Million t Rohöl ins Meer gelangen, ehe die neue Quelle abgedichtet ist. Ca. 3 Mill. t Erdöl fließen bei Pipelinebrüchen oder anderen Transportunfällen und durch heimlichen, illegalen Ölablaß aus Kraftfahrzeugen und Maschinen auf dem Festland in Boden und Flüsse. Dieses Öl gefährdet zum Teil das Grundwasser, denn 1 l Erdöl macht mindestens 1 Mill. Liter Grundwasser unbrauchbar. Zum anderen Teil gelangt das Öl in das Meer.

Wie schon berichtet, breitet sich das Erdöl als dünner Film auf der Wasseroberfläche aus. Nachdem die leichtflüchtigen Bestandteile (ca. 25% des Erdöls) verdampft sind, schwimmen die schwerflüchtigen Komponenten als zäher, schmieriger Brei auf der Wasseroberfläche. Diese Ölrückstände verschwinden nur sehr langsam. Zum Teil versinken sie von alleine im Wasser, nachdem sie an der Luft zu dichteren Substanzen oxydiert wurden. Durch Aufstreuen von Kalkstaub kann man das Absenken erheblich beschleunigen. Nicht abgesunkene Ölrückstände werden im Verlauf von mehreren Monaten bakteriell abgebaut (s. unten). Unfälle auf dem Festland lassen sich meist viel besser beheben, soweit sie bekannt werden, denn hier gelingt es, den gesamten Boden, in dem das Öl langsam versickert, auszubaggern und sicher zu deponieren.

Die noch viel zu häufigen Unfälle beim Öltransport sollten eine eindringliche Aufforderung darstellen, den Transport besser zu sichern. Zum Beispiel sollten „Pipelines" grundsätzlich mit 1–2 Schutzrohren versehen werden, und ebenso müßte man Öltanks und Öltanker mehrfach schützen.

Neben Unfällen spielt die Sorglosigkeit im Umgang mit Erdöl und Erdölprodukten die Hauptrolle bei der Ölverschmutzung des Wassers. So wird beispielsweise das Altöl der Schiffe oftmals ins offene Meer abgepumpt, und auch Restöl von Rohöltransporten wandert häufig in die Ozeane. Bei der routinemäßigen Reinigung der Tanker nach einer Fahrt mit Fracht gelangen bis zu 1000 t Rohöl ins Meer. Diese sich ständig wiederholenden Reinigungen belasten das Meer stärker als gelegentliche Tankerunfälle. So kommt es, daß heute selbst die offenen Weltmeere überall deutliche Spuren von Ölverschmutzung in Form der bereits beschriebenen zähen Ölklumpen aufweisen.

Um der Sorglosigkeit Einhalt zu gebieten, bedarf es verschärfter Kontrollen. Hierzu ist allerdings eine sehr empfindliche Analysentechnik erforderlich. Für solche Kontrollzwecke könnte sich die sog. Kapillar-Gaschromatographie eignen, mit deren Hilfe es möglich ist, Erdöl unterschiedlicher (geographischer) Herkunft zu identifizieren. Es fragt sich nur, inwieweit Kriegsschiffe, die ständig in ganzen Flottenverbänden auf den Ozeanen kreuzen, in solche Kontrollen überhaupt einbezogen werden können.

Ein neuer Weg, Restöl aus Tankern sogar nutzbringend zu beseitigen, könnte künftig darin bestehen, die Fähigkeit einiger Bakterien auszunutzen, Erdöl biologisch abzubauen. Experimente mit solchen Bakterien ergaben, daß 1000 t Rohöl in 2–3 Tagen abgebaut werden können, wenn man *Arthrobacter* für iranisches Leichtöl oder *Pseudomonas* für schweres Rohöl einsetzt. Die Bakterien gedeihen in einem Temperaturbereich von 15–45° C und teilen sich dabei alle zweieinhalb Stunden. Beim bakteriellen Abbau von 1000 t Rohöl entstehen 700 t Bakterienmasse, die sich zu eiweißreichem Viehfutter weiterverarbeiten läßt. 300 t völlig emulgiertes (= in Wasser feinst verteiltes) Restöl bleiben zurück, die im Unterschied zum Rohöl in das Wasser entlassen werden können. Sollte sich dieses Reinigungsverfahren durchsetzen, dann wäre eine Tankerreinigung innerhalb weniger Tage während der Rückreise des Schiffes möglich. Bisher mußten die Tanker zur Reinigung mehrere Wochen (bis zu 1 Monat) ins Trockendock, was außerordentlich teuer ist.

Altöl aus Kraftfahrzeugen und Maschinen wird meist verbrannt, weil eine Aufarbeitung heute noch zu teuer ist. Die zu erwartende Rohstoffknappheit in einigen Jahrzehnten wird jedoch vielleicht auch teure Wiedergewinnungsverfahren (= Recycling) praktikabel erscheinen lassen.

Detergentien. Eine Komponente, deren Auswirkungen im Gegensatz zum Erdöl mehr auf Binnengewässer beschränkt bleibt, sind Detergentien. Unter Detergentien versteht man seifenfreie organische Substanzen, die die Oberflächenspannung des Wassers herabsetzen, d.h. die Benetzungsfähigkeit des Wassers verbessern. Detergentien sind sowohl in häuslichen als auch in industriellen Waschmitteln enthalten, und sie eignen sich zum Emulgieren hydrophober Substanzen, wie beispielsweise Erdöl, Fette usw.

In den fünfziger Jahren löste der bis dahin stark angestiegene Detergentienverbrauch in Industrie und Haushalten oftmals so starke Schaumbildung in den Flüssen aus, daß dadurch die Schiffahrt behindert wurde. Der Schaum trat nicht selten sogar über die Flußufer.

Chemisch gesehen, können Detergentien ganz unterschiedlichen Substanzgruppen angehören. Die verbreitetsten Detergentien sind Alkylsulfonsäuren, sog. anionische Detergentien, deren Aktivität auf die negativen Ladungen am Schwefelsäurerest zurückgeht.

$$CH_3-(CH_2)_n-CH-(CH_2)_m-CH_3$$
$$\underset{\underset{O}{\|}}{O=S-O^{\ominus}}$$

Allgemeine Struktur von Alkylsulfonsäuren

Weniger verbreitet sind die ausschließlich industriell genutzten nichtionischen Polyoxyäthylene.

$$R-[CH_2-CH_2-O]_n-CH_2-CH_2-OH$$
R = Fettsäurerest, der veräthert oder verestert ist

Allgemeine Struktur der Polyoxyäthylene

Diese Detergentien zeichnen sich durch besonders geringe Giftwirkung gegenüber Mensch und Haustier ab. Selbst Konzentrationen von

1 g Detergenz pro kg Körpergewicht verursachen weder beim Menschen noch bei Säugetieren irgendwelche erkennbaren Gesundheitsschäden. Stärkere Giftwirkung geht dagegen von den als Emulgier- und Desinfektionsmitteln verwendeten kationischen Detergentien oder sog. Invertseifen aus. Hierzu gehören besonders tertiäre Ammoniumverbindungen, die durch ihre positive Ladung am Stickstoff wirksam werden.

$$\left[R-\overset{\oplus}{N} \underset{CH_3}{\overset{CH_3}{\lessgtr}} CH_2-R \right] \quad R = \text{Kohlenwasserstoffrest oder H}$$

Allgemeine Struktur von Invertseifen

Alle genannten Detergentien haben eines gemeinsam: Sie wirken bei Fischen weitaus toxischer als beim Menschen, und sie gefährden deshalb alle den Fischbestand unserer Binnengewässer. Deshalb wurde mit Beginn der sechziger Jahre (1962 und 1964) der Detergentiengebrauch gesetzlich eingeschränkt, und es wurden vermehrt Detergentien entwickelt, die bakteriell abbaubar sind. Der Detergentiengehalt von Flußwasser kann zwar noch heute 0,1 mg/l und mehr erreichen, eine akute Gefährdung der Fischbestände durch Detergentien scheint jedoch im allgemeinen gebannt zu sein. Dieses Beispiel für eine gesetzliche Einschränkung von Umweltgiften sollte auch in vielen anderen Bereichen Schule machen.

Phenole. Sehr viel stärker als bei Detergentien ist die Giftwirkung bei Phenolen ausgeprägt. Phenole sind aromatische Kohlenwasserstoffringe mit einer oder mehreren OH-Gruppen. Sie sind in den Abwässern verschiedener Zweige der chemischen und petrochemischen und pharmazeutischen Industrie anzutreffen sowie in Abwässern von Kliniken. Für den Menschen kann 1 g Phenol (= ca. 13 mg/kg) toxisch wirken, die zehnfache Menge bereits tödlich. Trotz dieser starken

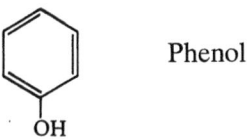

Phenol

Giftwirkung erweist sich der Mensch noch als relativ phenolresistent unter den Lebewesen. Bei Fischen liegt die toxische Konzentration bei 6–7 mg Phenol pro Liter Wasser. Die Giftwirkung kommt insbesondere dadurch zustande, daß Phenole an Eiweiße gebunden werden und diese dabei denaturieren (= funktionsuntüchtig machen).

Normalerweise werden im Abwasser solche Konzentrationen nicht erreicht. Aber auch geringere Mengen stören, denn Phenol beeinträchtigt den Geschmack des Trinkwassers und den Geschmack von Fischen, die solchen Stoffen ausgesetzt sind. Im Trinkwasser, das in Ballungsgebieten häufig aus Flußwasser gewonnen wird (s. S. 99), schmeckt man Phenol noch in einer Verdünnung von 0,001 mg/l. Enthält Flußwasser Phenol in Konzentrationen von 0,02 mg/l, dann nimmt das Fischfleisch bereits einen unangenehmen Phenolgeschmack an. Diese geringen Phenolkonzentrationen im Flußwasser sind häufig daran Schuld, daß man Fische aus bestimmten Flußbereichen lieber nicht ißt.

Bakterien, Binsen und Wasserschwertlilien können die im Wasser gelösten Phenole langsam abbauen. Die Meerstrandbinse, *Juncus maritimus*, bewältigt sogar 3 mg Phenol/l Wasser in 24 h (bezogen auf 100 g Frischgewicht der Binse).

Halogenierte Naphthalin- und Diphenylderivate. In den letzten Jahren haben sich mehrfach chlorierte Naphthaline und Diphenylderivate (= polychlorierte Biphenyle = PCB) stark ausgebreitet. Chlorierte Naphthaline dienen u.a. als sog. Weichmacher für Kunststoffe, chlorierte Diphenyle werden häufig als Pestizide (s. S. 125) eingesetzt.

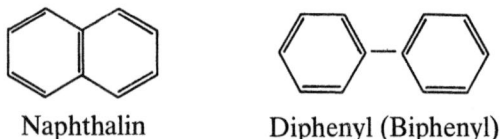

Naphthalin   Diphenyl (Biphenyl)

Spuren dieser Substanzen gelangen stets in die verschiedensten industriellen Abwässer, z.T. auch in die Luft. Diese Substanzen sind nach den bisher vorliegenden Erfahrungen nicht mikrobiell abbaubar, und sie zeigen inzwischen die Tendenz, sich global auszubreiten. Wegen des lipophilen, d.h. fettlöslichen Charakters dieser Stoffe werden sie nach der Aufnahme durch Tier und Mensch im Körperfett gespeichert und reichern sich dort langsam an. Durch Untersuchungen des Fettes von Fischen aus dem Rhein weiß man, daß organische Chlorverbindungen die weitaus am häufigsten in den Fischen gespeicherten Giftstoffe darstellen. Der höchste Organochlorgehalt, der bei diesen Bestimmungen festgestellt wurde, betrug 340 ppm. Sind Tiere oder Menschen aus irgendwelchen Gründen gezwungen, ihre Fettpolster abzubauen, dann kann das zu gesundheitlichen Schäden führen, weil hierbei innerhalb kurzer Zeit große Mengen giftiger Organochlorverbindungen wieder freigesetzt werden.

Über das Toxizitätsverhalten jener Verbindungen hat man heute nur unzureichende Vorstellungen. Beim Menschen erzeugen sie Hautschäden, Verdauungsstörungen und wahrscheinlich auch Leberschäden. Man hat deshalb niedrige MAK-Werte festgelegt. Für viele dieser Substanzen liegen sie noch unter 1 ppm.

Angesichts dieser schleichenden Bedrohung durch Organochlorverbindungen sollte deren Gebrauch ebenso gesetzlich begrenzt werden, wie es schon längst für Detergentien eingeführt wurde, zumal chlorierte Naphthaline und Diphenyle nicht unersetzbar zu sein scheinen.

Diese wenigen Beispiele industrieller Wasserbelastung durch organische Substanzen sollten nicht nur einen Eindruck von der Vielfalt der in das Wasser entlassenen Giftstoffe vermitteln, sondern sie sollten auch zeigen, daß organische Substanzen durchaus nicht immer bakteriell leicht abbaubar sein müssen.

b) Anorganische Verbindungen

Nicht minder problematisch verhalten sich anorganische Stoffe, die von vielen Industriezweigen in das Wasser abgegeben werden. Unter diesen nehmen Schwermetalle und ihre Verbindungen eine dominierende Rolle ein.

Quecksilber. Das größte Aufsehen hat wohl bisher Quecksilber erregt. Es wird industriell, zum Teil auch noch landwirtschaftlich, in großem Umfang angewendet. Beispielsweise dient es als Katalysator (= Reaktionsbeschleuniger) bei der Acetylenfabrikation und als Kathodenmaterial (= Minuspol) in der Chlorkalkindustrie. In Form von organischen Verbindungen wird es in der Holzveredlungsindustrie und in der Landwirtschaft (Saatgutbeizung) gegen Bakterien- und Pilzbefall eingesetzt.

Quecksilberrückstände wurden früher häufig in Flüssen und Seen deponiert. Man wollte damit das Quecksilber unschädlich machen, das an der Luft giftige Dämpfe abgibt. Daß aber gerade diese Form der Quecksilberbeseitigung nicht ungefährlich ist, bekamen erstmals japanische Fischer zu spüren. An der Minamata-Bucht der südlichsten Hauptinsel Japans, Kyushu, erkrankten im Jahre 1953 121 Personen an einer geheimnisvollen Nervenkrankheit. Diese äußerte sich in Lähmungen der Hautsinnesorgane, die zunächst an Zehen und Fingern ihren Ausgang nahmen und sich langsam zum Körper hin ausbreiteten. Gleichzeitig wurde das Sehfeld beider Augen konzentrisch eingeengt, und die Hörleistung, besonders der hohen und niederen Frequenzen, ließ deutlich nach. Von den 121 Patienten starben schließlich 46. Bei der näheren Untersuchung dieses Phänomens stellte sich heraus, daß diese Krankheit nur bei Personen auftrat, die sich hauptsächlich von Fisch ernährten, und zwar speziell von Fischen aus dem Küstenbereich, wohin die Abwässer einer Acetylenfabrik gelangten. Was war geschehen?

Aus der Acetylenfabrik wurde unbrauchbar gewordenes Katalysatorquecksilber in das Wasser gekippt, und, was man zunächst nicht wußte, dieses Quecksilber wurde durch Bakterien in Methylquecksilber umgewandelt. Durch diese organische Bindung wird Quecksilber lipophil (= fettlöslich) und kann nun vom Plankton (= im Wasser schwebende Algen, Kleinkrebse usw.) aufgenommen werden. Da das Plankton Muscheln und Fischen als Nahrung dient, wird bei diesen Tieren ständig Methylquecksilber im Körperfett abgelagert und angereichert. Ernährt sich der Mensch vorzugsweise von Fischen und Muscheln mit Quecksilberdepot, dann werden im menschlichen Körper sehr leicht toxische Konzentrationen erreicht (Abb. 25). Die Halbwertzeit organischer Quecksilberverbindungen im menschlichen Körper, d.h. die Zeitspanne, in der die Hälfte des aufgenommenen Giftstoffes wieder ausgeschieden wird, beträgt durchschnittlich 70–80 Tage, in einigen Geweben, wie dem Zentralnervensystem, über 100 Tage. Das bedeutet, daß der Mensch ebenfalls Methylquecksilber speichert.

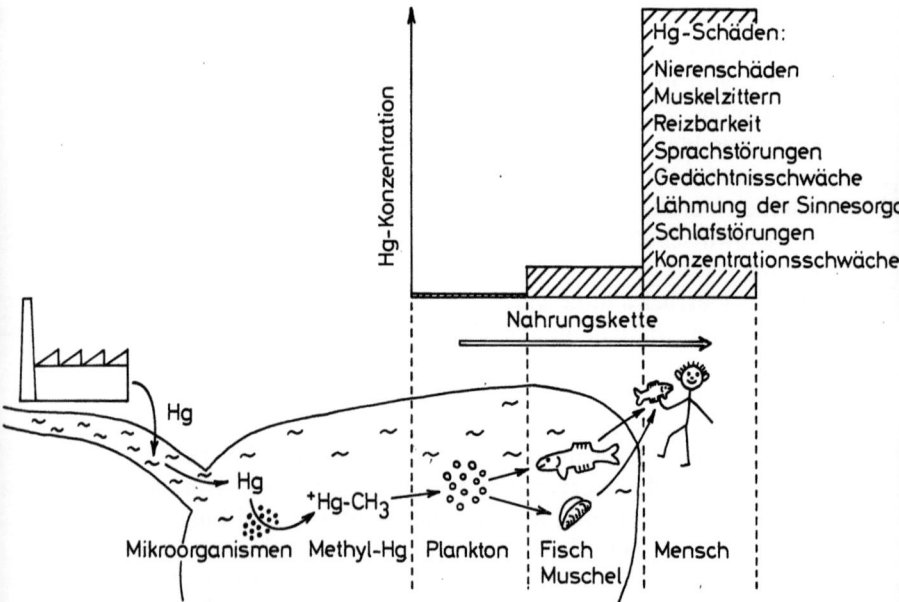

Abb. 25. Darstellung des Wegs von Quecksilber in die Nahrungskette. In den Endgliedern der Nahrungskette kann Quecksilber die Toxizitätsgrenze überschreiten und z.B. beim Menschen zu einer ganzen Serie charakteristischer Gesundheitsschäden führen. (Nach Forth et al., 1975, stark verändert)

Giftwirkungen treten bereits bei einer Konzentration von 0,2 µg Methylquecksilber pro ml Blut auf. Da Quecksilber auch in Haaren abgelagert wird, kann man die Belastung des Menschen sehr einfach durch eine Haaranalyse erfassen. Danach muß man mit toxischen Symptomen rechnen, wenn der Quecksilbergehalt im Haar 50–425 ppm beträgt. Wie aus diesem weiten Konzentrationsbereich hervorgeht, ist die individuelle Empfindlichkeit des Menschen gegenüber Quecksilber sehr unterschiedlich. Bei chronischer Quecksilbervergiftung liegt die Sterblichkeitsrate bei ca. 30 %.

Organisch gebundenes Quecksilber wird im Nervensystem angereichert, hauptsächlich im Gehirn und im Rückenmark. Die empfindlichsten Teile sind die sensorischen Neuronen, d.h. die reizaufnehmenden Nervenenden. — Anorganisches Quecksilber wird dagegen vorzugsweise in der Nierenrinde abgelagert. Quecksilber wird nicht nur in Japan, sondern in sehr vielen Ländern verwendet. Deshalb stellt die Quecksilbervergiftung der Gewässer ein weitverbreitetes, sehr ernstes Problem der Wasserbelastung dar. Beispielsweise wurde Methylquecksilber in Austern und Muscheln der Nordsee nachgewiesen. In Schweden, wo Quecksilber u.a. in der Holzveredlungsindustrie vielfach angewendet wurde, mußten bereits bestimmte Meeresgebiete für den Fischfang gesperrt werden. Man schätzt, daß in schwedischen Gewässern etwa 500 t Quecksilber lagern. Seine Umwandlung in Methylquecksilber wird noch Jahrzehnte in Anspruch nehmen. Dann erst kann der gesamte Quecksilbervorrat im Wasser in den biologischen Kreislauf eingeschleust werden, d.h. das Maximum der Vergiftungswelle ist dann erst zu erwarten.

Dieses Beispiel sollte einmal veranschaulichen, daß uns das Quecksilberproblem mit Sicherheit noch viele Jahrzehnte beschäftigen wird, selbst wenn ab sofort überhaupt kein Quecksilber mehr in unsere Umwelt gelangen würde.

Um des Quecksilberproblems, auf lange Sicht gesehen, Herr werden zu können, muß ein weitgehendes Anwendungsverbot angestrebt werden. Wo Quecksilber, beispielsweise als Katalysator, unersetzlich ist, müssen unbrauchbar gewordene Rückstände gesammelt und wieder aufbereitet werden, und zwar unabhängig davon, ob dieser Prozeß rentabel ist oder nicht. Daß ein so strenges Vorgehen grundsätzlich möglich ist, zeigt das Beispiel Schweden, wo die Anwendung von Quecksilberverbindungen untersagt ist. In der Medizin, wo Quecksilberpräparate früher häufig angewendet wurden, ist der Quecksilberverbrauch ebenfalls weitgehend zurückgegangen.

Cadmium. Auch einer anderen Schwermetallvergiftung kam man erstmals in Japan auf die Spur. Dort beobachtete man eine seltsame, außerordentlich schmerzhafte Skelettschrumpfung, die man Itai-Itai-Krankheit nannte. Die erkrankten Personen verloren bis zu 30 cm ihrer ursprünglichen Körpergröße. Genaue Untersuchungen ergaben, daß die Itai-Itai-Krankheit auf chronische Cadmiumvergiftung zurückgeht.

Cadmium wird im menschlichen (und tierischen) Körper ebenso angereichert wie Quecksilber. Die mittlere Verweildauer im menschlichen Körper ist mit über zehn Jahren jedoch bedeutend länger als die des Quecksilbers. Erste Anzeichen einer Cadmiumvergiftung äußern sich im Nachlassen des Geruchssinnes und in der Bildung eines gelben Rings um die Zahnhälse. Im weiteren Verlauf wird das Knochenmark angegriffen, was eine Verminderung der Anzahl roter Blutkörperchen zur Folge hat. Außerdem wird in zunehmendem Maße Calcium aus den Knochen ausgeschwemmt, so daß die bereits erwähnte Skelettschrumpfung eintritt.

Ein zweites Zentrum der toxischen Wirkung sind die Nieren, wo sich Cadmium anreichert und die Sekretionstätigkeit kontinuierlich verschlechtert. Die Cadmiumwirkung wird in Gegenwart von Zink und Kupfer noch verstärkt.

Obwohl Cadmium nicht gerade zu den in der Industrie besonders stark genutzten Metallen gehört, tritt es doch als Begleitsubstanz bei vielen Herstellungsprozessen auf und gelangt zusammen mit anderen Abfällen in das Wasser, z.T. auch in die Luft.

Cadmium ist beispielsweise im Phosphatdünger enthalten (10 bis 100 ppm), es kann im Klärschlamm von galvanischen Betrieben auftreten (bis 1 ppm), Cadmium wird bei der Zinkgewinnung freigesetzt, und Spuren von Cadmium gelangen bei vielen Verbrennungsprozessen (Kohle, Öl, Benzin, Papier, Holz) in die Luft. Da Cadmium in elementarer Form und als Ion genauso giftig ist wie Quecksilber, im menschlichen Körper aber eine noch viel längere Verweildauer aufweist, muß künftig Cadmiumverunreinigungen von Wasser und Luft bedeutend mehr Aufmerksamkeit gewidmet werden als bisher.

Andere Schwermetalle. Neben den bisher besprochenen Schwermetallen Quecksilber und Cadmium sowie Blei (siehe Luftbelastung) wirken sich auch Zink, Nickel, Chrom, Kupfer, Arsen und Kobalt unmittelbar schädlich für den Menschen aus (Tabelle 15). Jedes dieser Schwermetalle verursacht ein spezifisches Krankheitsbild. Trotzdem liegen all den mannigfachen Vergiftungssymptomen im wesentlichen zwei Wirkungsmechanismen zugrunde:

Der erste Wirkungsmechanismus betrifft die Enzyme. Schwermetallionen können mit den funktionellen Gruppen vieler Enzyme Komplexbindungen eingehen (= Chelatbildung); d.h. diejenigen Teile der Enzyme werden blockiert, die für die Steuerung einer bestimmten

Tabelle 15. Zusammenstellung einiger Schwermetallemittenten (nach Förstner u. Müller, 1974)

Industriezweig	Schwermetall							
	Cd	Cr	Cu	Hg	Pb	Ni	Sn	Zn
Papierindustrie		×	×	×	×	×		×
Petrochemie	×	×		×	×		×	×
Chlorkaliproduktion	×	×		×	×		×	×
Düngemittelindustrie	×	×	×	×	×	×		×
Erdölraffinerie	×	×	×		×	×		×
Stahlwerke	×	×	×	×	×	×	×	×
Nichteisenmetallindustrie		×	×	×	×			×
Kraftfahrzeug- und Flugzeugindustrie	×	×	×	×	×		×	
Glas, Zement, Keramik		×						
Textilindustrie		×						
Lederindustrie		×						
Dampfkraftwerke		×						×

Cd = Cadmium   Pb = Blei
Cr = Chrom   Ni = Nickel
Cu = Kupfer   Sn = Zinn
Hg = Quecksilber Zn = Zink

Stoffwechselreaktion verantwortlich sind. Z. B. bindet Quecksilber speziell freie SH-Gruppen. Als besonders stark wirksames Enzymgift gilt u. a. sechswertiges Chrom (Cr VI). Da Schwermetalle die Placenta passieren, werden Embryonen von der Vergiftung miterfaßt. So ist es nur allzu verständlich, daß nach der Minamata-Katastrophe Kinder mit schweren Defekten im Nervensystem zur Welt kamen.

Der zweite Wirkungsmechanismus betrifft die Zellmembranen. Viele Schwermetalle können an Zellmembranen gebunden werden. Dadurch wird die Struktur der Membranen verändert, und als Folge davon wird der Transport von lebensnotwendigen Ionen, wie Na^+, K^+, Cl^-, und von organischen Substanzen gestört oder ganz unterbunden.

Verhalten der Schwermetalle im Wasser. Schwermetalle vermindern die Selbstreinigungskraft der Gewässer, denn sie wirken auch auf Mikroorganismen toxisch, die ja den Abbau organischer Stoffe im Wasser durchführen sollen. Die Folge ist ein drastischer Rückgang des biochemischen Sauerstoffbedarfs (BSB) bei gleichbleibendem Eutrophierungsgrad. Ein hoher Sauerstoffgehalt des Wassers muß also nicht unbedingt ein Maßstab für gesunde, aerobe Verhältnisse sein, er kann auch auf eine Schwermetallvergiftung zurückgehen. Zur Beurteilung der Gewässergüte gehört also auch eine Analyse des Schwermetallgehalts. Das bereitet jedoch Schwierigkeiten, denn die im Wasser nachweisbare Schwermetallmenge gibt noch nicht die wahre Belastung an. Man weiß heute, daß in den Sedimenten von Flüssen und Seen der Schwermetallgehalt um den Faktor 1000 bis 10000 höher liegen kann als im Wasser. Schwermetalle werden nämlich an mineralische Sedimente adsorbiert, sie können an bestimmte Mineralien chemisch gebunden werden (z. B. als Sulfid, Karbonat, Sulfat usw.), oder sie fallen mit Eisen- und Manganhydroxiden aus, die bei der Gesteinsverwitterung entstehen. Schließlich binden auch organische Sedimente Schwermetalle.

Zunächst einmal bedeutet die Bindung an Sedimente eine Entlastung des Wassers. Dieser momentane Vorteil birgt jedoch auch zusätzliche Gefahren in sich, denn unter bestimmten Bedingungen können beträchtliche Schwermetallmengen freigesetzt werden:

1. Das ist z. B. in angesäuertem Wasser (pH < 7) bei Sauerstoffmangel der Fall. Diese Bedingungen treffen in eutrophierten Gewässern zusammen, wo die intensive Atmung der Mikroorganismen sowohl zum Sauerstoffschwund führt als auch zur Ansäuerung des Wassers durch die Abgabe von Atmungskohlendioxid.

2. Schwermetalle werden auch aus Sedimenten freigesetzt, wenn industrielle Säuren in das Wasser gelangen und gleichzeitig die Sedimente aufgewirbelt werden. Auf diese Weise steigt beispielsweise

Tabelle 16. Schwermetalle in den Sedimenten des Rheins (in ppm) (nach Banat et al., 1972)

	Pb	Hg	Cr	Ni	Cu	Zn
Rhein bei Biesbosch[a]	850	18	760	n. b.	470	3900
Rheinstationen 9–19[b]	369	18	493	175	286	1239
Rheinstationen 1–8[b]	155	10	121	152	86	520
Bodensee[b]	30	0,4	119	102	67	185

[a] bezogen auf Partikelgröße 16 μm
[b] bezogen auf Partikelgröße 2 μm

Pb = Blei
Hg = Quecksilber
Cr = Chrom
Ni = Nickel
Cu = Kupfer
Zn = Zink

im Neckar bei Hochwasser (die größere Fließgeschwindigkeit bei Hochwasser rührt die Sedimente auf) der Schwermetallgehalt auf das zehnfache des Ursprungswertes.

3. Eine dritte Möglichkeit für den Anstieg der Schwermetallkonzentration im Wasser ist dann gegeben, wenn die Adsorptionsfähigkeit der Sedimente erschöpft ist. Dieser nicht genau vorherzusagende Zeitpunkt dürfte am Niederrhein in nicht allzu ferner Zukunft gekommen sein, denn zur Flußmündung hin nimmt der Schwermetallgehalt der Flußsedimente stark zu (Tabelle 16).

Eine weitere Komplikation des Schwermetallproblems wurde aus den USA bekannt. Dort setzte man den Waschmitteln als Detergenzersatz Nitrilotriessigsäure zu, in der Hoffnung, damit die Eutrophierungsgefahr der Gewässer zu reduzieren. Wie sich erst später herausstellte, kann diese Substanz Schwermetalle aus den Sedimenten binden. Die dabei entstehenden Komplexe sind noch giftiger als die Schwermetalle selbst, und sie werden unter natürlichen Bedingungen nicht mehr gespalten. Man mußte diese Waschmittelzusätze schnellstens wieder aus dem Verkehr ziehen.

Die Schwermetallemissionen stellen also einen Risikofaktor ersten Ranges dar, denn (1), das Verhalten der Schwermetalle in Abwasser und Gewässersedimenten ist bis zum heutigen Tage praktisch nicht regulierbar, und (2), Schwermetallvergiftungen verlaufen bei Mensch und Tier meist schleichend, d. h. man kann sie häufig erst nach Jahren oder Jahrzehnten eindeutig identifizieren. So hat man noch keine klaren Vorstellungen darüber, inwieweit bei vielen „Zivilisationskrankheiten", wie Nervosität, Anfälligkeit gegen Infektionskrankheiten, Krebserkrankungen usw. schleichende Schwermetallvergiftungen beteiligt sind.

Verminderung des Schwermetalleinsatzes. Wie es bereits für den speziellen Fall des Quecksilbers beschrieben wurde, muß generell die Verwendung von Schwermetallen drastisch eingeschränkt werden. Wichtige Meilensteine auf dem Wege zur Umweltentlastung von Schwermetallen waren der Ersatz bleierner Wasserrohre durch andere Materialien sowie die Einschränkung des Bleigehalts im Benzin (s. S. 35). Was den Benzinbleigehalt angeht, so sollte man es mit dem bisher Erreichten nicht bewenden lassen, sondern versuchen, baldmöglichst den Bleigehalt durch neu zu entwickelnde Klopfschutzmittel, wie besonders stark verzweigte Kohlenwasserstoffe (vgl. Struktur von Bleitetraäthyl, S. 35), weiter zu senken. Für schwermetallemittierende Herstellungsverfahren müssen erst verbesserte Verfahren zur Abgas- und Abwasserreinigung entwickelt werden, möglichst in Kombination mit einer Wiedergewinnung dieser Rohstoffe, denn die Reserven in Erzlagerstätten reichen ohnehin nur noch einige Jahrzehnte. Solche Neuentwicklungen lassen sich jedoch nicht kurzfristig realisieren. Außerdem ist zu erwarten, daß die Wiedergewinnung von Schwermetallen nicht rentabel sein wird, das bedeutet, die erwünschte Reinigung und Wiedergewinnung wird den Endverbraucher finanziell belasten.

Die notwendigen Maßnahmen zur Einschränkung des Schwermetallverbrauchs und zur Reinigung von Industrieabfällen bedürfen auch einer entsprechenden Gesetzgebung, um sie für jedermann verbindlich zu machen. Wie schon im Kapitel über Luftverschmutzung erwähnt, dürfen diese gesetzlichen Maßnahmen nicht auf nationalem Niveau stecken bleiben.

Das Beispiel der Schwermetalle zeigt besonders deutlich, wie die Frage nach der Toxizität einer Substanz gleichzeitig die Frage nach deren Konzentration ist (s. Abb. 6). Eine Reihe von Schwermetallen gehört nämlich in geringer Konzentration zu den sog. Spurenelementen. Darunter versteht man Mineralstoffe, die für den geordneten Ablauf des Stoffwechsels der Organismen unverzichtbar sind. Hierzu gehören generell Mangan, Kobalt, Kupfer, Zink und bei einigen Organismen außerdem Vanadium, Chrom, Molybdän, Nickel und Cadmium.

„Ungiftige Ionen". Die Bedeutung der Konzentration eines Stoffes für dessen physiologische Wirkungsweise macht es verständlich, daß Elemente oder Ionen ohne spezifische toxische Wirkung dennoch Lebewesen schädigen können, also „giftig" wirken, wenn sie in zu hoher Konzentration auftreten. Hierzu gehören u. a. die leicht löslichen Chloride und Sulfate von Kalium und Natrium sowie andere Salze, die häufig als sog. Abraumsalze im Bergbau in großer Menge anfallen. Die zulässige Belastung eines Gewässers mit solchen Salzen kann nicht allgemein verbindlich festgelegt werden, denn die schädigende Wirkung dieser nicht spezifisch toxischen Stoffe auf Fische usw. hängt stets von der Gesamtbelastung des Wassers ab. Ein Beispiel soll das erläutern: In der Werra ist eine Belastung bis zu 7 g Chloriden pro Liter Wasser zulässig. In der durch andere Substanzen insgesamt viel stärker belasteten Weser können nur noch 2 g Chloride pro Liter Wasser als obere Grenze toleriert werden. Beim Überschreiten dieser Grenzkonzentrationen droht ein Fischsterben, so wie es in der Werra auftrat, als bei Niedrigwasser die Chloridkonzentration auf 16 g/l anstieg.

5. Wasserreinigung

Angesichts des schon viel zu weit fortgeschrittenen Stadiums der Wasserbelastung werden in naher Zukunft die Kosten für die notwendige Wasserreinigung stark ansteigen. Umgehen läßt sich die kostspielige Wasserreinigung nicht, denn vom Wasser sind wir in gleicher Weise abhängig wie von der Luft. Täglich benötigen wir zum Leben ausreichend gereinigtes Trinkwasser, und darüber hinaus werden die Gewässer, insbesondere die Weltmeere, als Produktionsstätten für die menschliche Ernährung herangezogen. Was wir jedoch bis heute für die Reinigung der Gewässer tun, ist, verglichen mit der Belastung des Wassers, sehr bescheiden. Wir beschränken uns im wesentlichen darauf, bei einem Teil unserer Abwässer (vielleicht 50 %) den Eutrophierungsgrad herabzusetzen. Nur bei der Trinkwassergewinnung wird eine regelrechte Reinigung vorgenommen, die vielerorts bereits so teuer ist, daß der Trinkwasserpreis staatlich subventioniert werden muß.

Der Idealfall der Wasserreinigung bestünde darin, alle kommunalen und industriellen Abwässer von ihren Schadstoffen wieder zu befreien, ehe sie in den Vorfluter entlassen werden. Dieses Ziel scheint jedoch wirtschaftlich und vielleicht auch technisch unerreichbar zu sein.

Aber selbst mit den heute verfügbaren Technologien könnten die Gewässer erheblich entlastet werden, wenn sie konsequent angewendet würden.

a) Biologische Klärung

Allgemeine Grundlage der Abwasserreinigung bildet die sog. biologische Klärung (Abb. 26).

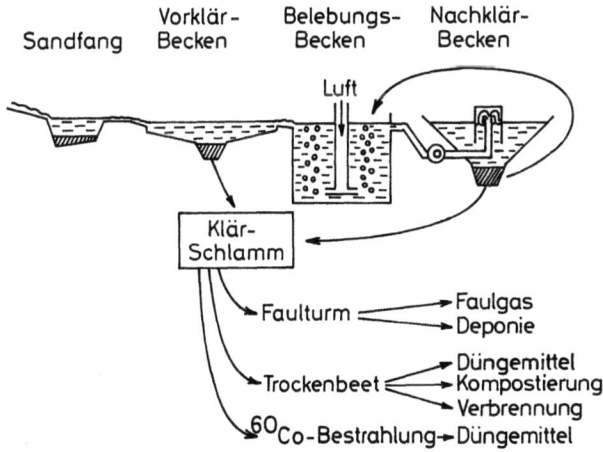

Abb. 26. Prinzip einer biologischen Kläranlage und Möglichkeiten der Weiterverarbeitung des Klärschlamms, der in großen Mengen anfällt

Sie arbeitet in drei Stufen:

1. Absitzen sinkfähiger Bestandteile,
2. Belüftung und oxydativer, mikrobieller Abbau organischer Stoffe sowie
3. Nachklärung und Absitzen der beim biologischen Abbau gebildeten Schlammteilchen.

Dieser Klärungsablauf kann durch Einschalten mehrerer biologischer Reinigungsstufen, durch den Einsatz bestimmter Bakterienarten oder durch technische Modifikationen des Klärungsprozesses in vielfältiger Weise modifiziert werden.

Die erste Stufe der Abwasserreinigung stellt ein Sandfangbecken dar, in dem man aufgewirbelten Sand absitzen läßt. Außerdem kann man das Wasser durch sog. Vorabsatzbecken leiten, in denen Schlamm sedimentiert, der dann von Zeit zu Zeit vom Beckenboden abgezogen wird. Eine Sonderform der Absatzbecken ist der sog. Emscher-Brunnen, in dem der Schlamm aus einem oberen, trichterförmigen Becken in ein darunterliegendes Becken sinkt. Im unteren Becken kann der Schlamm 2–3 Monate lang (anaerob) ausfaulen. Der dabei entstehende Faulschlamm wird ständig abezogen.

Benzin und Öl werden in einem Benzinabscheider (Abb. 27) aufgefangen. Aus diesem kann das schwimmende Benzin (oder Öl) abgesaugt werden.

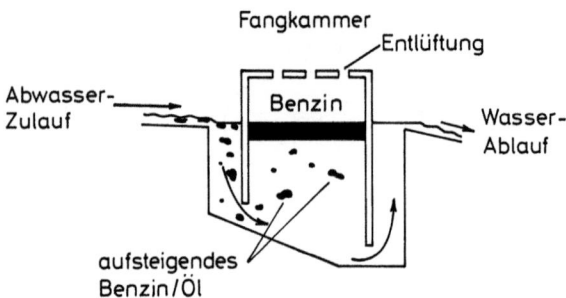

Abb. 27. Prinzip eines Benzin- und Ölabscheiders

In der daran anschließenden biologischen Reinigungsstufe wird das Abwasser intensiv belüftet.

Im sog. Belebtschlammverfahren bläst man Druckluft ins Abwasser. Dabei wird das Wasser gleichzeitig bewegt, und die an den Schlammteilchen haftenden Bakterien können nun organische Substanzen oxydativ abbauen. Bei diesem Prozeß vermehren sich die Bakterien stark und binden dabei auch einen Teil der löslichen Mineralsalze, die sie zum Aufbau ihres Zellkörpers benötigen. Ist das Abwasser arm an geeigneten Bakterien, dann wird ihm bei der Belüftung bakterienreicher Schlamm aus dem Nachklärbecken zugesetzt.

Ebenso wie beim Belebtschlammverfahren belüftet man auch umgekippte Gewässer (z. B. Teiche und Seen), um sie wieder in den aeroben Zustand zurückzuversetzen.

Beim Tauchscheibenverfahren werden große, mit Bakterienrasen besetzte Scheibenräder, die zur Hälfte aus dem Wasser herausragen, bewegt (0,5–0,8 U/min). Auf diese Weise verbindet man ebenfalls Belüftung mit bakteriellem Abbau organischer Stoffe.

Weit verbreitet ist das Tropfkörperverfahren (Abb. 28). Hierbei rieselt das Abwasser durch eine dicke Packung groben Schottermate-

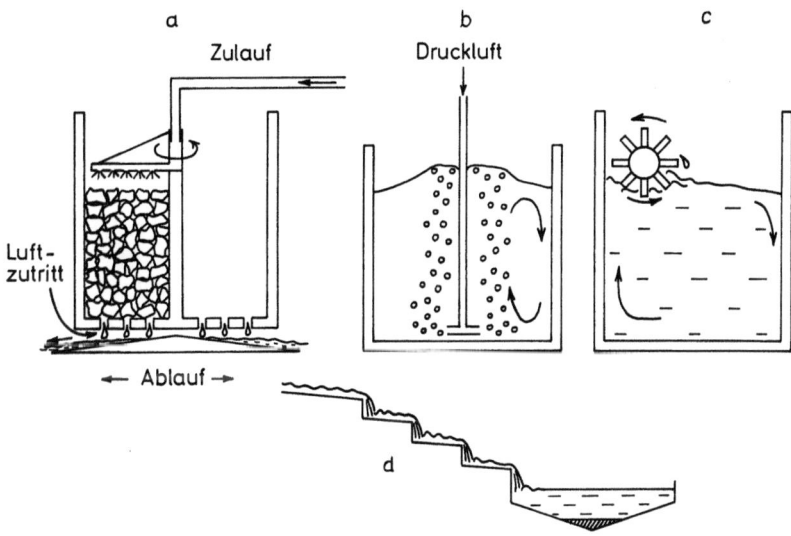

Abb. 28 a–d. Einige Prinzipien der Abwasserbelüftung. (a) Tropfkörper, (b) Belüftung mit Druckluft, (c) Belüftung durch Schaufelräder, (d) Kaskadenwasserfall

rials. Die Oberfläche der Schottersteine ist mit einem dichten Bakterienrasen besetzt. Das in dünnem Film darüberhin rinnende Wasser wird in den Hohlräumen des Schotterbettes ständig mit Luftsauerstoff angereichert, so daß die abbaubaren Bestandteile im Wasser von den Bakterien veratmet werden können. Zur Nachklärung leitet man das

Wasser nochmals in ein Absetzbecken, um den beim biologischen Abbau gebildeten Schlamm sedimentieren zu lassen (Abb. 26).

Durch die biologische Klärung kann der BSB_5-Wert des Abwassers um 95 % gesenkt werden. Das biologisch geklärte Wasser enthält jedoch noch große Mengen an Mineralsalzen. Beim biologischen Abbau organischer Substanzen werden sogar die darin gebundenen anorganischen Komponenten freigesetzt (z. B. Phosphat aus Nucleinsäuren, Calcium aus Zellwänden, Ammoniak aus Proteinen usw.). Somit tragen biologisch geklärte Abwässer wieder zur Eutrophierung des Wassers im Vorfluter bei. Sie stellen also noch keinesfalls das Idealbild eines gereinigten Abwassers dar, zumal auch Pestizide und Schwermetalle die Kläranlagen unverändert passieren. (Beide Giftstoffkomponenten können sogar in höheren Konzentrationen den Reinigungsprozeß der gesamten Kläranlage hemmen.) Sofern das Wasser nicht mit größeren Giftstoffmengen belastet ist, sollte nach der biologischen Klärung mindestens der α-mesosaprobe Zustand (s. Tabelle 14) erreicht werden, so daß in dem Wasser wenigstens Fische mit geringem Sauerstoffbedarf leben können.

Bei der biologischen Reinigung fallen große Mengen von stark bakterienhaltigem Schlamm an. Dieser Schlamm wird zum Teil wieder frischem Abwasser zugesetzt, um dieses mit Mikroorganismen anzureichern. Die Hauptmenge des Schlamms muß jedoch anderweitig verarbeitet werden.

Sofern der Klärschlamm keine Giftstoffe enthält, wird er häufig auf sog. Trockenbeete geleitet, wo er durch Verdunstung ca. 50 % seines Wassergehalts verliert und dabei eine krümelige Struktur erhält. Daneben wird auch unbehandelter Schlamm wie Gülle auf die Felder ausgebracht. Solcher Klärschlamm kann als Düngemittel weiterverwendet werden. Allerdings kann er keinen Volldünger ersetzen, weil er in der Regel zu arm an Kali und Kalk ist. Wegen seines hohen Gehalts an anderen Mineralstoffen darf er nur in geringen Mengen auf den Ackerboden gebracht werden. Ferner kann Klärschlamm als Zusatz bei der Müllkompostierung verwendet werden (s. S. 114).

Ist kein Absatzmarkt für den Klärschlamm vorhanden oder enthält er Giftstoffe, dann wird er häufig in sog. Faultürmen aufgeschichtet, wo unter Luftabschluß die Schlammpartikel weiter biologisch abgebaut werden. Die dabei entstehenden Faulgase bestehen zum größten Teil aus Methan, neben etwas Ammoniak und Schwefelwasserstoff. Da Methan einen hohen Heizwert besitzt, eignet es sich zum Betrieb von Verbrennungs- und Heizungsanlagen. Die N- und S-haltigen Verunreinigungen im Faulgas erfordern jedoch eine sorgfältige Abgasreinigung. Der ausgefaulte Schlamm wird dann deponiert (s. Mülldeponie). Man ist heute bestrebt, den noch immer bakterienhaltigen Schlamm vor der Deponie zu sterilisieren, um Seuchengefahren vorzubeugen. Dazu wird der Schlamm entweder erhitzt oder zunächst getrocknet und dann verbrannt. Enthält der Schlamm viel Schwermetalle, dann muß beim Verbrennen wiederum das Abgas gründlich entstaubt werden.

Nach einem neueren Verfahren kann Faulschlamm auch mit dem radioaktiven Isotop des Kobalts, ^{60}Co, bestrahlt werden. Dabei wird ebenfalls eine hervorragende Entseuchung erzielt: der Gehalt an humanpathogenen Bakterien wird auf ein Millionstel des Ausgangswertes reduziert, und Viren werden zu 90 % abgetötet, ohne daß dabei der Schlamm selber radioaktiv wird. Die Betriebskosten dieses Verfahrens sind geringer als bei der Entseuchung durch Erwärmen.

b) Bedeutung höherer Pflanzen für die Wasserqualität

In noch nicht zu stark belasteten Gewässern versucht man, höhere Pflanzen zur Wasserreinigung heranzuziehen. Beispielsweise vermindern Rhizome (= unterirdische Sprosse) und Wurzeln von *Iris pseudacorus*, der Wasserschwertlilie, die Bakterienzahl im Wasser. Die salzliebende Meerstrandbinse, *Juncus maritimus*, vermag das ebenfalls.

Die Wirksamkeit solcher Pflanzen reicht natürlich nicht aus, um das Wasser wirklich rein zu halten, sie können aber doch zu einer spürbaren Entlastung von Flüssen, Seen und Meeresufern beitragen. Voraussetzung für einen breiten Einsatz der Pflanzen wären allerdings flache Ufersäume, die weder mit Spundwänden noch Betonmauern befestigt sind. Hier wird jedoch deutlich, wie sich Maßnahmen zur (billigen) Wasserverbesserung und der Wunsch nach möglichst wirtschaftlicher Ausnutzung der Wasserstraßen gegenseitig im Wege stehen, denn ein breiter Ufersaum engt notwendigerweise die Fahrrinne der Flüsse ein. Auch hier fällt es schwer, einen in jeder Beziehung annehmbaren Kompromiß zu finden. Gegenwärtig dominieren eindeutig die wirtschaftlichen Interessen, womit auf die Dauer der Allgemeinheit jedoch nicht gedient ist. Vielleicht setzt sich aber in Zukunft doch das Bewußtsein durch, daß auf weite Sicht hin wirtschaftliche Interessen stets mit dem Interesse an einer entlasteten Umwelt abgestimmt werden müssen.

c) Trinkwassergewinnung

Gerade die Pflege von Flußufern wird uns in Zukunft noch stark beschäftigen, denn überall dort, wo die Grundwasserreserven bereits ausgelastet sind, ist man darauf angewiesen, aus Talsperren, Seen und

Flüssen Wasser zur Trinkwassergewinnung zu entnehmen. Wenn diese Oberflächengewässer zu stark belastet sind, wird die Reinigung sehr teuer. Für viele der im Wasser vorkommenden Substanzen hat man auf internationaler Ebene Grenzwerte vorgeschlagen, die im Trinkwasser nicht überschritten werden sollen (Tabelle 17). Für Pestizide gelten die später noch zu besprechenden „adi"-Werte (s. S. 125).

Tabelle 17. Grenzwerte einiger Substanzen für Trinkwasser (nach Loub, 1975)

Substanz	Empfohlener Grenzwert
Blei	0,1 mg/l
Chrom (VI-wertig)	0,05 mg/l
Cadmium	0,01 mg/l
Zink	5 mg/l
Schwefelwasserstoff	0,05 mg/l
Nitrat	50–100 mg/l
Sulfat	250 mg/l
Chlorid	200 mg/l
Phenole	0,001 mg/l

Um die vielen Verunreinigungen des Wassers möglichst zu eliminieren, bedient man sich der sog. Uferfiltration (Abb. 29). Dazu werden einige zehn Meter vom Flußufer entfernt Sammelrohre in den sandigen Uferboden gelegt. Wasser der meist aufgestauten Flüsse sickert in den Schotterboden ein und wird von den Sammelrohren aufgefangen. Beim Passieren dieser natürlichen Filterschichten werden organische Bestandteile abgebaut, Schwebepartikel herausfiltriert und anorganische Salze zum großen Teil an die Bodenteilchen adsorbiert. Ist das

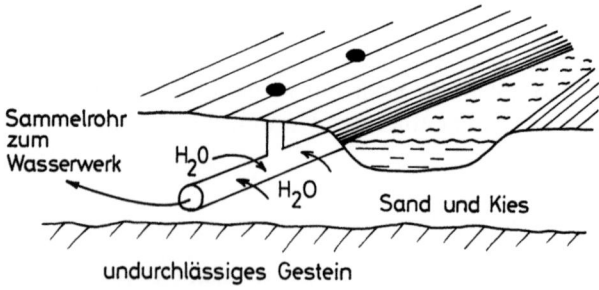

Abb. 29. Schematische Darstellung einer Uferfiltration zur Reinigung von Flußwasser für Trinkwasserzwecke

Flußwasser mit Schwermetallen und Pestiziden belastet, dann reicht die Uferfiltration alleine als Reinigung nicht mehr aus. Besonders am Unterlauf des Rheins droht immer mehr die Gefahr, daß man auf die Uferfiltration ganz verzichten muß, da die Reinigungskapazität der natürlichen Filterschichten nahezu erschöpft ist. Das Wasser muß hier zunächst von Schwermetallen und Pestiziden befreit werden. Häufig werden Schwermetalle als Hydroxide gefällt. Sie können jedoch auch an geeignete Filtermaterialien adsorbiert werden, wie z. B. an Aktivkohle, Torf oder organische Kunstharze, die im Austausch für die adsorbierten Schwermetallionen H^+ in das Wasser entlassen (= Ionenaustauscher). Die schließlich mit Metallionen gesättigten Ionenaustauscher können mit Hilfe von Säuren wieder regeneriert werden.

Pestizide werden am besten durch Aktivkohlefilter beseitigt. Solche Verfahren machen jedoch das Trinkwasser teuer und knapp. Bisher bekommt das der Verbraucher noch nicht unmittelbar zu spüren. Je stärker man allerdings die Oberflächengewässer belastet, desto häufiger werden diese aufwendigen Reinigungsverfahren nötig werden, und es ist dann nur noch eine Frage der Zeit, wie lange der Trinkwasserpreis durch staatliche Subventionen so niedrig gehalten werden kann wie heute.

d) Wiedergewinnungsverfahren (Recycling)

Die vom Menschen produzierten Abwässer werden in Zukunft nicht nur ein Reinigungsproblem bleiben, sondern man wird sich immer mehr überlegen müssen, wie man Abwässer als Rohstoffquelle nutzen kann. In den Abwässern werden so viele wertvolle Rohstoffe unwiederbringlich fortgespült, auf die wir angesichts der in einigen Jahrzehnten drohenden Rohstoffverknappung eigentlich nicht verzichten können. Bei Zugrundelegen der gegenwärtigen Zuwachsraten des Rohstoffverbrauchs müssen wir feststellen, daß z. B. Erzlagerstätten für Eisen noch ca. 100 Jahre lang ausgebeutet werden können, die Kupfervorräte reichen vielleicht nicht einmal mehr 50 Jahre. Ganz ähnlich verhält es sich mit anderen wichtigen Metallen. Die Lagerstätten für Phosphat dürften in spätestens 30 Jahren erschöpft sein. Selbst wenn solche Schätzungen Fehler von mehreren Jahrzehnten enthalten, wird bereits die kommende Generation auf einzelnen Sektoren den Druck der Rohstoffverknappung zu spüren bekommen.

Besondere Bedeutung wird in nicht zu ferner Zukunft der Phosphatgewinnung aus Abwässern zukommen. Phosphat kann entweder als Calcium- oder Eisenphosphat gefällt werden, es läßt sich jedoch auch auf biologischem Wege wiedergewinnen: Bei starker Belüftung des Abwassers nehmen Bakterien große Mengen von Phoshat auf. Werden die Bakterien sodann isoliert (z.B. durch Zentrifugation) und in sauerstoffarmes Wasser überführt, dann scheiden sie einen erheblichen Anteil des aufgenommenen Phosphats wieder ab. Das Phosphat kann dann in sehr reinem Zustand gefällt und weiterverwendet werden. Auf diese Weise läßt sich der Phosphatgehalt der Gewässer um 90 % senken.

Schon heute könnten aber auch frische Abwässer mit organischen Bestandteilen als Rohstoffquelle stärker genutzt werden. In den Abwässern von Brauereien, Molkereien, Schlachthöfen u.v.a.m. sind bedeutende Mengen an Kohlenhydraten, Eiweißen und Fetten enthalten. Diese Stoffe können aus dem Wasser isoliert und zur Futtermittelherstellung verwendet werden.

Nicht nur Abwässer, sondern auch die Sedimente von Flüssen, in die jahrzehntelang bestimmte Abwässer eingeleitet wurden, können Rohstoffe angereichert haben. Das trifft insbesondere für Schwermetalle zu. So lassen sich wahrscheinlich in absehbarer Zeit geeignete Flußsedimente als Erzlagerstätten für verschiedene Schwermetalle verwenden.

III. Wärmebelastung

1. Beseitigung von Abwärme

Wasser und Luft müssen die bei der Energiegewinnung anfallende Abwärme aufnehmen. Der weitaus größte Teil der elektrischen Energie wird bei uns in Wärmekraftwerken gewonnen, die entweder mit fossilen Brennstoffen (Erdöl, Kohle, Torf) oder mit Kernenergie betrieben werden. Das Prinzip der Stromerzeugung besteht darin, daß man mit der bei der Verbrennung oder Kernspaltung frei werdenden Wärme Wasserdampf erzeugt, welcher Generatoren zur Stromerzeugung antreibt. Am wirtschaftlichsten läßt sich der nach dem Antrieb der Turbine kühler gewordene Wasserdampf mit Kühlwasser niederschlagen. Diese Restwärme geht stets verloren, weil sie zum Antrieb einer zweiten Turbine nicht ausreicht. Dazu kommen noch die Energieverluste durch Reibung in den Maschinen. Im Durchschnitt kann man deshalb nur mit einer ca. 40 %igen Umwandlung von Wärmeenergie in elektrischen Strom (= Wirkungsgrad) bei konventionellen Wärmekraftwerken rechnen, während der Wirkungsgrad von Kernkraftwerken (mit leichtwassergekühltem Reaktor) bei nur 35 % liegt. Der geringere Wirkungsgrad von Kernkraftwerken beruht darauf, daß diese mit geringerer Dampftemperatur arbeiten als konventionelle Kraftwerke. Der Grad der Energieumwandlung steigt jedoch mit zunehmender Differenz zwischen Ausgangs- und Endtemperatur des Wasserdampfes.

Zur Kühlung einer 300-MW (= Mega-Watt)-Anlage benötigt man pro Sekunde 10–13 m^3 Kühlwasser, eine 1000-MW-Anlage erfordert bereits 200 m^3/s. Dabei steigt die Kühlwassertemperatur um etwa 10° C an. Das Flußwasser soll sich nach Aufnahme des Kühlwassers um nicht mehr als 2,5° C erwärmen. Damit kommen bei uns nur wenige Flußläufe als Standorte für Kraftwerke in Frage. Bei großen Flußläufen, wie dem Rhein, würde ein 1000-MW-Werk nach völliger Vermischung des Kühlwassers mit dem Flußwasser eine Temperatursteigerung von ca. 0,5° C verursachen, wenn man eine mittlere Fließgeschwindigkeit von 1000 m^3/s zugrunde legt. Die tatsächliche Erwärmung wird jedoch ständigen Schwankungen, entsprechend der Wasserführung des Flusses, unterworfen sein.

Kritisch wird die Wärmebelastung eines Flusses dann, wenn er zur Kühlung mehrerer Kraftwerke dieser Größenordnung verwendet wird und wenn alle Kraftwerke auch bei Niedrigwasser mit voller Last arbeiten müssen. Dann kann sich das Flußwasser viel stärker erwärmen, zumal die Wärmeabgabe des Wassers an die Atmosphäre sehr träge vonstatten geht. Berechnungen zufolge sollen allein die Kraftwerke, die am Rhein geplant sind, das Flußwasser um 10° C erwärmen. Hinzu kommt, daß neben den Kraftwerken auch Eisenhütten sowie die chemische Industrie einen großen Kühlwasserbedarf haben, so daß diese Industriezweige das Wasser zusätzlich thermisch belasten. Eine so starke Erwärmung hätte zwar den günstigen Nebeneffekt, daß der Flußlauf nie vereisen könnte und deshalb ganzjährig schiffbar wäre, doch steht dieser positiven Seite eine Serie von Nachteilen gegenüber.

In erster Linie ist der temperaturabhängige Sauerstoffverlust des Wassers zu nennen: in reinem Wasser lösen sich bei 0° C bis zu 70 mg Sauerstoff/Liter, bei 20° C nur noch bis 44,3 mg/l. Der Sauerstoffverlust erwärmten Wassers vermindert die Selbstreinigungskapazität durch mikrobiellen Abbau der Fremdstoffe, und er verschlechtert die Möglichkeiten der Fischzucht: Forellen benötigen einen Mindestsauerstoffgehalt von 10–11 mg/l, Karpfen etwa 4 mg/l. Ferner wird mit steigender Temperatur die Stoffwechselaktivität der Organismen beschleunigt (bei einem Temperaturanstieg von 10° C laufen Stoffwechselprozesse 2–3mal rascher ab), was auch den Sauerstoffbedarf steigert. Der erhöhte Sauerstoffbedarf kann durch die ebenfalls beschleunigte Photosynthese (bei der Sauerstoff freigesetzt wird) der Wasserpflanzen nicht völlig ausgeglichen werden.

Drastisch erhöhte Wassertemperaturen (z.B. von 15° C auf 25° C) würden auch die bisher vorhandenen Lebensgemeinschaften weitgehend zurückdrängen, denn innerhalb dieses Temperaturintervalls liegt beispielsweise die Grenze zwischen sog. Kalt- und Warmwasserfischen.

Mit steigender Wassertemperatur nehmen auch die Verdunstungsverluste zu, die nicht nur die Schiffahrt bedrohen, sondern auch Nebelbildung begünstigen. Schließlich würden stark erhöhte Temperaturen die Reaktionsfreudigkeit der Schadstoffe im Wasser stimulieren, was sicher neue Probleme in der Wasserwirtschaft mit sich brächte.

Zur Umgehung der hier kurz skizzierten Auswirkungen stark erwärmten Flußwassers werden zwei Möglichkeiten diskutiert:

1. eine nützliche Anwendung der Abfallwärme,
2. die Abgabe der Abfallwärme an die Luft.

Zu 1. Bei der derzeitigen Konzeption der Kraftwerke ist eine Ausnützung der Abwärme für Heizungszwecke kaum vorstellbar, weil sie im Kühlwasser bei etwa 25° C anfällt. Bei einer Erhöhung der Abwärme würde der Wirkungsgrad des Kraftwerks zurückgehen (s. S. 102). So bliebe lediglich der Ausweg von Hybridwerken übrig, die bei hohem Abwärmeanfall als Fernheiz- und Kraftwerk verwendbar wären. Um bei diesem Verfahren zu hohe Energieeinbußen durch Wärmeferntransport auszuschalten, dürften solche Hybridwerke nur in Ballungsräumen stehen. Ob das die Anwohner akzeptieren würden, ist noch eine offene Frage.

Zu 2. So bleibt als momentan realistischere Möglichkeit die Wärmeabgabe über Kühltürme an die Atmosphäre übrig. In den schon seit längerer Zeit betriebenen Naßkühltürmen rieselt das Kühlwasser im Inneren des Turms durch einen Kühlluftstrom herab und gibt so seine Energie ab. Dabei verdampfen ca. 2 % des Kühlwassers, die ständig ersetzt werden müssen. Die Wasserdampfabgabe der Kühltürme kann jedoch das Lokalklima beeinflussen: Die Zahl der Nebeltage pro Jahr nimmt zu, im Winter kommt es gelegentlich zu Vereisungen, und Menschen mit empfindlichen Atemwegen werden gesundheitlich in Mitleidenschaft gezogen. Ferner kann die Entwicklung sonnenbedürftiger Pflanzen auf relativ trockenen Standorten beeinträchtigt werden, was besonders Rückwirkungen auf einige Zweige der Landwirtschaft ausüben dürfte. Wegen der Nachteile von Naßkühltürmen wurden inzwischen Trockenkühltürme entwickelt (Abb. 30). In ihnen fließt das Kühlwasser durch Wärmeaustauschrippen, wobei die Abwärme ohne Wasserverlust an die Luft abgegeben wird. Dieses Kühlsystem empfiehlt sich besonders zum Betrieb von Kernkraftwerken, da der völlig abgeschlossene Wasserkreislauf die radioaktive Belastung der Umwelt noch stärker einschränkt (s. S. 179). Da die Abluft eines Trockenkühlturms etwa 15 bis 20° C wärmer ist als die Außenluft, steigt sie in große Höhen auf und kann damit ihre Energie an ein besonders großes

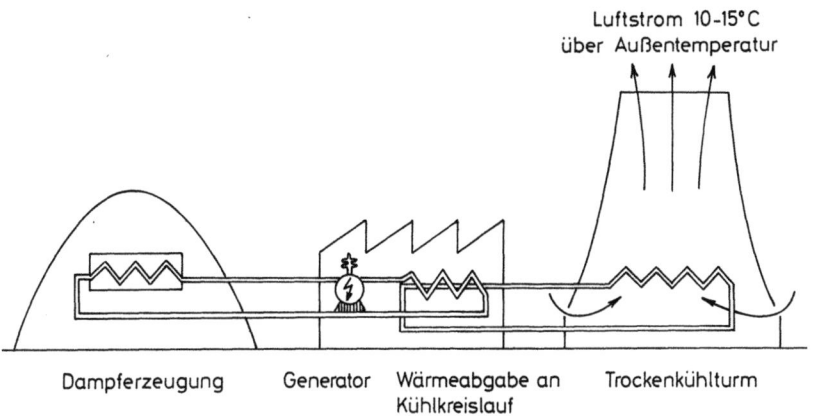

Abb. 30. Prinzip des Trockenkühlturmverfahrens. Einzelheiten dazu im Text

Luftvolumen abgeben. Lokale Klimaänderungen sind deshalb kaum zu erwarten. Trockenkühltürme eröffnen darüber hinaus eine technisch praktikable Möglichkeit zur Weiterverwendung der Abwärme. Wird nämlich als Kühlmittel nicht Wasser, sondern Frigen verwendet (wie in allen Kältemaschinen), dann kann die Abwärme für Heizungszwecke genutzt werden, denn Frigen weist ein weitaus besseres Wärmeaustauschverhalten auf als Wasser. Die Kosten für ein solches Wärmeableitungsverfahren mit Frigen sind jedoch so hoch, daß eine praktische Anwendung dieser eleganten Methode heute noch aus wirtschaftlichen Gründen nicht möglich ist.

Auch mit Wasser betriebene Trockenkühltürme sind schon sehr teuer, so daß sie bei Großkraftwerken die Stromkosten schätzungsweise um 10–30 % verteuern können. Das allerdings scheint in Anbetracht der dadurch zu erzielenden Umweltentlastung ein vertretbarer Kostenzuwachs zu sein. Ein anderer Nachteil von Trockenkühltürmen liegt in deren gewaltigen Abmessungen. Sie müssen mindestens 100 m hoch sein, damit die Abluft von selbst abzieht, während sich die erforderliche Grundfläche nach der Leistung des Kraftwerks richtet, um genügend Platz für die voluminösen Wärmeaustauscher zu schaffen. Wegen der riesigen Ausmaße der Trockenkühltürme hat man bereits Kraftwerke entworfen, die in ihrem eigenen Kühlturm untergebracht werden sollen.

2. Neue Technologien der Energiegewinnung

Bei dem weiterhin steigenden Energiebedarf wird man kaum umhin können, künftig die Trockenkühlung vorzugsweise anzuwenden. Der günstigste Weg bestünde zweifellos darin, elektrische Energie direkt aus einem geeigneten Primärprozeß zu beziehen, also ohne den Umweg über eine Wärmeerzeugung. Damit würde auch das Problem der Abwärme entfallen oder stark reduziert werden.

Im kleinen Maßstab wendet man solche Verfahren praktisch an, wie z. B. bei Batterien und Akkumulatoren. Hierbei wird ein chemischer Vorgang (ein Redoxverfahren), dessen Prinzip in einem Elektronentransort besteht, direkt als Elektrizitätsquelle genutzt. Die hierbei auftretende Abwärme ist außerordentlich gering. Nach einem ähnlichen Prinzip arbeiten auch Brennstoffzellen, in denen eine geeignete Substanz oxydiert wird, z. B. Wasserstoff mit Sauerstoff. Auch bei einer Oxydation findet ein Elektronentransport statt, und zwar vom oxydierenden zum reduzierenden Reaktionspartner hin. Diesen Elektronenfluß kann man wiederum direkt als Quelle elektrischer Energie nutzen. Bisher gelang es jedoch noch nicht, diese beiden Prinzipien zur Energieerzeugung großen Stils einzusetzen.

Eine weitere Möglichkeit der Energiegewinnung könnte die Nutzung von Sonnenenergie bieten. In Sonnenzellen oder Solarzellen (Silikon-Cadmiumsulfid-Zellen) kann Sonnenenergie direkt in elektrischen Strom umgewandelt werden: Die Sonnenenergie aktiviert Valenzelektronen (= Bindungselektronen) im Silicium und setzt dadurch einen Elektronentransport zum Cadmiumsulfid hin in Gang. Solche Zellen können selbst bei bedecktem Himmel noch Strom liefern. Doch auch dieses System weist unübersehbare Nachteile auf: Nach dem Stand von 1975 würde die Erzeugung von 1 kWh durch Solarzellen 10 DM kosten, d. h. der Betrieb einer 100-W-Glühbirne würde stündlich 1 DM kosten! Ferner benötigen Solarzellen zur Stromerzeugung großen Stils unermeßlich große Flächen, denn ihr Wirkungsgrad kann maximal 25 % betragen, was heute allerdings noch nicht technisch realisierbar ist. — Neben diesen aktuellen Projekten werden u. a. die Ausnutzung der Gezeiten und der Wärme im Erdinneren diskutiert.

Es gibt also eine Reihe von Möglichkeiten der Energiegewinnung ohne Einsatz fossiler Brennstoffe, bei denen praktisch keine Abwärmeprobleme entstehen. Alle diese Verfahren bedürften jedoch noch jahrzehntelanger intensiver Entwicklungsarbeiten, ehe sie in großem Stil eingesetzt werden können. Ein besonders bevorzugtes Verfahren kann heute noch nicht genannt werden. Es ist durchaus denkbar, daß entsprechend den geographischen Gegebenheiten und den speziellen Verwendungszwecken verschiedene dieser Verfahren angewendet werden. In den kommenden Jahren müssen jedoch zunächst die Kühlprobleme der Wärmekraftwerke bewältigt werden.

3. Gefährdung des Großklimas durch Wärmekraftwerke?

Wenngleich die oben beschriebenen Trockenkühltürme die Gefahr lokaler Aufheizungen der Atmosphäre weitgehend ausschalten, so fürchtet man dennoch, daß die ständig zunehmende Energiegewinnung die Gesamtenergiebilanz der Erde so stark beeinflussen kann, daß damit großräumige Klimaänderungen ausgelöst werden.

Im Jahr 1975 entsprach die gesamte, vom Menschen produzierte Primärenergie etwa dem 150. Teil der von der Sonne eingestrahlten Energie. Dieser Betrag ist für die Gesamtenergiebilanz der Erde gering, und bisher wurden auch keinerlei Anhaltspunkte für eine Beeinträchtigung des Großklimas gefunden. Legt man die derzeitigen Zuwachsraten der Energieerzeugung zugrunde, dann würde jedoch in 100 Jahren die mittlere Jahrestemperatur an der Erdoberfläche um 1°C steigen, und das könnte bereits zu verstärktem Abschmelzen von Gebirgsgletschern und von Polareis führen. Gleichzeitig würde aber auch die Wasserverdunstung zunehmen, was sich auf die Niederschlagshäufigkeit auswirken würde. Im einzelnen lassen sich klimatische Konsequenzen einer Erwärmung der Erdoberfläche noch nicht abschätzen, denn bisher ist nicht bekannt, welche Energiedifferenzen erforderlich sind, um die unser Großwetter bestimmenden atmosphärischen Zirkulationen zu ändern.

Um der Ungewißheit möglicher klimatischer Auswirkungen einer zunehmenden Energieerzeugung zu begegnen, wird heute immer wieder gefordert, Energie zu sparen oder vorzugsweise die bereits vorhandene Sonnenenergie auszunutzen.

Was Sparmaßnahmen angeht, so scheinen in Zukunft nur begrenzte Aussichten auf Erfolg zu bestehen. Selbst bei drastischer Einschränkung des privaten Energieverbrauchs werden in den kommenden Jahrzehnten wegen der zunehmenden Rohstoffverknappung immer energieaufwendigere Verfahren notwendig werden, um rohstoffarme Lagerstätten oder Müll wieder aufzuarbeiten. Auch wenn es uns gelänge, unseren Energiebedarf nicht mehr zu steigern, muß man stets berücksichtigen, daß die Mehrzahl der Erdbewohner einen Lebensstandard, wie wir ihn haben, erst erreichen möchten, und dazu müssen sie entsprechend Energie erzeugen. Außerdem nimmt die Erdbevölkerung noch immer zu, was sich auf die Energieerzeugung auswirken muß.

Könnte dann der Einsatz von Sonnenenergie einen gangbaren Ausweg weisen? Wie bereits erwähnt, sind der Ausnutzung dieser Energieform offenbar engere Grenzen gesetzt als man es gerne zugibt. Geht man trotzdem davon aus, daß sie in sonnenreichen Ländern einmal die dominierende Rolle spielt, dann ließen sich Auswirkungen auf das

Klima dennoch nicht ausschließen, denn die sonnenerzeugte Energie müßte ja auf wesentlich kleineren Flächen freigesetzt werden, als zur Gewinnung erforderlich ist. Das bedeutet, es würden gegenüber der ursprünglichen Energieverteilung deutliche Differenzen geschaffen.

Unser Wissen über mögliche Zusammenhänge zwischen Energiegewinnung und Klima steckt heute noch in den Kinderschuhen, und ehe hierüber Prognosen gestellt werden können, müssen zunächst die dazu notwendigen Grundlagen erforscht werden.

IV. Müll

Nach dem kurzen Ausblick auf die zu erwartende Erwärmung von Luft und Wasser kehren wir wieder zu stofflichen Belastungen unserer Umwelt zurück, die der Mensch in rasch zunehmendem Maße produziert, wie z. B. den Müll.

1. Definition und Zusammensetzung

Unter Müll sollen hier alle festen und schlammigen Abfälle verstanden werden, die der Mensch herstellt.

Solche Rückstände traten schon seit jeher in menschlichen Siedlungen auf, und sie mußten entweder aus dem Wohnbereich entfernt werden, oder der ganze Wohnsitz wurde von Zeit zu Zeit verlegt, wie es in der Steinzeit immer wieder praktiziert wurde. Diese Möglichkeit bietet sich heute nicht mehr, weil die Erde inzwischen zu dicht besiedelt ist. Aber selbst die Beseitigung von Müll hat sich zu einem Problem entwickelt, weil dieser sehr voluminös geworden ist. Der sog. Hausmüll setzt sich zusammen aus Papier, Pappe, den verschiedenartigsten Verpackungsmaterialien, Flaschen, Metalldosen, kurzlebigen oder modeabhängigen Gebrauchsgegenständen, unbrauchbar gewordenen Haushaltsgeräten und Möbeln sowie Küchenabfällen. Ergänzt wird der Hausmüll durch Autowracks und Altreifen. Dazu kommen große Mengen an Industriemüll, wie Bauschutt, Abraumgestein aus dem Bergbau, Schlacken aus der Schwerindustrie sowie mehr oder minder giftige Schlämme, die aus den verschiedensten Herstellungsprozessen stammen. Giftige Industrieabfälle bezeichnet man häufig als Sondermüll. Dem Müll sind schließlich auch alle tierischen Abgänge zuzurechnen, die in der Landwirtschaft nicht weiterverwendet werden können (s. S. 75) und der Klärschlamm aus biologischen Kläranlagen.

2. Umweltbelastung durch Müll

Das Ausmaß der Müllproduktion in Industrieländern veranschaulicht eine Zusammenstellung aus dem Jahre 1970, nach der allein in der Bundesrepublik ca. 260 Mill. Tonnen Müll anfielen (Tabelle 18) und man rechnet damit, daß diese Menge jährlich um etwa 1 % zunimmt.

Tabelle 18. Jährlich anfallende Müllmengen in der Bundesrepublik

Müllart	Menge in Mill. t
Hausmüll und Straßenkehricht	9–18
hausmüllähnliche Gewerbeabfälle	4
Sondermüll	2
Bauschutt	5
Abraum aus Bergbau und Schlacken aus Stahlindustrie	20
Klärschlamm	17,8
Autowracks	1
Altreifen	0,25
landwirtschaftliche Abfälle	191
Schlachtabfälle	0,9

Diese gewaltige Müllmenge stellt keineswegs nur ein ästhetisches Problem dar, vielmehr droht sie den Menschen in massiver Weise zu gefährden, wobei sich insbesondere drei Problemkreise abzeichnen: (1) Einengung des Lebensraums, (2) direkte gesundheitliche Gefährdung durch Krankheitserreger, (3) indirekte Schädigung der Gesundheit durch Belastung von Grundwasser und Luft.

1. Das Volumenproblem wird deutlich, wenn man sich vergegenwärtigt, daß 1 Tonne Müll durchschnittlich 4–5 m^3 Raum beansprucht. Der in der Bundesrepublik in einem Jahr anfallende Müll nimmt also einen Raum von weit mehr als 1 Milliarde Kubikmetern ein. Die Müllmenge eines Jahres würde ausreichen, um damit den 196 m tiefen Walchensee in Oberbayern zuzuschütten. Würde man, besonders in dicht besiedelten Gebieten, den Müll einfach vor den Städten ungeordnet ablagern, dann entstünden in wenigen Jahren gebirgsähnliche Barrieren zwischen den Städten.

2. Nicht minder kritisch ist das hygienische Problem, das der Müll mit sich bringt. Mit Hausabfällen und Kehricht gelangen viele Bakterien, darunter eine Reihe von Krankheitserregern (z. B. Streptokokken, Staphylokokken, Tetanusbazillen, Salmonellen u. v. a.) in den Müll, in dem sie wochen- oder sogar monatelang am Leben bleiben. Bedingt

durch den Nährstoffreichtum des Mülls siedeln sich Insekten und Ratten an, die wegen ihrer hohen Vermehrungsrate solche pathogenen Bakterien weit verbreiten. Ein ungeordneter Müllplatz wird so automatisch zu einem Seuchenherd.

3. Der hohe Gehalt an organischen Bestandteilen wird mikrobiell abgebaut. Dabei erwärmt sich der Müllhaufen (s. S. 114), und dadurch entstehen immer wieder Schwelbrände (= Verbrennung bei mangelhafter Sauerstoffzufuhr). Die dabei verdampfende Feuchtigkeit des Mülls reißt viele giftige und übelriechende stickstoff-, schwefel- und chlorhaltige Stoffe mit in die Luft, vergleichbar der Wasserdampfdestillation bei Zigaretten.

In Müllhalden bilden sich, besonders nach Regenfällen, Sickerwässer, die in den Untergrund eindringen. Dabei werden, wie bei Viehfuttersilagen, lösliche Bestandteile aus dem Müll in den Boden eingespült. Im Müllsickerwasser dominieren allerdings anorganische Substanzen wie Chloride, Nitrate, Sulfate, Karbonate und Phosphate. Unter den Kationen herrschen Magnesium-, Natrium-, Kalium-, Calcium- und Ammoniumionen vor. Schwermetallionen treten in geringerer Konzentration auf als im Abwasser. Der BSB_5-Wert von Sickerwässern aus älterem Müll beträgt 200–2000 mg Sauerstoff pro Liter Wasser, bei Sickerwässern aus frischem Müll kann er zehnmal höher liegen.

Die Zusammensetzung der Inhaltsstoffe in Müllsickerwässern wird durch Industriemüll meist verändert. In der Regel wird der Gehalt an organischen Stoffen noch geringer sein als beim Hausmüll. Stark toxische Substanzen enthalten Müllsickerwässer erst dann, wenn illegal giftige Industrieschlämme (Arsenate, Cyanide usw.) ohne Vorsichtsmaßnahmen abgelagert werden, wie es schon mehrfach nachgewiesen wurde.

Gelangen Müllsickerwässer in Grund- oder Oberflächenwasser, dann tragen sie wegen ihres Mineralstoffreichtums erheblich zur Eutrophierung bei. Wie stark Grundwasser durch Müllsickerwasser belastet wird, hängt nicht nur von der Tiefe des Grundwasserspiegels ab, sondern auch von der Adsorptionskraft und der Selbstreinigungskapazität des durchflossenen Bodens. Die Beschaffenheit des Bodens beeinflußt auch die Fließgeschwindigkeit der Sickerwässer, so daß Müllhalden entsprechend den Bodenverhältnissen das Grundwasser entweder sehr rasch oder auch erst nach Jahrzehnten (!) beeinflussen können.

Müllsickerwässer müssen also grundsätzlich aufgefangen und gereinigt werden, ehe man sie in den Vorfluter entläßt.

3. Müllbeseitigung

Bei der Beseitigung des Mülls gilt es, insbesondere darauf zu achten, daß die schädigenden Auswirkungen des Mülls weitgehend ausgeschaltet werden: Das Volumen muß abnehmen, der hygienische Zustand muß sich verbessern, und es dürfen keine löslichen Stoffe aus dem Müll in Boden oder Grundwasser gelangen. Diese Ziele kann man auf verschiedenen Wegen anstreben.

a) Geordnete Deponie

Am längsten bekannt ist das Verfahren, Müll geordnet abzulagern, in Form einer Hoch- oder Taldeponie. Dazu geht man folgendermaßen vor: Der Untergrund, auf dem die Deponie errichtet werden soll, wird mit Lehm, Ton, Beton, Teer oder Plastikfolie abgedichtet, um das Eindringen von Müllsickerwässern in den Boden zu verhindern. Sodann wird Müll in einer maximal 2 m dicken Schicht abgelagert. Ein Müllverdichter, das ist ein schweres Planierfahrzeug, dessen Walzenräder mit Stahlzähnen besetzt sind, zerkleinert den Müll und drückt Hohlräume zusammen. Die Müllschicht wird mit einer ca. 40 cm dicken Schicht von Bauschutt oder sterilem Sand abgedeckt. Darauf kommt wieder eine Schicht Müll usw. (Abb. 31). Die inerten Sand- oder Schuttschichten sollen eine zu starke Selbsterhitzung des Mülls verhindern und Gasentwicklung eindämmen. Trotzdem läßt es sich nicht vermeiden, daß eine Mülldeponie, solange sie noch aufgeschichtet wird, eine Geruchsbelästigung für die Umgebung darstellt. Eine entstehende Deponie sollte stets von einer Schutzpflanzung umgeben sein, um ein Ausblasen des abgelagerten Materials zu unterdrücken. Ist der Müllberg weit genug aufgeschichtet, dann wird seine gesamte Oberfläche mit einer Lehm- oder Erdschicht abgedeckt und mit Mutterboden überschichtet. Der Mutterboden wird bepflanzt, um eine Erosion der Müllhalde zu verhindern. Da selbst abgeschlossene Deponien zunächst eine höhere Bodentemperatur aufweisen als die Umgebung, dürfen für die Bepflanzung keine temperaturempfindlichen Pflanzen verwendet werden.

Korrekt angelegte Deponien müssen mit Drainagen versehen sein, die die Sickerwässer auffangen. Zur Reinigung werden sie biologisch geklärt, wobei der BSB_5-Wert um 70–99 % sinkt. Ammoniumionen lassen sich durch nitrifizierende Bakterien bis auf einen Rest von etwa 5 % beseitigen. Die Reste anderer Abfallstoffe, die von den Sickerwässern mitgeführt werden, können mit Aktivkohle und Chlorkalk (mit Fe-III-chlorid-Zusatz) um 90 % verringert werden.

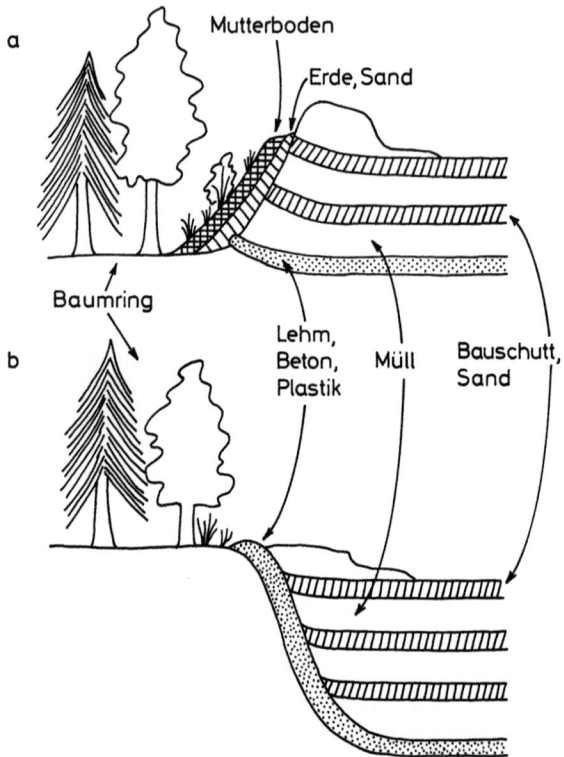

Abb. 31a u. b. Schema des Aufbaus einer (a) Hoch- und (b) Taldeponie. (Nach Loub, 1975)

Gift- oder Sondermüll, also insbesondere giftige Industrieschlämme, werden in Fässer gefüllt und in völlig abgedichteten Betonbecken gestapelt. Bei diesen Abfällen drängt sich am ersten der Gedanke auf, ob sie nicht besser als Rohstoffquellen wieder genutzt werden sollten.

b) Verbrennung

Die unkomplizierteste Art der Wiederverwendung von Hausmüll besteht darin, diesen soweit wie möglich zu verbrennen, um Energie zu gewinnen. Der Hausmüll besteht zu fast 50 % aus brennbaren Bestandteilen, wie Textilien, Holz, Papier, Kunststoffe, Gummi usw.

In der Praxis kann man zwei Wege der Müllverbrennung beschreiten: (1) man sortiert zunächst die nicht brennbaren Bestandteile aus, um sie geordnet zu deponieren. (2) Der gesamte Müll wird zunächst zerkleinert und dann in die Verbrennungsanlage gebracht. Dabei schmilzt wenigstens ein Teil der nichtbrennbaren Bestandteile zusammen, und man erzielt eine optimale Volumenreduktion. In Müllverbrennungsanlagen können auch alle ungenutzten, festen, tierischen Abgänge nach vorheriger Trocknung verbrannt werden. Der Verbrennungsvorgang läuft in mehreren Etappen ab: Über einen langen Rost wandert der Müll langsam der Zone größter Hitze entgegen. Dabei wird der Müll zunächst getrocknet, sodann entweichen brennbare Gase, und schließlich werden in der heißesten Zone mit fast 1200° C die verkohlten Reste verbrannt. Durch die schrittweise Verbrennung vermeidet man die Bildung von CO und anderen unvollständig verbrannten Stoffen. Mit der Verbrennungsenergie wird meist ein Kraft- oder Fernheizwerk betrieben.

Die großen Vorteile einer Müllverbrennung liegen in der Volumenreduktion um etwa 80–90 % bei 100 %iger Entseuchung des Mülls. Wird während der Schlußphase der Verbrennung die Temperatur auf über 1200° C erhöht, dann schmilzt die Schlacke vollständig und kann flüssig abgezogen werden. Dabei wird das Müllvolumen sogar um 95 % vermindert. Die verbleibende Schlacke wird in der Regel deponiert. Trotz ihrer hohen Festigkeit, bedingt durch einen Silikatgehalt von 40–50 % und fast ebenso vielen Metalloxiden, eignet sie sich nicht als Baumaterial, weil sie wasserlösliche Bestandteile enthält und deshalb zu rasch verwittert. Die löslichen Bestandteile der Schlacke reagieren alkalisch, sie würden deshalb den pH-Wert des Bodens erhöhen.

Müllverbrennung ist nicht ganz ohne Umweltbelastung möglich. Die Abgase enthalten neben Staub auch Salzsäurenebel, Fluorwasserstoffgas und Schwefeldioxid. Während die Entstaubung der Abgase unproblematisch ist, müssen die sauren Emissionen mit teuren Naßabscheideverfahren (s. S. 66) beseitigt werden. Mit steigendem Kunststoffgehalt des Mülls, speziell Polyvinylchlorid (PVC), nimmt der HCl-Gehalt der Abgase zu und verteuert damit die Abgasreinigung. Müllverbrennung ist jedoch auch ohne hohen PVC-Gehalt ein relativ teures Verfahren, denn die Anlage bedarf einer ständigen Wartung, und es muß ständig Energie zugeführt werden. Diese hohe Kostenbelastung fällt erst bei hohem Müllaufkommen weniger ins Gewicht, so daß dann die Müllverbrennung wirtschaftlich vertretbar ist.

c) Kompostierung

Billiger wird die Müllbeseitigung, wenn man den oxydativen Abbau der organischen Substanzen Mikroorganismen überläßt, etwa wie in einer biologischen Kläranlage. Diesen Prozeß nennt man Kompostierung. Allerdings eignen sich Kunststoffe, Asche, Glas und Metalle nicht zur

Kompostierung. Diese Schwierigkeit kann man auf zwei verschiedenen Wegen umgehen:

1. Der Müll wird in kompostierbare und nicht kompostierbare Bestandteile sortiert, was beim Durchlaufen von Lesebändern, Magnetabscheidern und Raspelvorrichtungen bewerkstelligt wird. Die nicht kompostierbaren Teile werden deponiert.

2. Nur Kunststoffe werden aussortiert, während Metalle und Glas so fein gemahlen werden, daß sie bei der Kompostierung nicht stören. Die ausgesonderten Kunststoffe werden verbrannt. Bei diesem zweiten Verfahren bleiben also praktisch keine deponierbaren Rückstände übrig.

Der mikrobielle Abbau des vorbehandelten Mülls bedarf allerdings noch einer Reihe von begleitenden Maßnahmen. Zwar sind im Hausmüll alle für Mikroorganismen lebensnotwendigen Nährstoffe enthalten, aber für einen möglichst raschen Abbau muß das übliche Verhältnis Kohlenstoff zu Stickstoff (= C/N-Verhältnis) von 35:1 zugunsten des Stickstoffgehalts verändert werden. Hierzu mischt man dem Müll häufig Klärschlamm bei, der ein C/N-Verhältnis von etwa 10:1 aufweist. (Der Stickstoff ist besonders zur Bildung von Enzymproteinen erforderlich.) Mit steigendem N-Gehalt verläuft der Abbau (= Rotte) rascher. Der Feuchtigkeitsgehalt muß zwischen 30 und 55% liegen. Wird dieser Bereich nicht eingehalten, dann läuft die Rotte nicht in der gewünschten Weise ab. Der pH-Wert muß zwischen 5,8 und 8,0 liegen. Ist der Müll zu sauer, dann wird mit Kalk neutralisiert, ist er basisch, so wird Schwefel zugesetzt, den Schwefelsäurebakterien zu Schwefelsäure oxydieren.

Ablauf des Rottevorgangs. Hat der Müll die richtige Beschaffenheit, dann muß er so aufgeschichtet werden, daß er gut durchlüftbar ist. Durch die Tätigkeit der Mikroorganismen beginnt sich der Müll nach etwa 24 h zu erwärmen. Zunächst sind sehr viele Pilz- und Bakterienarten am Abbau beteiligt. Bei der Erwärmung bis 45°C vermehren sich insbesondere mesophile (= Temperaturen von etwa 35–65°C bevorzugend) Bakterien, wie z.B. *Bacillus subtilis*, bis 65°C treten mesophile Bakterien und Pilze in den Vordergrund. Die Tätigkeit der Pilze spielt allerdings nur bis 60°C eine Rolle. In der heißesten Phase, also etwa bis 75° oder 80°C, geht die Wärmeentwicklung auf thermophile Bakterien zurück, besonders *Bacillus thermophilus*. In der daran anschließenden Abkühlungsphase vermehren sich wiederum mesophile Bakterien und Pilze. Beim Erhitzen gibt der Müll Feuchtigkeit ab. Sinkt der Feuchtegehalt unter 20%, dann hört die Rotte auf. Bei Bedarf kann sie durch Anfeuchten erneut in Gang gesetzt werden, und man kann so mehrere Rottevorgänge hintereinander ablaufen lassen.

Der Temperaturanstieg während der Rottephase führt zu einer Entseuchung des Mülls: Spätestens nach 2–3 Tagen sind nach ausreichender Selbsterhitzung keine Salmonellen und andere humanpathogene Krankheitserreger mehr feststellbar. Bereits bei 55°C sterben Eier von Insekten und Parasiten (besonders Nematoden) ab. Allerdings scheint nicht nur die hohe Temperatur entseuchend zu wirken, sondern auch antibiotische Stoffe, die von den Mikroorganismen abgegeben werden (s. S. 148). Der Müll wird jedoch nicht absolut steril, denn Bakteriensporen (= Dauerzellen) sterben erst bei über 110°C ab, die beim Rottevorgang nicht erreichbar sind.

Für die technische Duchführung des Rottevorgangs werden verschiedene Wege beschritten. Der Müll kann z. B. zu Mieten aufgeschichtet werden, die über Belüftungsrohre ständig mit Luftsauerstoff versorgt werden. Solche Mieten müssen nach einigen Wochen umgesetzt werden, weil sich in ihnen Zonen mit unterschiedlichen Mikroorganismen und unterschiedlicher Zersetzungsleistung bilden. Heute verwendet man vorzugsweise kleinere, stationäre oder bewegliche Rottezellen. Da in beweglichen Rottezellen der Müll ständig durchmischt wird, verkürzt sich der Zeitraum für den biologischen Abbau erheblich: Nach einer Vorrotte (= 1. Rottevorgang) von 2–3 Tagen und einer Nachrotte (= 2. Rottevorgang) von 2–5 Tagen ist der Müll völlig entseucht und zu verkaufsfähigem Kompost abgebaut. Bewegliche Rottezellen sind entweder als Drehtrommeln ausgebildet oder als Türme, die das Rottegut wie in einem Fahrstuhl durchläuft. In Rottetürmen lassen sich besonders Feuchtegehalt und Temperatur gut steuern.

Bei einem anderen Verfahren wird der Müll zunächst in einer Hammermühle zerkleinert. Das Material schickt man durch einen Magnetabscheider und siebt es, um grobe Plastikteile zu beseitigen. Der so aufbereitete Müll wird mit Klärschlamm im Verhältnis 2:1 vermischt und zu backsteinartigen Formlingen gepreßt. Diese Müll-„Steine", deren Feuchtigkeitsgehalt bei 50–55 % liegt, werden auf einem überdachten Gelände gestapelt, wo sie sich in zweiwöchiger Rotte auf 60°C erhitzen. Die notwendige Luftversorgung erfolgt durch Kapillaren, die beim Pressen in den Formlingen erhalten bleiben. Bei der Rotte wird der Müll völlig entseucht und der Feuchtegehalt auf 20 % reduziert. Die Formlinge werden schließlich gemahlen und als Düngemittel verwendet.

Die Müllkompostierung eignet sich u. a. hervorragend zur umweltschonenden Beseitigung von Stallmist, Hühnermist, Baumrinde (= Borke) und vielen anderen unbrauchbaren oder übelriechenden organischen Abfallstoffen. Der dabei entstehende Kompost ist nicht nur hygienisch unbedenklich, sondern auch geruchsneutral. Selbst penetrant stinkender Hühnermist duftet nach mehrtägiger Rotte schwach heuartig.

Verwendbarkeit von Müllkompost. Die Idee, Müll zu kompostieren, geht auf den Wunsch zurück, ein Substrat zu gewinnen, um stark beanspruchten Böden entzogene organische und anorganische Bestandteile zurückzugeben. Dieser Wunsch hat sich zum großen Teil verwirklichen lassen. Müllkompost enthält zwar weniger pflanzliche Hauptnährstoffe (Stickstoff, Phosphor, Kalium) als Stallmist oder Mineraldünger, sein hoher Gehalt an organischen Stoffen verbessert jedoch entscheidend die Bodenbeschaffenheit. Dazu gehören Stabilisierung der Krümelstruktur des Bodens (zur Verbesserung des Gasaustausches), Verminderung der Erodierbarkeit und Erhöhung des Wasserhaltevermögens sowie der Adsorptionskapazität für Ionen. Müllkompost enthält gegenüber Stallmist und Mineraldünger mehr Spurenelemente (s. S. 94); deshalb eignet er sich besonders zur Behandlung stark verarmter Böden. Mit Hilfe von Müllkompost konnte so die auf Zinkmangel beruhende „Kräusel"-Krankheit des Hopfens und die durch Manganmangel ausgelöste „Dörrflecken"-Krankheit des Hafers behoben werden. Sein hoher Borgehalt führt im Zuckerrübenanbau zu Höchsterträgen.

Trotz dieser Erfolge eignet sich Müllkompost nicht für eine generelle Anwendung im Pflanzenbau (Tabelle 19). Sein relativ hoher Salzgehalt kann eine Reihe von Pflanzen schädigen. Meist liegt auch sein pH-Wert zu hoch (= alkalisch). Deshalb dürfen keine säureliebenden Pflanzen mit diesem Substrat gedüngt werden. Besonders empfindlich reagieren Rohhumuspflanzen, wie Rhododendron, Heidekraut, Coniferen usw.

Tabelle 19. Unterschiedliche Müllverträglichkeit von Kulturpflanzen

Müllempfindlich	Karotten
	Salat
	Bohnen
	Zwiebeln
	Beerensträucher
	Nadelbäume
	Rhododendron
	Heidekraut
	Azaleen
Müllverträglich	Obstbäume
	Wein
	Gemüsepflanzen (Kohlarten)

Schließlich kann sich bei manchen Pflanzen die Anreicherung von Spurenelementen negativ auswirken.

Wie der Klärschlamm, so enthält auch Müllkompost etwas mehr Schwermetalle und cancerogene Substanzen (z. B. 3,4-Benzpyren; s. S. 162) als ein Durchschnittsboden. Diese Anreicherung ist jedoch so gering, daß selbst bei gezielten Düngeuntersuchungen mit Müllkompost in Möhren und Salat kein erhöhter Gehalt an Benzpyren nachgewiesen werden konnte.

Die weitaus größten Mengen von Müllkompost wandern in den Weinbau, wo er besonders als Erosionsschutz der Böden in Hanglagen verwendet wird. Weiterhin setzt man einen großen Anteil im Zierpflanzen- und Obstbau ein, und der Rest dient zur Pflege von Friedhöfen und Parkanlagen, zur Wiederbegrünung von Schutthalden sowie zur Bodenverbesserung im Gemüsebau.

Einen gewissen Anteil des Müllkomposts setzt man wegen seines hohen Gehalts an organischen Substanzen als Schweinefutter ein. Im Unterschied zum Silofutter werden bei der Kompostierung die Pflanzenabfälle durch aeroben Abbau haltbar gemacht.

4. Vergleich von Deponie, Verbrennung und Kompostierung

Alle drei Müllbeseitigungsverfahren zeichnen sich durch positive und negative Aspekte aus, so daß es kein Verfahren gibt, welches generell allen anderen überlegen oder unterlegen wäre. Vielmehr muß die Müllbeseitigung stets den speziellen lokalen Gegebenheiten angepaßt werden.

Das billigste Verfahren stellt zweifellos die geordnete Deponie dar, das teuerste die Verbrennung. Der Preis für die Müllkompostierung bewegt sich zwischen diesen beiden Extremen. Bei allen Verfahren sinken die Kosten mit steigendem Müllaufkommen. Da die Kosten für Müllverbrennung mit zunehmender Müllmenge rascher abnehmen als für Kompostierung, nähern sich die Kosten beider Verfahren einander sehr stark bei hohem Müllaufkommen (etwa bei 400 000 bis 500 000 t Müll jährlich). Die Kosten für geordnete Deponie bleiben stets weit unter denjenigen der beiden anderen Verfahren.

Hinsichtlich der Volumenreduktion erweist sich die Müllverbrennung als das leistungsfähigste Verfahren, während hier die geordnete Deponie die am wenigsten befriedigenden Ergebnisse liefert.

Beurteilt man die drei Verfahren alleine nach hygienischen Gesichtspunkten, dann schneidet die Kompostierung eindeutig am besten ab, denn sie liefert nicht nur ein völlig entseuchtes Endprodukt, sondern sie verhält sich schon während des Aufarbeitungsprozesses (= Rotte) umweltneutral. Dagegen belastet die Müllverbrennung durch ihre Abgase die Umwelt, obwohl die Endprodukte völlig steril sind. Allerdings beträgt die Luftbelastung durch Müllverbrennungsanlagen heute nur etwa 3 % der gesamten Luftverschmutzung (Tabelle 20). Eine Mülldeponie belastet die Umwelt erst dann nicht mehr, wenn sie geschlossen und bepflanzt wurde. Nach dem Schließen müssen wiederum mindestens 25 Jahre vergehen, ehe die Deponie bebaut werden darf, weil auch in einer geschlossenen Deponie der anaerobe Rottevorgang langsam weiterläuft.

Tabelle 20. Luftbelastung durch Müllverbrennungsanlagen im Vergleich zu anderen Schadstoffemittenten

Emittent	Prozentuale Luftbelastung
Müllverbrennung	ca. 3 %
Kraftwerke	ca. 10 %
Heizungen	ca. 17 %
Verbrennungsmotoren	ca. 60 %

Diese kurze Gegenüberstellung läßt bereits erkennen, daß die Auswahl eines geeigneten Müllbeseitigungsverfahrens ganz von den örtlichen Gegebenheiten abhängt, wie z. B. Zusammensetzung und Menge des Mülls, Raum für Ablagerungen, Besiedlungsdichte, Wiederverwendbarkeit von eventuell anfallendem Müllkompost, Verwendbarkeit von Energie aus Verbrennungsanlagen u. a. m.

5. Wiedergewinnungsverfahren (Recycling)

Die Gewinnung wieder verwendbarer Produkte aus Müll, wie Wärme bei der Müllverbrennung oder Komposterde bei der Müllkompostierung strebt man in ganz besonderem Maße an, sofern es wirtschaftlich ist. Die zunehmende Rohstoffverknappung (vgl. S. 101) wird uns in Zukunft immer mehr dazu zwingen, alle Abfallprodukte noch viel differenzierter nach wichtigen Inhaltsstoffen zu durchsuchen. Bereits heute sortiert man in großem Maßstab Alteisen mit Hilfe von Magnetabscheidern aus dem zur Verbrennung oder zur Kompostierung gelangenden Müll. Besonders hoch ist der Eisenanteil in Autowracks, und man bemüht sich, diesen wertvollen Rohstoff in möglichst reiner Form zurückzugewinnen.

a) Verschrottung von Autowracks

Insbesondere müssen störende Begleitstoffe, wie Plastik, Gummi, Lack usw., entfernt werden, weil sie die Qualität des aus dem Schrott zu gewinnenden Rohstahls erheblich verschlechtern würden. Deshalb preßt man heute die Autowracks nicht mehr zu kleinen Paketen zusammen, die alle Begleitstoffe unverändert enthalten. Weitaus besseren Schrott gewinnt man, wenn die Autos zunächst mittels großer Schrottscheren in 15–25 cm breite Streifen zerschnitten werden. Mit Magneten wird das zerkleinerte Material in Eisen- und Nichteisenteile sortiert, und nur die Eisenteile werden zur Rohstahlgewinnung verwendet.

Das beste Verfahren stellt jedoch das sog. Shreddern dar, wie es in den USA entwickelt wurde. Dazu wandern die alten Autos (sowie Kühlschränke, Waschmaschinen usw.) in eine Brechmühle, wo sie in kleine Bruchstücke zerschlagen werden. Ein kräftiger Luftstrom bläst die leichten Bestandteile, wie Stoff und Plastik, aus, und ein Magnet sondert Eisen von Nichteisenmetallen. Die Eisenteile werden in einem Drehofen bei 500–600°C abgeflammt, um Lack und Gummidichtungen zu entfernen. Auf diese Weise entsteht ein hochwertiger Schrott, der sich hervorragend für die Stahlgewinnung eignet. Da das Shreddern jedoch hohe Kosten verursacht, arbeitet dieses Verfahren nur rentabel, wenn für die Anlage ein großes Einzugsgebiet zur Verfügung steht. Der Durchsatz solcher Anlagen liegt etwa zwischen 60 000 und 200 000 t pro Jahr.

Ein modifiziertes Shredderverfahren wurde in den Niederlanden entwickelt. Das besondere Charakteristikum dieses Verfahrens besteht darin, daß die Autowracks zunächst mit flüssiger Luft tiefgekühlt werden, ehe sie in die Brechmühle wandern. Dadurch wird das Material so spröde, daß Lack, Plastik und Gummiteile beim Zerkleinern zu Staub zerfallen und mit einem Luftstrom leicht ausgeblasen werden können. Es fragt sich jedoch, ob dieses besonders elegante Verfahren im großtechnischen Maßstab jemals wirtschaftlich arbeiten kann, weil große Mengen flüssiger Luft hergestellt werden müssen.

Inzwischen macht man sich intensiv Gedanken darüber, wie man die große Menge abgefahrener Autoreifen besser verwerten kann, als sie zu verbrennen, denn auch Gummi ist ein wertvoller Rohstoff. Aber trotz mancher Ansätze, dieses Problem zu lösen, wurde noch kein allgemein gangbarer Weg gefunden. Damit soll gezeigt werden, daß die Rückgewinnung von Rohstoffen aus Abfällen keineswegs ein leicht zu lösendes Problem darstellt, das man heute nur zu fordern braucht, um es bereits morgen in die Tat umsetzen zu können. Vielmehr ist hierzu mindestens der gleiche Aufwand an Forschungs- und Entwicklungsarbeit notwendig, wie früher für die Ausbeutung natürlicher Rohstoffquellen.

b) Aufarbeitung von Industrieschlämmen

Einige Sorten von Industrieschlämmen können heute ebenfalls als Rohstoffquellen praktisch genutzt werden.

Bei der Aluminiumgewinnung fällt ein eisenhaltiger Rotschlamm an, der häufig in das Meer gekippt wird (= Verklappen). Dabei ist man sich keineswegs sicher, daß dieser Schlamm völlig harmlos ist. Man befürchtet vielmehr, daß sich langfristig der pH-Wert des Wassers und die Zusammensetzung der Pflanzengesellschaften im Wasser verändert, was sich automatisch auf die tierischen Lebewesen auswirken würde. Deshalb hat man ein Verfahren entwickelt, um aus diesem Schlamm Eisen zu gewinnen, sofern er 45 % oder mehr Eisenoxid (Fe_2O_3) enthält. Der mit Kalk und Kohle vermischte Schlamm wird in einem Drehofen erhitzt. Dabei wird das Eisenoxid zu Eisen reduziert, das in flüssiger Form anfällt. Die feste Schlacke kann man als Granulat zur Betonherstellung verwenden, oder sie dient als Straßenbaumaterial. Nach genügend hoher Erhitzung läßt sie sich auch durch Düsen pressen und dann als Isolierwolle einsetzen. Liegt der Eisenoxidgehalt des Rotschlamms unter 30 %, dann ist die Eisengewinnung nicht mehr wirtschaftlich. Ein solcher eisenarmer Schlamm kann jedoch zu Bausteinen verarbeitet werden, wenn durch geeignete Zuschläge das Na_2O des Schlamms in witterungsstabile (= wasserunlösliche) Verbindungen überführt wird.

Ein anderes industrielles Abfallprodukt ist Gips ($CaSO_4$), der bei der Herstellung von (Waschmittel-)Phosphaten entsteht. Bei der Phosphatgewinnung bildet sich das technisch unbrauchbare Dihydrat des Gipses ($CaSO_4 \cdot 2H_2O$), das mit Wasser nicht abbindet (= umkristallisiert). Um einen brauchbaren Baustoff zu gewinnen, wird der Gips gereinigt und unter Erwärmen der Feuchtigkeitsgehalt bis zum sog. Halbhydrat (= Semihydrat, $CaSO_4 \cdot 1/2H_2O$) reduziert. Den dabei entstehenden Pulvergips rührt man mit Wasser an und gießt ihn zu Gipsplatten, die zum Innenausbau von Häusern verwendet werden.

6. Entgiftung von Industrieschlämmen

Weniger anspruchsvoll bezüglich der Ausnutzung von Rohstoffen ist man bei giftigem Sondermüll. Hier kommt es in erster Linie darauf an, die Giftstoffe in harmlose Substanzen zu überführen, um damit die Umwelt zu entlasten. Als Beispiel für die Entwicklung solcher Verfahren mag die gemeinsame Entgiftung von Cyaniden und Nitrit dienen. In einem ersten Schritt wird Cyanidschlamm unter Erhitzen in Ammoniak und Ameisensäure zersetzt:

$$CN^- + 2H_2O \xrightarrow[pH \geq 8]{170°-230°C} NH_3 + HCOO^-$$

Cyanid   Wasser   Ammoniak   Formiat

Unter optimalen Reaktionsbedingungen wird dabei das Cyanid zu 99,995 % gespalten. Nach dieser Hydrolyse säuert man die Produkte an, damit sie nun mit Nitrit reagieren können (NH_3 liegt dann als NH_4^+ vor).

$$NH_4^+ + NO_2^- \xrightarrow[pH \leq 6]{>150°C} N_2 + 2H_2O$$

Ammoniumion   Nitrit   Stickstoff   Wasser

$$3HCOO^- + 2NO_2^- + 5H^+ \xrightarrow[pH \leq 6]{>150°C} N_2 + 3CO_2 + 4H_2O$$

Formiat   Nitrit   Säure   Stickstoff   Kohlendioxid   Wasser

Als Endprodukte treten nur noch die völlig ungiftigen Gase Stickstoff und Kohlendioxid auf sowie Wasser.

V. Pestizide

Neben den großen Mengen von Abfallstoffen, die in unsere Umwelt gelangen, sind in diesem Jahrhundert eine Reihe von Stoffen zum Umweltproblem geworden, die durchaus keine Abfallstoffe darstellen, sondern die man eigens zu dem Zwecke gewinnt, den Menschen vor störenden oder schädigenden Lebewesen zu schützen. Hierzu gehören neben Antibiotika und anderen Arzneimitteln die sog. Pestizide, auf die man beinahe zufällig stieß.

1. Die Geschichte des DDT

Im Jahre 1872 synthetisierte ein Chemiker namens Ottmar Zeidler in Straßburg die Substanz Dichlordiphenyltrichloräthan.
Erst 67 Jahre später, also 1939, stellte der Chemiker P. Müller fest, daß dieser Stoff stark insektizid (= insektentötend) wirkt. In der Folgezeit wurde das DDT, wie man den Stoff kurz nennt, weltweit zur

Cl–⟨benzene⟩
　　　　＼CH–CCl₃　　　DDT
Cl–⟨benzene⟩

Bekämpfung von Insekten eingesetzt, denn viele Insekten übertragen gefährliche Krankheiten. Allein durch den Einsatz gegen die Anopheles (überträgt Malariaerreger) wurden seit Ende der vierziger Jahre viele Millionen Menschenleben vor dem Fiebertod gerettet (Tabelle 21).

Tabelle 21. Einfluß von DDT auf die Malariasterblichkeit in einigen Ländern (nach Jukes, 1974)

Land	Jahr	Malaria-Sterbefälle
Taiwan	1945	> 1 000 000
	1969	9
Venezuela	1943	817 115
	1958	800
Türkei	1950	1 188 969
	1969	2 173
Ceylon	1946	2 800 000
	1963	17
Seit 1964 DDT-Anwendung eingestellt:		
	1968–1969	2 500 000

Nach dem Anwendungsverbot von DDT in Ceylon (1964) stieg die Malariasterblichkeit wieder sprunghaft an. Jeweils die erste Zeile gibt die Malariasterblichkeit eines Landes vor DDT-Einsatz an, die zweite Zeile gibt die Malariasterblichkeit nach einigen Jahren der DDT-Anwendung wieder

Ähnlich erfolgreich wurde DDT auch gegen andere Krankheiten eingesetzt, die durch Insekten verbreitet werden, wie Fleckfieber, Schlafkrankheit, Orientbeule, Gelbfieber, Encephalitis (= Europäische Schlafkrankheit oder „Gehirngrippe") und andere mehr. Wegen dieses unvergleichlichen Siegeszuges einer synthetischen Chemikalie gegen Siechtum und Tod weiter Bevölkerungsteile auf der ganzen Erde wurde Müller für seine Entdeckung 1948 mit dem Nobelpreis für Medizin ausgezeichnet. Die positiven Wirkungen des DDT blieben nicht nur auf den Menschen beschränkt. In den USA stellte man fest, daß jedem

Dollar, der für DDT zur Bekämpfung der Fliegenplage in den Viehställen ausgegeben wurde, ein Mehrertrag von 4 Dollar für erhöhte Milchproduktion der Rinder gegenüberstand. In einem weiteren Experiment, bei dem 2 Mill. Rinder zum Schutz vor Insekten mit DDT besprüht wurden, erzielte man einen Fleischzuwachs von 75 Mill. Pfund. Bei all diesen Vorzügen weist DDT gegenüber Mensch und Säugetieren eine relativ geringe Giftigkeit auf: Die LD_{50}-Dosis, bezogen auf Ratten, beträgt 500 mg DDT pro kg Körpergewicht. Ein Mensch kann ohne klinisch nachweisbare Erkrankung 0,5–0,75 g DDT zu sich nehmen, erst bei etwa 1,5 g stellen sich Übelkeit, Kopfschmerzen und Gleichgewichtsstörungen ein, die jedoch nach zehnstündigem Schlaf wieder abklingen. Mit solch hohen Konzentrationen wird jedoch der Mensch normalerweise nie konfrontiert. Die vom Menschen tatsächlich aufgenommene DDT-Menge, die sich aus Rückständen von Pflanzen- und Tierprodukten sowie aus feinstverteiltem DDT in der Luft zusammensetzt, schwankte in den vergangenen 20 Jahren zwischen 0,178 mg (1950) und 0,028 mg (1968) täglich. Deshalb konnte man nie akute Erkrankungen beim Menschen nachweisen, die auf DDT zurückgehen.

Die Anwendung von DDT erwies sich ferner als sehr wirtschaftlich, denn eine einmal durchgeführte Behandlung wirkte lange nach, da der Wirkstoff ausgesprochen langsam abgebaut wird.

Gerade diese besonders langsame Abbaurate hat jedoch auch ihre Schattenseiten: Bei wiederholter Anwendung reichert sich der Wirkstoff in der Umwelt an, und da er ausgesprochen lipophil (= leicht fettlöslich) ist, wird er besonders im Speicherfett der Organismen abgelagert (vgl. Abb. 9), und darüber hinaus zeigt er unverkennbar die Tendenz, sich global auszubreiten. Dadurch werden im Laufe der Zeit auch unbehandelte Regionen (Arktis, Antarktis) mit diesem Pestizid belastet. Obwohl dabei für den Menschen akut giftig wirkende Konzentrationen nie erreicht wurden, beeinflußt diese Substanz doch (biochemisch nachweisbar) den Stoffwechsel von Mensch und Tier. Z.B. reduziert DDT den für viele Lebensprozesse notwendigen Transport von K^+- und Na^+-Ionen durch die Zellmembranen. Ferner vermindert DDT die Aktivität des Enzyms Adenosintriphosphatase (ATPase), das maßgeblich an vielen Transportvorgängen in Membranen beteiligt ist, wie z.B. bei der Aufnahme von Aminosäuren, Zuckern usw. Ferner wird die Erregungsleitung an den Nervenenden beeinträchtigt. Geringe DDT-Konzentrationen verursachen Übererregbarkeit, in hohen Konzentrationen stellen sich Lähmungen ein. Solche physiologischen Effekte mahnen zu größter Vorsicht, besonders bei wiederholter Anwendung. Aber auch im Falle des DDT steht man wiederum vor der Situation, den Nutzeffekt gegen die Wahrscheinlichkeit schädlicher

Wirkungen aufrechnen zu müssen, um dann von Fall zu Fall das geringere Übel zu wählen. Die erforderliche Vorsicht wurde jedoch nicht geübt, sondern man dosierte das DDT zu sorglos und wendete es ganz undifferenziert gegenüber allen störenden Insekten an. Abgepackt in Spraydosen (vgl. S. 50), wurde es jedermann zugänglich gemacht und konnte deshalb völlig unkontrolliert angewendet werden. Erst die im Verlauf der fünfziger und sechziger Jahre weltweit steigenden DDT-Gehalte im Speicherfett von Mensch und Tieren weckten die längst gebotene Besorgnis, die dann durch stark emotionell belastete und reißerisch aufgemachte Sachbücher zur Angst oder sogar zur Hysterie gesteigert wurde. Daß der wissenschaftliche Wert dieser Bücher über weite Strecken recht zweifelhaft ist und manche der darin angeführten „Beweise" längst widerlegt wurden, ging in der allgemeinen DDT-Angst unter. So wurde schließlich in vielen Ländern DDT völlig verboten, ohne daß der Versuch einer gangbaren Kompromißlösung unternommen wurde. Als Folge davon stiegen gebietsweise die Zahlen der Malariatodesfälle wieder sprunghaft an (s. Tabelle 21).

Der Umgang mit DDT macht deutlich, daß wir erst lernen müssen, mit Schädlingsbekämpfungsmitteln so sorgfältig umzugehen wie mit giftigen Arzneimitteln. Beispielsweise verdanken heute sehr viele Menschen ihr Leben und ihre Leistungsfähigkeit den Fingerhutglucosiden, die die Herztätigkeit regulieren. Bereits in geringer Überdosierung verursachen sie Herzrhythmusstörungen, was zum Tod führen kann. Trotzdem wird heute niemand ernstlich verlangen, diese Stoffe wegen ihrer Giftigkeit aus dem Verkehr zu ziehen, denn wenn sie gezielt nur dann eingesetzt werden, wenn sie für die Gesundheit wirklich dringend erforderlich sind, und wenn sie sorgfältig dosiert werden, dann kommen im wesentlichen die positiven Wirkungen zum Tragen.

Übertragen auf DDT (und andere Schädlingsbekämpfungsmittel) würde das bedeuten, daß sie nur dann angewendet werden dürfen, wenn es gilt, wirklich ernste Gefährdungen der menschlichen Gesundheit oder der Lebensmittelproduktion abzuwenden, und wenn sie sorgfältig dosiert werden. Das würde aber auch beinhalten, daß Schädlingsbekämpfungsmittel mit bestimmten Eigenschaften (z.B. hoher Giftigkeit oder Langlebigkeit oder Tendenz zur globalen Ausbreitung) nicht in beliebiger Menge im Supermarkt zugänglich sein dürfen.

Vor dem Hintergrund der Geschichte des DDT kann man das Kapitel Pestizide nun vielleicht objektiver sehen und beurteilen, denn Pestizide gehören heute zu den heftig umstrittenen und auch stark emotionsbeladenen Problemen der Umweltbelastung.

2. Definition und Bewertungsmaßstab

Zunächst müssen jedoch einige Definitionen nachgeholt werden, um dieses Kapitel verständlich zu machen.

Unter dem Begriff Pestizide faßt man alle Schädlingsbekämpfungs- und Pflanzenschutzmittel zusammen. Hierzu gehören Bakterizide (gegen Bakterien), Fungizide (gegen Pilze), Algizide (gegen Algen), Herbizide (gegen Unkräuter), Insektizide (gegen Insekten), Akarizide (gegen Milben), Rodentizide (gegen Nagetiere), Defoliantien (zur Entlaubung der Pflanzen), Wachstumsregulatoren (zur Beeinflussung der pflanzlichen Entwicklung) und andere.

Wie bei anderen Faktoren der Umweltbelastung, so möchte man auch bei den Pestiziden Bewertungsmaßstäbe besitzen, die es ermöglichen, höchstzulässige Grenzkonzentrationen festzulegen, bei denen noch keine Schädigung des Menschen zu erwarten ist. Diesem Bedürfnis trägt der *adi*-Wert (= *a*cceptable *d*aily *i*ntake) Rechnung. Er ist definiert als diejenige Pestizidmenge, ausgedrückt in Milligramm pro kg Körpergewicht, die während der ganzen Lebenszeit täglich aufgenommen werden kann, ohne daß Gesundheitsschäden klinisch festgestellt werden können. Die adi-Werte gewinnt man durch langfristige Beobachtung von Personen, die aus beruflichen Gründen täglich mit relativ hohen Pestizidkonzentrationen in Berührung kommen. Die adi-Werte stellen also praktisch ein Analogon zum MAK-Wert dar.

Neben dem adi-Wert wird gelegentlich eine vereinfachte Meßzahl verwendet, indem man die pro Person täglich aufgenommene Pestizidmenge (in Milligramm) angibt (= mg/Person/Tag).

3. Chemische Klassifizierung

Die Zahl der heute auf dem Markt befindlichen verschiedenen Pestizidpräparate dürfte zwischen 10 000 und 20 000 liegen. Dieser unüberschaubaren Vielfalt an Präparaten liegen jedoch nur ca. 250 verschiedene Wirkstoffe zugrunde, die durch unterschiedliche Mischungsverhältnisse und unterschiedliche Begleit- und Verdünnungsstoffe den verschiedenartigsten Anwendungsbereichen angepaßt werden. Da unter diesen 250 Wirkstoffen wiederum nur einige dominieren, die anderen dagegen seltener angewendet werden, kann man durchaus eine kurze Übersicht über den chemischen Aufbau der wichtigsten Pestizidgruppen geben (Tabelle 22).

Unter den Bakteriziden nimmt heute Hexachlorophen eine wichtige Stellung im klinischen und kosmetischen Bereich ein, nachdem früher

Tabelle 22. Einige wichtige Pestizide

Bakterizide

Hexachlorophen

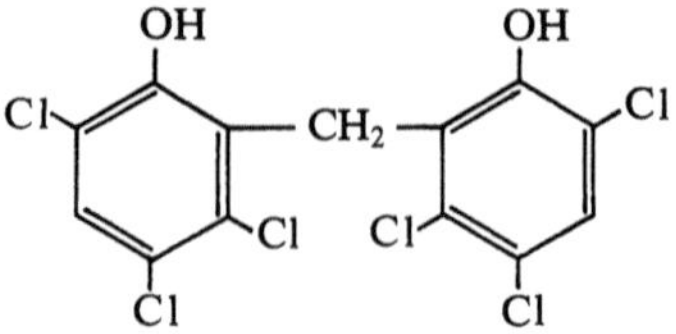

(Struktur: zwei chlorierte Phenolringe verbunden durch CH_2, jeweils mit OH und drei Cl-Substituenten)

Fungizide

Methoxyäthylquecksilberchlorid

$$CH_3-O-CH_2-CH_2-Hg-Cl$$

Cerezin

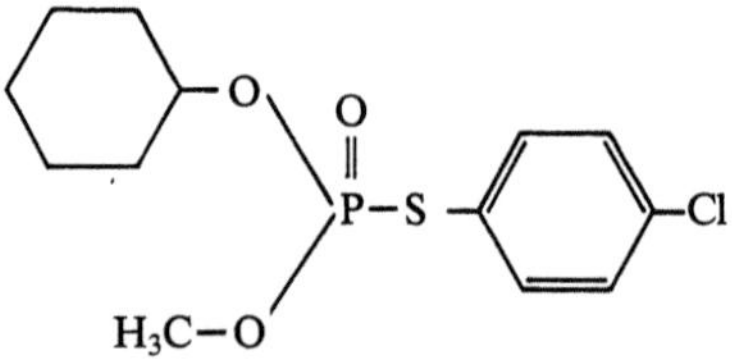

(Cyclohexyl-O und H_3C-O an P=O gebunden, P–S–Phenyl–Cl)

Herbizide

2,4-Dichlorphenoxyessigsäure (2,4-D)

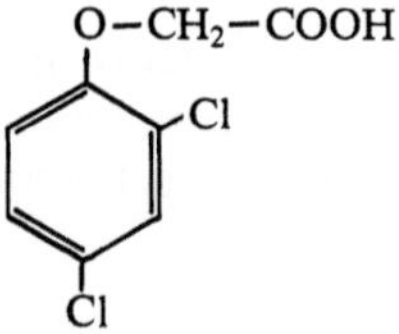

(Phenylring mit $O-CH_2-COOH$ und Cl in 2,4-Position)

2,4,5-Trichlorphenoxyessigsäure (2,4,5-T)

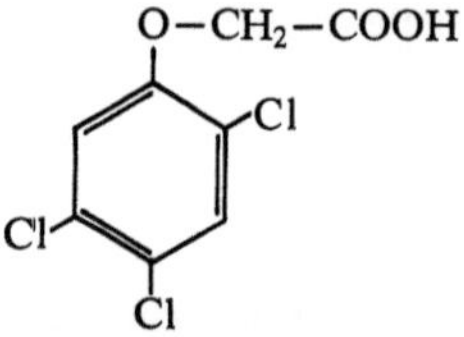

(Phenylring mit $O-CH_2-COOH$ und Cl in 2,4,5-Position)

2,3,5,6-Tetrachlorbenzoesäure

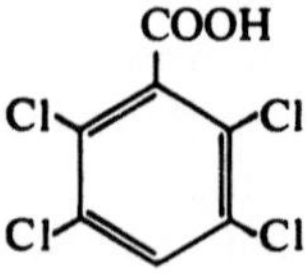

(Phenylring mit COOH und vier Cl in 2,3,5,6-Position)

Tabelle 22 (Fortsetzung)

Diuron (DCMU)	3,4-dichlorophenyl group with HN–C(=O)–N(CH₃)₂ substituent (N,N-dimethyl-N'-(3,4-dichlorophenyl)urea)
Paraquat	$[H_3C-N^{\oplus}(C_5H_4)-(C_5H_4)N^{\oplus}-CH_3] \cdot 2\,Cl^{\ominus}$ (1,1'-dimethyl-4,4'-bipyridinium dichloride)
Wachstumsregulatoren	
Chlormequatchlorid (Chlorcholinchlorid) (CCC)	$[Cl-CH_2-CH_2-N^{\oplus}(CH_3)_3]\,Cl^{\ominus}$
Insektizide	
Hexachlorcyclohexan (Hexa)	cyclohexane ring with alternating H and Cl substituents
Aldrin	bicyclic structure with CH₂ bridge, CCl₂ group, and four Cl substituents
Dieldrin	bicyclic structure with epoxide (O), CH₂ bridge, CCl₂ group, and four Cl substituents

Tabelle 22 (Fortsetzung)

Endosulfan (Thiodan)	Struktur mit O=S, O-CH₂-Gruppen und chloriertem Cyclohexenring (CCl₂, Cl)
Systox	$H_5C_2-O\diagdown$ $P\!\!=\!\!S$ $H_5C_2-O\diagup \diagdown O-CH_2-CH_2-S-C_2H_5$
Malathion	$H_3C-O\diagdown$ $P\!\!=\!\!SCOO-C_2H_5$ $H_3C-O\diagup\diagdown S-CH\diagup$ $\diagdown CH_2-COO-C_2H_5$
Parathion	$H_5C_2-O\diagdown$ $P\!\!=\!\!S$ $H_5C_2-O\diagup\diagdown O-C_6H_4-NO_2$
Diazinon	Struktur mit Pyrimidinring (CH₃, N, CH, isopropyl-substituiert) und $-O-P(=S)(O-C_2H_5)_2$ Gruppe

meist hochgiftige Quecksilberverbindungen, wie z. B. Sublimat, vorzugsweise angewendet wurden.

Bei den Fungiziden dominierten früher hochgiftige anorganische Substanzen, in der Regel Schwermetallsalze, wie Cu^{2+}- und Hg^{2+}-Verbindungen.

Unter den organischen Fungiziden spielen heute noch immer organische Hg-Verbindungen eine große Rolle, obwohl sie keinesfalls ungefährlicher sind als anorganische Quecksilberverbindungen. Ein wichtiger Vertreter dieser Gruppe ist beispielsweise das Methoxyäthylquecksilberchlorid. Daneben sind Phosphorsäureester gebräuchlich, wie z. B. Thiolphosphorsäure-O-methyl-O-cyclohexyl-S-4-chlorphenylester (= Cerezin), das besonders im Reisbau angewendet wird.

Auch unter den Herbiziden findet man anorganische und organische Wirkstoffe. Als anorganische Herbizide verwendet man Rhodanide,

Cyanate, Arsenate und Chlorate. Erfreulicherweise geht aber der Einsatz dieser stark giftigen Salze immer mehr zurück. Das Spektrum organischer Herbizide ist weit gefächert, denn sie beeinträchtigen spezielle Stoffwechselwege und Entwicklungsprozesse bei Pflanzen. Seit langem in Gebrauch sind z.B. Phenoxyessigsäuren, wie 2,4-Dichlorphenoxyessigsäure (2,4-D) und 2,4,5-Trichlorphenoxyessigsäure (2,4,5-T). Während 2,4-D speziell das Wachstum zweikeimblättriger (= dikotyler) Kräuter unterdrückt und deshalb als Herbizid im Getreidebau eingesetzt wird, ist 2,4,5-T auch bei holzigen Pflanzen wirksam und stellt damit ein universelleres Herbizid dar. Besonders gegen zweikeimblättrige Unkräuter werden auch aromatische Carbonsäuren eingesetzt, wie die 2,3,5,6-Tetrachlorbenzoesäure. Eine sehr wichtige Gruppe stellen aromatisch-aliphatische Harnstoffe und Thioharnstoffe dar. Hierzu gehört das Totalherbizid (vernichtet alle Pflanzen) Diuron (DCMU), das wegen seiner Beständigkeit gegenüber enzymatischem Abbau sehr lange wirkt. Dipyridyliumherbizide, wie z.B. das Paraquat, werden dagegen sehr rasch bakteriell abgebaut und wirken deshalb nur sehr kurze Zeit. Diese Totalherbizide werden dort angewendet, wo der Boden sehr schnell wieder wirkstofffrei sein soll.

Zu den pflanzlichen Wachstumsregulatoren, die praktisch keine Herbizidwirkung besitzen, zählen Substanzen unterschiedlicher chemischer Konstitution. Am weitesten verbreitet sind einige tertiäre organische Amine, wie das Chlormequat-chlorid (CCC), das im Getreidebau besonders zur Erhöhung der Standfestigkeit des Weizens eingesetzt wird, mit dessen Hilfe jedoch auch vielen Zierpflanzen zu vermindertem Längenwachstum verholfen wird, so daß die Pflanzen buschiger erscheinen und einen erhöhten Dekorationswert erhalten.

Unter den Insektiziden nehmen besonders Chlorkohlenwasserstoffe und Phosphorsäureester eine dominierende Stellung ein. Bei den Chlorkohlenwasserstoffen wurden besonders die Kontaktgifte DDT (s. S. 122), Hexachlorcyclohexan (Hexa), Lindan (eine γ-isomere Form von Hexa), Aldrin, Dieldrin und Thiodan eingesetzt. Thiodan hat als für Bienen ungefährliches Insektizid besondere Bedeutung erlangt. Unter den Phosphorsäureestern, die generell eine kürzere Lebensdauer besitzen als Chlorkohlenwasserstoffe, sind besonders Demeton oder Systox und Metasystox sowie das vorzugsweise als Vorratsschutzmittel angewendete Malathion verbreitet. Über ein besonders breites Wirkungsspektrum verfügt Parathion, das als „E 605" bekannt wurde. Das Kontaktinsektizid Diazinon kann auch als Akarizid verwendet werden.

Neben diesen synthetischen Substanzen versucht man auch mit Insektenlockstoffen, Verpuppungshormonen und anderen nativen (= tiereigenen) Stoffen, Schadinsekten zu bekämpfen.

4. Anwendungsbereiche der Pestizide und Möglichkeiten der Umweltbelastung

Den breitesten Anwendungsbereich finden heute die Pestizide zweifellos im Pflanzenschutz. Bereits die Samenkörner der Kulturpflanzen sind meist mit Sporen (= widerstandsfähige Überdauerungszellen) von Bakterien und Pilzen behaftet. Deshalb werden sie noch vor der Aussaat mit geeigneten Pestiziden behandelt (= gebeizt), wobei alle Samenkörner mit einer dünnen Haut des Pestizids völlig eingehüllt werden. Zur Saatgutbeizung verwendet man häufig Mischpräparate, die aus einem Fungizid, wie z.B. organischen Quecksilberverbindungen, und einem Insektizid, wie z.B. Lindan oder Dieldrin, bestehen. Auf diese Weise schützt man die Samenkörner gleichzeitig gegen Pilzbefall und Fraß durch Insektenlarven, wie Engerlinge, Drahtwürmer usw. Bei fortgesetzter Zufuhr von langlebigen Pestiziden (Hg-Verbindungen, Chlorkohlenwasserstoffe) können sich diese im Boden anreichern und dann u.U. auch nützliche Bodenorganismen, wie Regenwürmer und die verschiedensten Mikroorganismen, bedrohen oder ausrotten. Schließlich können langlebige Pestizide mit dem Regenwasser in Grund- und Oberflächenwasser gelangen. Besonders groß ist die Gefahr der Grundwasserbelastung dann, wenn der noch nicht bepflanzte Ackerboden direkt mit Pestiziden besprüht wird, um Nematoden und andere, besonders widerstandsfähige Pflanzenschädlinge zu vernichten (= Bodenentseuchung).

Nach der Keimung wird die heranwachsende Pflanze zum Schutz vor Schädlingen weiterhin mit Pestiziden behandelt, denn jeder Schädlingsbefall, mag es sich um Insekten, Milben, Pilze, Bakterien oder Viren handeln, vermindert den Ertrag und den Verkaufswert der Feldfrüchte. Im Verlauf einer Vegetationsperiode werden deshalb mehrere verschiedene Pestizide angewendet. Die Wirkstoffe müssen feinstverteilt einen möglichst homogenen Überzug auf den Pflanzen bilden. So bedient man sich meist flüssiger Spritzmittel, seltener setzt man trockene Stäubemittel ein. Je nach der zu behandelnden Pflanzenart und der Größe der Anbaufläche werden die Mittel mit Handspritzen, fahrbaren Sprühgeräten oder sogar mit dem Flugzeug ausgebracht. Je weiter das Sprühgerät von den zu behandelnden Pflanzen entfernt ist, um so größer wird die Gefahr ungewollter Verwehung des Spritzmittels über den zu behandelnden Pflanzenbestand hinaus. Außerdem tropft stets ein gewisser Teil der Spritzmittel von den behandelten Pflanzen auf den Boden oder auf Unterkulturen, wie Rasen, Erdbeeren, Gemüse usw. Werden langlebige Pestizide verwendet, dann wird wiederum eine ungewollte Belastung von Boden, Grund- und Oberflächengewässern akut. Wie groß das Ausmaß der nicht erwünschten Umweltbelastung ist, mag daraus hervorgehen, daß man den Pestizidanteil, der nicht seinen Bestimmungsort erreicht, auf mindestens 50 % schätzt. Bei einer Gesamtmenge von etwa 1,5 Mill. t Pflanzenschutzmitteln, die jährlich auf der ganzen Erde angewendet werden, macht das den stattlichen Betrag von mehr als 0,75 Mill. t aus.

Pestizide können zusätzlich durch unachtsame Handhabung Gewässer belasten (s. S. 80).

Pestizide werden häufig zur Unkrautbekämpfung im Getreide-, Rüben- und Gemüsebau verwendet, aber auch zum Entkrauten von Gräben und Entwässerungskanälen. Nur so war es möglich, das arbeitsintensive Handentkrauten zu ersetzen, wozu meist die notwendigen Arbeitskräfte fehlen. Bei den chemischen Entkrautungsverfahren ist eine Belastung von Boden- und Oberflächengewässern nicht vermeidbar.

In großem Umfang werden Pestizide bei der Vorratshaltung pflanzlicher Nahrungsmittel eingesetzt, denn gelagerte Nahrungsmittel sind das Ziel vieler Schädlinge. In manchen Entwicklungsländern werden auf diese Weise bis zu 80 % der Ernte vernichtet! Bei direkter Behandlung des Lagergutes mit Pestiziden besteht die Möglichkeit, daß Rückstände vom Menschen mit der Nahrung aufgenommen werden (s. S. 134).

Auf breiter Basis werden Pestizide ferner zur Bekämpfung von Insekten (und Nagetieren) verwendet, die Seuchen verbreiten, wie am Beispiel des DDT bereits erläutert wurde (s. S. 122). Bei diesen in der Regel großflächig angelegten Bekämpfungsmaßnahmen bekommen notwendigerweise große Pflanzenbestände und Bodenflächen Kontakt mit den ausgebrachten Pestiziden, so daß solche Bekämpfungsmaßnahmen in besonderem Maße zur Ausbreitung der Pestizide beitragen, nicht zuletzt auch zur Belastung von Oberflächengewässern. Derartige Seuchenbekämpfungsmaßnahmen sind wegen der erhöhten Umweltbelastung nur dann gerechtfertigt, wenn es gilt, wirklich gefährliche Seuchen zu bekämpfen.

Einen ganz unkontrollierbaren Beitrag zur Ausbreitung langlebiger Organochlorpestizide liefern die vielen Pestizidspraydosen, die, jedermann zugänglich, mehr oder minder unsachgemäß zur Bekämpfung aller möglichen störenden Insekten angewendet werden. Diese Praxis dürfte, obwohl zum Teil völlig überflüssig, nicht unwesentlich zur Pestizidverbreitung und damit zur Pestizidaufnahme durch den Menschen beitragen.

Gewisse Bakterizide, gegenüber denen der Mensch wenig empfindlich ist, verwendet man zum Reinigen und Desinfizieren medizinischer

Geräte, von Krankenzimmern, sanitären Anlagen, und man benutzt sie als Zusätze von Badeseifen, Körpersprays usw.

5. Umweltbelastung durch Nebenprodukte und Fehlsynthesen

Eine weitere Möglichkeit ungewollter Umweltbelastung ergibt sich daraus, daß bei der Herstellung eines Pestizids mitunter Beiprodukte in sehr geringer Menge entstehen, die wesentlich giftiger sein können als das Pestizid selbst.

Bei der Herstellung des Herbizids 2,4,5-T (s. S. 126) entstehen geringe Mengen von 2,3,7,8-Tetrachlordibenzodioxin (TCDD).

TCDD

Während 2,4,5-T eine relativ geringe Toxizität aufweist (LD_{50} (Ratte) = 300–800 mg/kg), ist TCDD extrem giftig (LD_{50} (Meerschweinchen) = 0,001 mg/kg). Obwohl TCDD nur in Spuren bei der Herbizidherstellung entsteht, schätzt man, daß z.B. während des Vietnam-Krieges etwa 110–180 kg dieser hochgiftigen Verunreinigung in den Boden gelangten. Ebenso wird TCDD auch in Reisanbaugebieten stets dem Boden zugeführt, wo 2,4,5-T häufig als Herbizid angewendet wird. Ob diese Substanz als Verunreinigung von Herbiziden beim Menschen Schäden angerichtet hat, kann man nicht beweisen. Aus Tierexperimenten ist bekannt, daß TCDD Mißbildungen auslöst und von Unglücksfällen, bei denen Menschen beteiligt waren, weiß man, daß dieser Stoff zu schwer heilenden Hautausschlägen führt (Chlorakne) sowie Schäden an Nieren, Leber und Nerven auslöst. Die Giftigkeit von TCDD beruht auf seiner Fähigkeit, im Körper Chlor freizusetzen, das sich mit vielen organischen Stoffen des Körpers verbindet und diese dadurch denaturiert. TCDD kann auch unbeabsichtigt entstehen, wenn bei der Herstellung von Hexachlorophen aus 2,4,5-T unter Zusatz von Schwefelsäure und Formalin die Reaktionstemperatur zu hoch steigt. Ein solcher unbeabsichtigter Temperaturanstieg auf 200° C ereignete sich u.a. am 10. Juli 1976 in Seveso bei Mailand. Hierbei wurde ein Druckgefäß undicht, und das bei der erhöhten Temperatur sich bildende TCDD konnte entweichen. Da diese Substanz sehr langlebig ist (Halbwertszeit im Boden ca. 1 Jahr), bereitet ihre Beseitigung große Schwierigkeiten.

6. Rückstandsbildung und Toxizität

Grundsätzlich besteht bei jeder Form der Anwendung von Pestiziden die Gefahr ungewollter Ausbreitung und Aufnahme durch Menschen und Tiere.

a) Speicherung im Körperfett

Vom menschlichen Körper aufgenommene Pestizide werden besonders dann problematisch, wenn sie nicht sofort wieder ausgeschieden werden, so daß sie sich im Körper anreichern (vgl. Blei und Quecksilber, S. 36 und 88). Diese Gefahr tritt besonders bei leicht fettlöslichen Stoffen auf und damit bei den meisten organischen Pestiziden. Im tierischen und menschlichen Körper reichern sich solche Substanzen bevorzugt im Nerven- und Fettgewebe an, bei Pflanzen sammeln sie sich insbesondere in Ölbehältern von Blättern und Speicherorganen. Da sowohl pflanzliche Ölbehälter als auch tierische Fettgewebe kaum Enzyme enthalten, bleiben hier die Pestizide am längsten erhalten. So können sich diese Stoffe in den Endgliedern von Nahrungsketten (s. S. 88) zu einem Vielfachen der Konzentration in der Umwelt (Luft, Wasser, Pflanze) anreichern. Beim Menschen werden die lipophilen Pestizide durch die Speicherung im Körperfett dem Stoffwechselgeschehen weitgehend entzogen und damit „entgiftet". Bei einem raschen Abbau des Körperfetts (Krankheit, Schlankheitskur) werden jedoch plötzlich um so größere Pestizidmengen freigesetzt, die dann den Körper gerade im Zustand gesundheitlicher Schwäche zusätzlich belasten.

Im Boden, in der Luft und in den Pflanzen hängt die Abbaugeschwindigkeit ganz entscheidend von den herrschenden Umweltbedingungen ab. Dabei spielen Bakteriendichte, UV-Strahlung, Temperatur und Feuchtigkeit eine maßgebliche Rolle.

Ein Beispiel zur Bedeutung der Umweltbedingungen für den Abbau von Pestiziden soll der offiziell als „Düngemittel" geführte Wachstumsregulator CCC (s. S. 127) veranschaulichen. Gelangt dieser Stoff in den Boden, dann wird schon innerhalb zwei Wochen ein beträchtlicher Teil abgebaut. In den Pflanzen bildet jedoch CCC langlebige Rückstände, denn Versuche mit *Pharbitis nil*, einer großblütigen Windepflanze (Königswinde), ergaben, daß CCC u. a. in den Samen gespeichert wird und auf diesem Wege noch das Wachstum der Folgegeneration meßbar hemmt. Ein rascher bakterieller Abbau ist also noch keineswegs ein Beleg dafür, daß *alle* Organismen diesen Stoff rasch abbauen können.

Die Speicherung lipophiler Pestizide in enzymarmen Pflanzenteilen ist auch der Grund dafür, weshalb die für Babynahrung verwendeten

Karotten ohne Pestizidbehandlung kultiviert werden müssen. Diese Speicherorgane, die viele kleine Behälter mit ätherischen Ölen enthalten, würden Pestizide stark anreichern.

b) Abbauverhalten

Das Abbauverhalten der einzelnen Pestizide ist bisher nur unvollständig bekannt, und so können überraschende Effekte heute noch nicht ausgeschlossen werden: Als man beispielsweise in den Jahren 1972/ 1973 das Bodenentseuchungsmittel „Terabol" (= Methylbromid) genauer untersuchte, stellte man fest, daß raschwüchsiges Gemüse, wie Salat, Spinat und Radieschen, viel höhere Bromgehalte aufwiesen, als man ursprünglich annahm. Die bis dahin zulässige Höchstmenge lag bei 5 ppm, tatsächlich gemessen wurden jedoch Spitzenwerte bis zu 300 ppm. Durch dieses Experiment wurde man erst darauf aufmerksam, daß terabolentseuchte Böden erst längere Zeit nach der Behandlung bebaut werden sollten, und dann nicht mit raschwüchsigen Pflanzen, um einen vollständigen Abbau des Pestizids bis zur Ernte zu ermöglichen.

Akut wird die Frage nach dem Abbau von Pestiziden auch dann, wenn man sie zum Schutz vor Schädlingen auf gelagerte pflanzliche Nahrungsmittel aufträgt. Hierzu verwendet man häufig Malathionstaub (s. S. 128). Nach Untersuchungen an gelagertem Getreide sind direkt nach der Behandlung durchschnittlich 10 ppm des Pestizids an den Körnern nachweisbar. Nach zwei Wochen wurde etwa die Hälfte abgebaut, und nach 11 Monaten ist noch ein Drittel der ursprünglichen Menge vorhanden. Die Pestizidrückstände verteilen sich wie folgt: Die Hauptmenge haftet an der äußeren Schale der Körner, denn nach dem Mahlen des Getreides findet man 16–60 ppm Malathion in der Kleie. Im Inneren des Korns, wo die Stärke gespeichert wird (= Endosperm), sinkt der Pestizidgehalt auf 1,2–0,6 ppm ab. Je nach der weiteren Verarbeitung des Getreides können die Rückstände mehr oder minder ausgeprägt weiter reduziert werden: Wird das Getreide zu Brot verarbeitet, dann sinkt die Malathionkonzentration auf 0,4–0,2 ppm, stellt man jedoch (im Falle von Gerste) Bier her, wobei die Körner zunächst 8 Tage keimen, ehe sie auf 70°C erhitzt werden, dann sinkt die Pestizidkonzentration sogar auf 0,08 ppm. Die gründlichste Reinigung erzielt man also bei der Kombination von biologischem Abbau (Keimung) und Erhitzen.

Am unproblematischsten verhalten sich sog. Verschwindestoffe. Beim Abfüllen von Getränken muß man vor allem eine unerwünschte Nachgärung vermeiden. Deshalb setzt man den Getränken die bakterizid und fungizid wirkende Substanz Diäthyldicarbonat (= Pyrokohlensäurediäthylester) zu. In wässeriger Lösung zerfällt dieser Ester langsam zu CO_2 und Äthylalkohol sowie 10–20 % des ungiftigen Diäthylcarbonats. Solche Verschwindestoffe stellen das Idealziel von Lebensmittelschutzstoffen dar, von denen es jedoch heute noch viel zu wenige gibt.

$$\text{Diäthyldicarbonat} + H_2O \longrightarrow CO_2 + CH_3-CH_2OH + \text{Diäthylcarbonat}$$

Kohlendioxid · Äthylalkohol · Diäthylcarbonat

Bei der Besprechung des Diäthyldicarbonats wurde noch ein zweites Problem des Pestizidabbaus deutlich: Wenn beim Abbau organische Abbauprodukte übrig bleiben, wie es bei dieser Substanz in einem gewissen Umfang der Fall ist (Diäthylcarbonat), dann sollten sie ungiftig sein oder rasch aus dem Körper ausgeschieden werden. Aber gerade über Abbauprodukte der Pestizide sowie über deren physiologisches Verhalten sind unsere Kenntnisse dürftig. Immerhin weiß man aber inzwischen, daß nicht nur harmlose Abbauprodukte entstehen, sondern auch giftige, wie durch einige Beispiele belegt werden soll.

Beim biologischen (= enzymatischen) Abbau von DDT können, je nach Organismus, verschiedene Wege eingeschlagen werden. Entweder entsteht das ungiftige Dichlor-diphenyl-dichlor-äthylen (DDÄ; im Englischen DDE), das zwar weniger giftig ist als DDT, jedoch ebenfalls im Körperfett gespeichert wird, oder es bildet sich über das Zwischenprodukt Dichlor-diphenyl-dichloräthan (DDD) die wasserlösliche Verbindung Dichlor-diphenyl-essigsäure (DDE; im Englischen DDA). Die wasserlösliche Substanz wird ausgeschieden und kann nun im Körper keine Langzeitwirkung mehr entfalten.

Wesentlich ungünstiger verläuft der biologische Abbau von Aldrin (s. S. 127). Dieses Pestizid wird enzymatisch zu Dieldrin oxidiert (Tabelle 22), welches die gleiche Giftigkeit aufweist wie Aldrin (LD_{50} (Ratte): 50 mg/kg) und ebenso gut fettlöslich ist.

Meistens kennt man jedoch die pharmakologische Wirkung von Abbauprodukten der Pestizide nicht, und damit wird eine korrekte Beurteilung der Toxizität eines Pestizids unmöglich gemacht. (Beispielsweise wird DDT im Seewasser zu der lange Zeit unbekannten, wasserlöslichen Substanz, Bis-(p-Chlor-phenyl)-acetonitril (DDCN) umgewandelt, deren Wirkungsweise noch nicht aufgeklärt wurde.) Das im Reisbau viel verwendete Herbizid Propanil wird u. a. zu 3,3',4'-Trichlor-4-(3,4-dichloranilino)-azobenzol umgebaut. Auch die Wirkung dieses Produkts ist unbekannt, aber von anderen, asymmetrisch aufgebauten Azobenzolen weiß man, daß sie cancerogen wirken.

c) Konzentration in der Umwelt

Die Frage nach der Giftigkeit eines Pestizids umfaßt auch die Frage nach seiner Konzentration in der Umwelt. Beispiele für die Giftigkeit einiger Pestizide gibt Tabelle 23 wieder. Für den Menschen sind allerdings

Tabelle 23. Toxizität einiger Pestizide

Toxizität	$LD_{50\,(Ratte)}$	Pestizide
hoch	bis 20 mg/kg	Parathion, Methylparathion, Mevinphos, Disulfoton, Phosphamidon
mittel	bis 100 mg/kg	Aldrin, Dieldrin, Lindan, Dichlorvos, Phenyl-Hg-acetat, Endosulfan
gering	bis 500 mg/kg	DDT, Diazinon, Dimethrat, 2,4-D, Paraquat

weniger die LD_{50}-Werte interessant als vielmehr die adi-Werte. Nach Untersuchungen in den USA werden mit der Nahrung weit geringere Pestizidmengen aufgenommen als nach den adi-Werten zulässig wäre (Tabelle 24). Diese Beispiele zeigen, daß zumindest für den Menschen die zulässigen Toleranzgrenzen noch längst nicht erreicht werden. Und

Tabelle 24. Aufnahme einiger Pestizide mit der Nahrung, dargestellt als Bruchteil des adi-Wertes

Pestizid	Aufgenommene Menge im Verhältnis zum adi-Wert
Parathion	0,0002
Malathion	0,002
DDT (+ DDE + DDD)	0,071
anorg. Bromid	0,4
Aldrin + Dieldrin	0,6

so registrierte man noch keine Todes- oder Krankheitsfälle beim Menschen, die auf die üblicherweise einwirkenden Pestizide zurückzuführen wären. Nachdem aber gerade darauf hingewiesen wurde, daß Abbauprodukte der Pestizide und deren Wirkung häufig unbekannt sind, können diese Produkte notwendigerweise auch in den Analysendaten nicht enthalten sein. Somit muß man dieser Beweisführung doch zurückhaltender gegenüberstehen als es auf den ersten Blick notwendig erscheint.

7. Auswirkungen auf die Umwelt

a) Wirkungsweise

Die meisten der heute gebräuchlichen Pestizide wirken noch so wenig spezifisch auf bestimmte Schädlinge, daß sie in höheren Konzentrationen auch Schädigungen bei Mensch und Haustier verursachen können. Ähnlich wie DDT stören alle Organochlorpestizide die Erregungsleitung von einem Nervenende zum anderen (s. S. 123). Auch Phosphorsäureester unterbinden die Erregungsleitung. Sie hemmen Esterasen (speziell: Acetylcholinesterase), das sind Enzyme, die die reizübertragenden Substanzen (= Transmittersubstanzen), speziell das Acetylcholin, spalten. Einige Phosphorsäureester wirken in höheren Konzentrationen mutagen, indem sie Alkylreste (wie $-CH_3$ oder $-C_2H_5$) auf Nucleinsäurebasen übertragen. So alkyliert z. B. das Insektizid Dichlorvos die Guaninbasen der DNS in den Chromosomen (s. S. 165). Die Insektizide Dimecron 100 und Roar 40 erzeugen bei (pflanzlichen) Chromosomen Brüche und führen zu einer Mißregulation der Chromosomenzahl (= Aneuploidie). Bereits in Konzentrationen von 0,05 % verursachen diese Pestizide an 3–7 % der Zellen eines Organismus Chromosomendefekte.

Während Insektizide bei Mensch und Säugetieren grundsätzlich die gleiche Wirkung zeigen, wenn auch in ganz unterschiedlicher Intensität, beeinflussen Herbizide Mensch und Säugetier meist anders als die Pflanzen. Beispielsweise stören die Phenoxysäuren bei Pflanzen den Phytohormonhaushalt, während sie beim Menschen, der ganz andere Hormone besitzt, noch unbekannte Giftwirkungen verursachen. Dipyridyliumherbizide hemmen bei Pflanzen die Lichtreaktion der Photosynthese in den Chloroplasten, daneben zerstören sie Membranen von Chloroplasten und Mitochondrien. Giftwirkungen beim Menschen erstrecken sich dagegen auf Leber-, Nieren- und Lungenschäden, ohne daß der Wirkungsmechanismus bisher geklärt werden konnte.

Aus diesen Beispielen geht bereits hervor, daß Pestizide wohl stets unerwünschte Substanzen im menschlichen und tierischen Stoffwechsel darstellen. Die Mensch und Tier zugemuteten Rückstände müssen deshalb so gering wie möglich gehalten werden, weil die Umwelt, wie bereits gezeigt wurde, mit einer Vielzahl weiterer Fremdstoffe belastet ist, die gemeinsam mit den Pestizidrückständen im Körper nicht genau vorhersehbare Kombinationswirkungen eingehen (vgl. S. 12). Außerdem können bereits subpathogene Pestizidkonzentrationen, d. h. Pestizidmengen, die noch keine klinisch nachweisbaren Gesundheitsschäden auslösen, zu schwer definierbaren Vitalitätsminderungen führen, die sich u.a. in erhöhter Anfälligkeit gegenüber Infektionskrankheiten äußern können (vgl. dazu S. 144).

b) Einfluß auf Bodenorganismen

Durch das Abtropfen versprühter Pestizide von den Blättern und durch pestizidhaltige, abgestorbene Pflanzenteile gelangen Pestizide in den Boden. In einem Nadelwald stellte man beispielsweise fest, daß der DDT-Gehalt im Boden drei Jahre nach einer Behandlung etwa dreimal so hoch war wie unmittelbar danach. Dieser Anstieg wurde durch den Nadelfall bedingt, denn wegen ihres Reichtums an ätherischen Ölen bilden die Coniferennadeln ausgezeichnete Speicherorgane für lipophile Pestizide.

Bodenbewohnende Bakterien und Pilze werden von den meisten Pestiziden nicht beeinflußt. Oxydationen, Nitrifikationen und andere, von Mikroorganismen abhängige Stoffwechselprozesse im Boden laufen praktisch ungehindert weiter. Nur wenige Pestizide schädigen solche Vorgänge nachhaltig, wie z. B. Methylbromid und Schwefelkohlenstoff.

Wesentlich empfindlicher gegenüber den meisten Pestiziden reagieren viele bodenbewohnende Kleintiere, wie Regenwürmer, Milben, Collembolen (= Springschwänze) und andere, die sich ebenfalls am Abbau organischer Bodenpartikel beteiligen. Nach dem Aufsprühen einer Hexabrühe (2,5 kg/ha) wurden Milben und Collembolen im Boden stark reduziert, und selbst nach $3^1/_2$ Jahren war der angerichtete Schaden erst zu 50 % behoben. Im Boden lebende Schimmelpilze werden durch Fungizide (Beizmittel) meist mit geschädigt.

Ob sich die hier beschriebenen Schädigungen von Bodenlebewesen auf den Ertrag der Kulturpflanzen auswirken, kann man noch nicht abschätzen, weil über diesen Wirkungsbereich der Pestizide noch zu wenig Erkenntnisse vorliegen. Grundsätzlich kann man von der Erfahrung ausgehen, daß Pflanzen auch in absolut sterilem (= keimfreiem) Boden gut gedeihen, sofern sie mit den notwendigen Mineralstoffen versorgt werden und solange die Pflanzenwurzeln im Boden ausreichend mit Luftsauerstoff versorgt werden. Die Bedeutung von Bodenlebewesen dürfte wahrscheinlich erst im Verlauf längerer Zeiträume sichtbar werden, da sie die Zersetzung groben organischen Materials (Laub, abgestorbene Pflanzen usw.) bewerkstelligen und damit bodenbildend wirken sowie auf die Bodenstruktur einwirken.

c) Einfluß auf Kulturpflanzen

Durch unachtsame Pestizidanwendung können sogar Kulturpflanzen geschädigt werden, obwohl man sie mit den Pestiziden schützen wollte. Diese Gefahr ist bei Anwendung einer Reihe von Herbiziden gegeben, die bei Überdosierung die Ackerunkräuter samt Kulturpflanzen vernichten. Starke Regenfälle können die Herbizide auch tiefer in den Boden einschwemmen als beabsichtigt. Auf diese Weise werden die Wirkstoffe weniger von den flachwurzelnden Unkräutern aufgenommen als vielmehr von den tieferwurzelnden Kulturpflanzen. Unbeabsichtigte Schädigungen treten auch dann ein, wenn Herbizide, die gegen breitblättrige (dikotyle) Unkräuter in Getreidefeldern wirken, auf benachbarte Gemüsefelder verwehen.

Mitunter werden Kulturpflanzen auf Umwegen durch Herbizide geschädigt, wie das folgende Beispiel demonstrieren soll. Zur Bekämpfung der Bilharziose (durch im menschlichen Blut parasitierende Würmer hervorgerufene Krankheit) in Ägypten wurden die als Überträger erkannten Wasserschnecken mit einem Molluskizid (= Schneckenbekämpfungsmittel) bekämpft. Da sich das Molluskizid in dem mit Wasserhyazinthen zugewucherten Wasser nicht richtig ausbreiten konnte, wurden zunächst die Wasserhyazinthen mit dem Herbizid 2,4-D bekämpft, um dann erneut das Molluskizid einzusetzen. Nach dieser kombinierten Bekämpfungsaktion traten jedoch auf benachbarten Baumwollfeldern erhebliche Ernteeinbußen auf. Man hatte übersehen, daß das Wasser und damit nicht abgebautes 2,4-D zur Bewässerung auf Baumwollfelder geleitet wurde. Baumwollpflanzen sind jedoch sehr empfindlich gegenüber diesem Wirkstoff.

Herbizide können indirekt auch die Qualität von Kulturpflanzen beeinflussen. In einem Experiment wurden Unkräuter in Kohlpflanzungen unterschiedlich gründlich mit den Herbizidpräparaten „Mesoranil" und „Semeron" beseitigt. Die höchsten Erträge erzielte man bei völliger Vernichtung der Unkräuter. Das Gemüse eignete sich dann hervorragend als Industrieware (= für Konserven), weniger gut jedoch für den Frischmarkt. Dagegen konnte Kohl, der bei leichter Unkrautkonkurrenz herangewachsen war, am besten für den Frischmarkt verwendet werden. Der Vitamin-C-Gehalt des Kohls stieg mit zunehmender Unkrautkonkurrenz an. Wie dieser Versuch zeigt, muß auch bei der Unkrautbekämpfung ein möglichst ausgewogener Kompromiß angestrebt werden, oder man muß schon die Anzucht der Pflanzen bestimmten Verwendungszwecken anpassen. Schließlich muß der Endverbraucher seine Eßgewohnheiten solchen Tatbeständen anpassen.

d) Einfluß auf Tiere

Die wohl am deutlichsten sichtbaren Nebeneffekte verursachen Pestizide bei den verschiedensten Tiergruppen. Besonders stark gefährdet sind u. a. Insekten und Spinnentiere, die besonders von Chlorkohlenwasserstoffen nahezu undifferenziert abgetötet werden. Besonders nachteilig wirkt sich das auf den Fruchtansatz von Pflanzen aus, die durch Bienen bestäubt werden. Mit einer völlig unspezifischen Vernichtung aller Gliederfüßler beseitigt man auch die Hauptnahrungsquelle vieler Vogel- und Fischarten. So vernichtete man durch versehentliches Mitbesprühen kleiner Flußläufe und Teiche schon häufig die gesamte tierische Fischnahrung in solchen Gewässern. Bei Behandlung großer Territorien kann als Folge die Vogelbrut verhungern. Deshalb werden heute in zunehmendem Maße spezifischer wirkende Pestizide angewendet, wie beispielsweise das Thiodan (s. S. 128), welches für Bienen ungefährlich ist. Daneben verwendet man Pestizide, die von Pflanzen aufgenommen werden und dann nur noch pflanzensaugenden Insekten zugänglich sind. [Solche Pestizide werden mitunter als systemische Pestizide bezeichnet, weil sie über das Pflanzensystem wirken. Der Begriff „systemische Pestizide" wird jedoch auch für Pestizide verwendet, die nur bestimmte systematische Gruppen (von Pflanzen oder Tieren) abtöten.]

Unter den Wirbeltieren sind Kaltblüter empfindlicher als Warmblüter, obwohl diese Wirkstoffe von allen Tieren gleich gut aufgenommen werden. Man nimmt an, daß Warmblüter auf Grund ihrer höheren Körpertemperatur Pestizide rascher abbauen als Kaltblüter. Der LD_{50}-Wert für Malathion beträgt bei der Ratte 1400 mg/kg, bei der Forelle 2 mg/kg. Beim DDT beträgt er für die Ratte 250 mg/kg, für die Forelle 0,1 mg/kg.

e) Resistenzbildung

Ein besonders unliebsamer Nebeneffekt der Pestizide besteht darin, daß sie bei langanhaltendem Gebrauch Resistenzbildung bei den Schadinsekten verursachen, d. h. die Schädlinge werden widerstandsfähig gegen das über lange Zeit hin angewendete Pestizid. Die Resistenz gegenüber Pestiziden wird auf gleiche Weise erworben wie Antibiotikumresistenz von Bakterien (s. S. 152). Als Folge solcher Resistenzbildung müssen höhere Pestizidkonzentrationen angewendet werden, damit noch Wirkungen erzielt werden. Auf diese Weise wird natürlich auch die Umwelt stärker belastet. Einen gangbaren Ausweg aus dieser Situation bietet dann die Entwicklung neuer Pestizide.

8. Maßnahmen zur Verminderung des Pestizideinsatzes

Die vorangehenden Abschnitte sollten veranschaulichen, daß durch Nebenwirkungen und Toxizität die Pestizidanwendung problematisch wird. Andererseits können wir uns einen völligen Verzicht auf Pestizide nicht mehr leisten, weil sie eine Reihe bislang unersetzlicher, wünschenswerter Eigenschaften besitzen (Tabelle 25). Man muß also

Tabelle 25. Einige wünschenswerte und einige unerwünschte Eigenschaften der Pestizide

Unerwünschte Eigenschaften	Erwünschte Eigenschaften
Giftigkeit für den Menschen	Steigerung der Ernteerträge
Rückstandsbildung und globale Ausbreitung	Erhöhte Milch- und Fleischproduktion bei Rindern
Anreicherung im Fettgewebe	Reduzierung von Ausfällen bei der Nahrungsmittellagerung
Beeinträchtigung von Bodenorganismen	Einsparung von Arbeitskräften in der Landwirtschaft
Starke Schädigung von Kaltblütern	Unterdrückung gefährlicher Seuchen
Schwierige Dosierung	Verbesserung der Körperhygiene
Belastung von Grund- und Oberflächenwasser	Desinfektion von sanitären Anlagen und klinischen Geräten
Störung biologischer Kläranlagen	
Giftige Begleitstoffe	
Gefahr von Fehlsynthesen	

versuchen, die nützlichen Wirkungen weitgehend zu erhalten, die Risiken jedoch im Rahmen des Möglichen auszuschalten. Eine hundertprozentige Beseitigung jeglichen Risikos wird ebenso unerreichbar bleiben wie eine absolute Ausschaltung industrieller Emissionen.

Für eine wirksame Verminderung der Risikofaktoren von Pestiziden wurden bereits eine Anzahl von Möglichkeiten aufgezeigt, die es nun gilt, Schritt für Schritt in die Tat umzusetzen.

a) Verbesserung der Pestizidherstellung

Bereits die Herstellung von Pestiziden kann mit gewissen Risiken verbunden sein, wie das Beispiel Hexachlorophen deutlich machte (s. S. 132). Sofern solche Synthesen zur Herstellung unverzichtbarer Pestizide durchgeführt werden müssen, sollten die Herstellungsverfahren so sorgfältig gesteuert werden, daß Überhitzungen oder unzulässige Drucksteigerungen im Reaktionsbehälter ausgeschlossen werden. Ist das nicht möglich, dann sollten unbedingt zusätzliche Schutzkammern um die Reaktionsbehälter errichtet werden, die geeignet sind, eventuell verpuffende Reaktionsgemische schadlos aufzufangen.

Sofern bei der Pestizidherstellung Spuren giftiger Begleitstoffe entstehen, wie z. B. TCDD in der 2,4,5-Trichlorbenzoesäure (s. S. 132), sollten die Produkte grundsätzlich einer sorgfältigen Nachreinigung unterzogen werden, die das Produkt unter Umständen deutlich verteuern kann.

b) Verbesserung der Anwendungsverfahren

Da ein großer Teil der in der Landwirtschaft verwendeten Pestizide nicht seinen Bestimmungsort erreicht (s. S. 131), müssen verbesserte, den einzelnen Kulturen möglichst gut angepaßte Spritzgeräte hergestellt werden. Dazu wären allerdings auch bindende gesetzliche Vorschriften über Düsenweite, maximalen Spritzabstand zur Pflanze sowie maximal zulässige Wirkstoffkonzentrationen nötig. Geeignete Prüfverfahren sollten das Einhalten der Bestimmungen gewährleisten. Allerdings dürften nicht nur Bestimmungen und Kontrollen eingeführt werden, die Landwirte sollten auch ausreichend über die Risiken aufgeklärt werden, die mit der Pestizidanwendung verknüpft sind, so daß Schäden durch Leichtsinn und Unwissenheit vermindert werden.

Ferner könnte man auch berücksichtigen, daß besonders giftige, langlebige und leicht fettlösliche Pestizide nicht unkontrolliert jedermann in beliebiger Menge zugänglich sind. Auch dieser Wunsch bedarf einer gesetzlichen Regelung.

c) Entwicklung spezifisch wirkender Pestizide

Ein weiterer Weg zur Verminderung des Pestizidrisikos kann in der Entwicklung neuer spezifisch wirkender Pestizide bestehen. Dabei müssen besonders folgende Kriterien berücksichtigt werden:

1. Die Pestizide sollen kurzlebig sein, d. h. sie müssen rasch abgebaut werden.
2. Sie sollten nicht fettlöslich sein oder rasch in wasserlösliche Stoffe umgewandelt werden können, damit sie im Körper nicht gespeichert werden.
3. Sie sollten möglichst spezifisch bestimmte systematische Gruppen von Tieren oder Pflanzen angreifen, andere Organismen jedoch weitgehend verschonen.

Zur Verwirklichung des dritten Punktes müssen die Pestizide den Stoffwechseleigenarten bestimmter Gruppen von Organismen angepaßt werden. Bei der Entwicklung von Herbiziden versucht man beispielsweise, Stoffe zu finden, die die Ausbildung von Festigungsgeweben unterdrücken. Die Pflanzen fallen dann leicht um und können sich nicht mehr richtig weiterentwickeln. Um dieses Ziel zu erreichen, versucht man speziell ein Enzym zu blockieren, welches am Beginn der Ligninsynthese (Lignin = Holzsubstanz) steht, die sog. Phenylalaninammoniumlyase (PAL), denn dieses Enzym gibt es nur bei Pflanzen, nicht bei Tieren und Menschen. Aber auch Herbizide, die auf so spezieller Grundlage wirken, müssen vorsichtshalber an tierischen Organismen auf unerwartete Nebeneffekte geprüft werden.

d) Verminderung des Pestizideinsatzes

Zweifellos der direkteste Weg, der zum Abbau der Pestizidrisiken führen könnte, bestünde in einer Verminderung des Pestizideinsatzes. Eine erfolgreiche Schädlingsbekämpfung ist dann aber nur möglich, wenn geeignete, flankierende Maßnahmen ergriffen werden. Diese können von Fall zu Fall sehr verschieden sein, wie an Hand einiger Beispiele veranschaulicht werden soll:

Beispiel 1:
Krankheitserreger und Insekten bedürfen einer gewissen Zeit der Vermehrung, bis eine Population (= Gesamtzahl der Individuen einer Art in einem bestimmten Gebiet) so stark herangewachsen ist, daß sie in nennenswertem Umfang Schaden anrichtet. Wenn man die Vermehrungsrate einer Art genau kennt, dann ist man in der Lage vorherzusagen, wann mit einem Massenauftreten zu rechnen ist und wann nicht. Solche Vorhersagen könnte man dazu ausnutzen, den Pestizideinsatz auf den Zeitraum des zu erwartenden Massenauftretens zu beschränken. Dazu sind genaue Beobachtungen wichtiger Schadorganismen in der Natur ebenso notwendig wie ein gut funktionierendes Benachrichtigungssystem.

Beispiel 2:
Bringt man subletale (= nicht tödlich wirkende) Dosen von Pestiziden aus, dann schädigt man damit die Schadinsekten bereits so stark, daß sie anfälliger gegen Infektionskrankheiten werden. In diesem Zustand werden die Schadorganismen durch gleichzeitig ausgebrachte spezifische Krankheitserreger (Pilze, Bakterien) abgetötet. Andere Lebewesen schont man dabei weitgehend. (Dieses Verfahren gibt erneut einen Hinweis darauf, daß wahrscheinlich auch der Mensch durch subakute Vergiftungen mit Fremdstoffen infektionsanfälliger werden kann.)

Beispiel 3:
Einige Insektenarten können allein durch bestimmte Mikroorganismen dezimiert werden. Z.B. befällt *Bacillus thuringensis* speziell die Raupen von Motten und Schmetterlingen. Wenn man Kulturen dieser Bazillen belüftet, dann bilden sie Sporen (= Dauerzellen). Diese Sporen verbreitet man im Freien, wo sie von den Raupen aufgenommen werden. Die Sporen enthalten ein Protoxin, welches die Darmwand (= Darmepithel) zerstört. Durch solche Wundstellen dringen auskeimende *Bacillus thuringensis*-Zellen in Darmhöhle und Blutbahn ein und führen zu einer Art Blutvergiftung. Auch bei dieser Bekämpfungsmethode werden Nutzinsekten verschont, wie z.B. Florfliegen, Schlupfwespen, Marienkäfer, Ameisen und Bienen.

Beispiel 4:
Mit Hilfe geeigneter Lockstoffe werden Schädlinge an einen bestimmten Ort gelockt und dort ohne Belastung der Umgebung gezielt vernichtet. In den Subtropen ist z.B. der Khaprakäfer ein gefürchteter Getreidevorratsschädling. Durch Aufhängen von Jutefetzen über dem gelagerten Getreide kann man einige Weibchen anlocken, denn Jute übt auf sie einen taktilen (= Berührungs-)Reiz aus. Die Weibchen geben einen Sexuallockstoff an die Jute ab, der 100% der männlichen und 64% der weiblichen Käfer aus dem Lagergut anlockt. Da die Insekten bis nach der Kopulation in der Duftwolke versammelt bleiben, reicht die Zeit aus, um sie einzusammeln und in heißer Luft oder heißem Wasser abzutöten. Eine Reihe von anderen Insekten lassen sich mit synthetischen Lockstoffen anlocken und mit einem lokal ausgebrachten Pestizid abtöten.

Beispiel 5:
Einige sich rasch vermehrende Schädlinge, wie Blattläuse, können mit genetischen Bekämpfungsmaßnahmen beseitigt werden. Hierzu führt man über mehrere Generationen hinweg männliche Tiere, die zuvor mit Röntgenstrahlen sterilisiert wurden, in die Blattlauspopulation ein. Sterile und fertile Männchen paaren sich in Konkurrenz zueinander mit den vorhandenen Weibchen. Da jedoch aus jeder Paarung mit sterilen Männchen keine Nachkommen hervorgehen, wird so die Population bereits nach wenigen Generationen nahezu ausgerottet. Wegen technischer Schwierigkeiten dieses Verfahrens und wegen des unterschiedlichen Sexualverhaltens der verschiedenen Tierarten ist diese Methode nur begrenzt anwendbar.

Beispiel 6:
Eine weitere Möglichkeit, wenngleich nicht immer erfolgreich, stellt der Ersatz von Pestiziden durch räuberische Insekten dar. Offenbar vernichten diese jedoch nur einen vergleichsweise geringen Prozentsatz der Schadinsekten. Auch die Anwendung verschiedener Insektenhormone bzw. Antihormone, die die Insektenentwicklung hemmen, brachte nicht immer die erhoffte Wirkung. Solche Stoffe scheinen bereits in geringer Konzentration schädlingsvernichtende Insekten (Schlupfwespen usw.) oft stärker zu schädigen als die Schadinsekten selbst.

Die soeben aufgezählten Beispiele machen deutlich, daß Schädlingsbekämpfungsmaßnahmen bei reduziertem Pestizideinsatz durchaus möglich sind, und man kann gegenwärtig beobachten, daß auf vielen Sektoren nach weiteren Möglichkeiten gesucht wird, von routinemäßigen Pestizidbehandlungen wegzukommen und Pestizide nur noch zu akuten Bekämpfungsmaßnahmen einzusetzen. Solche Methoden, soweit sie schon erforscht wurden, erfordern durchweg detaillierte Sachkenntnisse und bedürfen deshalb stets der wissenschaftlichen Anleitung.

e) Züchterische Maßnahmen

Ein erst auf lange Sicht erfolgversprechender Weg besteht schließlich darin, wichtige Kulturpflanzen durch Züchtung resistent gegen verschiedene Schädlinge zu machen. Dieser Weg sollte besonders intensiv verfolgt werden, auch wenn dabei keine raschen Erfolge zu erwarten sind. Aber gerade die Resistenzzüchtung kann in ferner Zukunft ganz maßgeblich zur Entlastung der Umwelt von Pestiziden beitragen. Für eine erfolgreiche Resistenzzüchtung kreuzt man Resistenzeigenschaften von Wildformen in die Kulturpflanzen ein. Diese Wildformen dürfen deshalb nicht mit der chemischen Unkrautbekämpfung völlig ausgerottet werden. Das soll natürlich nicht heißen, daß man künftig der Mohnblume, der Kornblume und der Kornrade wieder den Einzug in die Getreidefelder gestattet oder Weideflächen mit minderwertigen oder giftigen Pflanzen verunkrauten läßt, wie es einige nostalgische Naturschützer gerne sähen. Man sollte aber Reservate für Wildformen wichtiger Kulturpflanzen ausweisen, wo sich diese in ihrer natürlichen Umgebung und ohne Pestizideinwirkung, d.h. unter dem Selektionsdruck der natürlich auftretenden Schädlinge, weiterentwickeln können. Da unsere heutigen Kulturpflanzen aus verschiedenen Regionen der Erde stammen, könnten solche Reservate nur durch internationale Absprachen festgelegt werden. Aus Sorge darüber, daß ein ausreichender Schutz wertvoller Wildpflanzen nicht rechtzeitig wirksam wird, ist man an verschiedenen Stellen im In- und Ausland dazu übergegangen, besonders wichtige Wildformen künstlich weiterzukultivieren, um sie vor dem Aussterben zu bewahren und damit ihr Genmaterial (= ihre Eigenschaften) für weitere Züchtungen verfügbar zu halten.

VI. Medikamentenmißbrauch

Während man die Pestizidanwendung heute mit großer Skepsis und Widerwillen betrachtet, werden Gefahren, die sich aus dem Mißbrauch von Medikamenten ergeben, meist völlig totgeschwiegen. Das Spektrum an Möglichkeiten des Medikamentenmißbrauchs ist jedoch außerordentlich breit gefächert, wie einige Beispiele andeuten sollen.

So werden Abkömmlinge menschlicher Sexualhormone, sog. Anabolika, sogar unter ärztlicher Anleitung bei Hochleistungssportlern sehr häufig eingesetzt, ohne daß eine therapeutische Notwendigkeit dafür vorliegt. Sie sollen lediglich den irrationalen Wunsch nach einem hypertrophierten (= über das normale Maß hinausgehenden) Muskelwachstum befriedigen. Zu den bekanntesten Nebeneffekten zählt die androgene (= vermännlichende) Wirkung, die sich bei Frauen besonders in Akne (Hautausschläge), tiefer Stimmlage und Zyklusstörungen äußert. Bei Männern können in hohen Konzentrationen Gonadenstörungen (Spermatogenese) auftreten. Bei Jugendlichen setzt mitunter verfrühte Knochenreifung ein, was zu vorzeitigem Wachstumsstillstand führt.

Während das Anabolikaproblem auf einen eng begrenzten Personenkreis beschränkt ist, wurden von einigen Arzneimitteln breite Bevölkerungsschichten betroffen. Wenngleich ein Mißbrauch häufig allein dem Konsumenten anzulasten ist, können Arzneimittelschäden auch durch pharmakologisch ungenügend geprüfte Arzneimittel ausgelöst werden. Großes Aufsehen erregte u. a. die „Contergan-Affäre" in den sechziger Jahren. „Contergan" war ein Schlafmittel mit dem Wirkstoff Thalidomid (ein Abkömmling des Piperidindions). Wurde dieses Mittel während der ersten Schwangerschaftsmonate genommen, dann konnten sich Mißbildungen der Extremitäten des Fötus einstellen.

Ein anderer Arzneimittelschaden wurde erstmals während der fünfziger Jahre in Japan entdeckt: Man nannte diese Krankheit SMON (= *s*ubacute *m*yelo-*o*ptic *n*europathy). Sie äußert sich besonders in Lähmungen der unteren Extremitäten sowie in Sehstörungen. Man führt diese Erkrankung, die auch außerhalb Japans gelegentlich beobachtet wurde, auf langanhaltende Einnahme von 8-Hydroxychinolin-haltigen Medikamenten zurück. Diese Medikamente werden wegen ihrer fungiziden und bakteriziden Wirkung vielfach gegen Verdauungsstörungen eingesetzt.

Solche Beispiele zeigen, daß auch rezeptfreie Arzneimittel mit der nötigen Zurückhaltung angewendet werden müssen, d.h. nicht über Jahre hinweg täglich eingenommen werden dürfen, wenn sie nicht zu gefährlichen Umweltgiften werden sollen. (8-Hydroxychinolin-haltige Medikamente waren bis zum 31.12.1976 rezeptfrei.)

Neben den wenigen hier erwähnten Medikamenten können viele andere Arzneimittel die menschliche Gesundheit in großem Stil gefährden, wie Schmerzmittel oder sogar die heute unersetzlichen Antibiotika.

1. Antibiotika

Antibiotika haben, ähnlich wie einst das DDT, einen stürmischen Siegeszug angetreten. Antibiotika sind Stoffe, die von Mikroorganismen produziert werden und die andere Mikroorganismen abtöten oder in ihrer Entwicklung hemmen. Mit Hilfe dieser Medikamente gelang es, Bakterieninfektionen in kürzester Zeit zu heilen, die früher schweres Siechtum und ungezählte Todesfälle verursachten. Das Wirkungsprinzip von Antibiotika erkannte erstmals Alexander Fleming im Jahre 1928, als er das von *Penicillium*-Kulturen (Gruppe von Schimmelpilzen) abgegebene Antibiotikum, Penicillin, entdeckte. Zur breit angelegten Therapie bakterieller Infektionen wurde dieser Wirkstoff jedoch erst seit 1940 verwendet, als es einer englischen Forschergruppe (sog. Oxforder Forschergruppe um Florey) gelang, die Reinsubstanz Penicillin (Tabelle 26) aus dem Kulturmedium des Schimmelpilzes *Penicillium notatum* zu isolieren. Später wurden auch aus Kulturen anderer Mikroorganismen weitere Antibiotika gewonnen. Gegenwärtig werden weltweit jährlich mehrere 100 t dieser Medikamente hergestellte und verbraucht.

Um die Problematik der Antibiotikumanwendung verstehen zu können, muß man zunächst den ganzen Anwendungsbereich dieser Stoffe kennen.

a) Anwendungsbereich

Eine große Rolle spielen Antibiotika in der Tierhaltung. Dort werden sie u.a. zur Bekämpfung bakterieller Infektionskrankheiten eingesetzt. Z.B. erhält ein 50 kg schweres Schwein als therapeutische Dosis täglich

1 g oral (mit dem Futter) oder 200 mg als Injektion. Durch prophylaktische (= vorbeugende) Antibiotikumbehandlung kann man ferner ganze Tierbestände vor Infektionen schützen und damit einen kontinuierlichen Zuwachs des ganzen Bestandes sichern. So kann man Antibiotika durchaus gewinnbringend anwenden, obwohl sie relativ teuer sind. Antibiotika werden auch prophylaktisch an das Wild verfüttert, besonders um den Bestand im Winter gesund zu halten und um bei Hirschen eine gleichmäßige Geweihbildung zu sichern.

Antibiotika werden außerdem als Wachstumsstimulatoren verwendet. Hierzu mischt man dem Futter Penicilline, Tetracycline oder Streptomycin (Tabelle 26) bei. Die dabei verwendeten Konzentrationen sind wesentlich geringer als bei Therapie und Prophylaxe. Das schon oben erwähnte 50 kg schwere Schwein würde zur Wachstumsstimulation täglich 35 mg oral erhalten. (Als Wachstumsstimulatoren werden bei Schweinen auch Kupfersalze, bei Geflügel Arsensalze verwendet.) Der Wachstumseffekt der Antibiotika ist stärker als derjenige von Vitamin B_{12}. Worauf dieser nutritive Effekt beruht, ist nicht ganz klar. Man hat zwar gefunden, daß z.B. Küken unter sterilen Bedingungen rascher wachsen als unter unsterilen Verhältnissen, so daß die Antibiotika störende Bakterien beseitigen könnten, doch geht die wachstumsfördernde Wirkung mit zunehmendem Alter der Tiere verloren. Eventuell stimulieren Antibiotika gewisse Stoffwechselvorgänge im jugendlichen Tierkörper. Wie immer der nutritive Effekt auch zustande kommen mag, der Wachstumsgewinn ist beträchtlich: Man schätzt ihn auf 1 000 000 bis 3 000 000 t jährlich.

Einen dritten Anwendungsbereich der Antibiotika in der Tierhaltung stellen sog. Streßsituationen dar. Darunter versteht man insbesondere Standortveränderungen des Viehs, wie z.B. nach einem Verkauf. Zur Streßbehandlung werden Antibiotikumkonzentrationen verwendet, die zwischen der therapeutischen und der wachstumsfördernden Dosis liegen. Der Nutzeffekt solcher Antibiotikumbehandlungen ist umstritten.

Größer noch als in der Tierhaltung ist der Antibiotikumverbrauch in der Humanmedizin. Hier werden die Antibiotika stets bei bakteriellen Infektionen eingesetzt, gelegentlich auch bei Virusinfektionen. Hierbei ist der Antibiotikumnutzen jedoch fragwürdig. Die therapeutischen Dosen beim Menschen richten sich nach Art der Infektion und nach dem verwendeten Antibiotikum. Die untere Grenze dürfte etwa bei 1 g, die obere Grenze bei 60 g pro Person und Tag liegen. Die Konzentrationen von Penicillin G werden allerdings nicht in Gramm angegeben, sondern in internationalen Einheiten (= IE), bzw. in Mega IE (= 1 000 000 IE). 1 IE entspricht 0,67 μg.

Tabelle 26. Struktur einiger gebräuchlicher Antibiotika

Name	Struktur	Einige Vertreter aus dem Wirkungsspektrum	Wirkungsmechanismus
Penicillin G (Penicilline)	(Strukturformel)	Staphylokokken Streptokokken Pneumokokken Gonokokken Spirochaeten	Hemmung des Baus der Bakterienzellwand (Vernetzung des Mureins)
Cephalothin (Cephalosporine)	(Strukturformel)	Staphylokokken Streptokokken Enterokokken Pneumokokken *Escherichia coli* *Klebsiella* Meningokokken Gonokokken	wie Penicilline
Tetracyclin (Tetracycline)	(Strukturformel)	Staphylokokken Streptokokken Actinomyceten *Escherichia coli* *Shigella* Salmonellen *Klebsiella* Meningokokken Gonokokken Brucellen *Haemophilus* Spirochaeten Rickettsien	Hemmung der Proteinsynthese. (Verhindern die Bindung von tRNS an Ribosomen. Die Affinität der Bakterienribosomen (70S) ist wesentlich größer als die der Säugerribosomen (80S).) Greifen an 30S-Untereinheiten an!

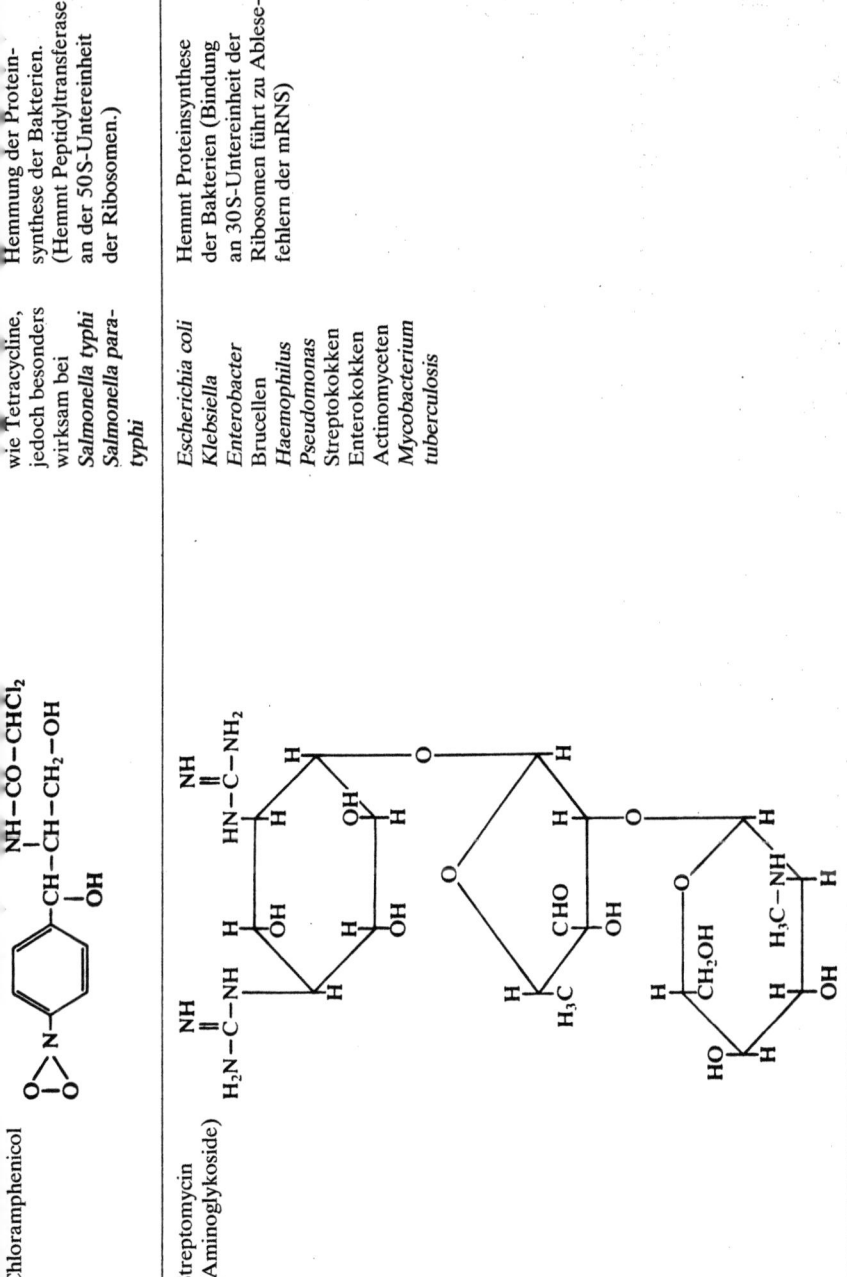

Chloramphenicol		wie Tetracycline, jedoch besonders wirksam bei *Salmonella typhi* *Salmonella paratyphi*	Hemmung der Proteinsynthese der Bakterien. (Hemmt Peptidyltransferase an der 50S-Untereinheit der Ribosomen.)
Streptomycin (Aminoglykoside)		*Escherichia coli* *Klebsiella* *Enterobacter* Brucellen *Haemophilus* *Pseudomonas* Streptokokken Enterokokken Actinomyceten *Mycobacterium tuberculosis*	Hemmt Proteinsynthese der Bakterien (Bindung an 30S-Untereinheit der Ribosomen führt zu Ablesefehlern der mRNS)

b) Gefahren durch Antibiotika

Wie bereits angedeutet wurde, ist die dauernde Anwendung von Antibiotika nicht unproblematisch, obwohl es sich hier um Naturstoffe handelt. Wie jedes Heilmittel, so verursachen auch Antibiotika physiologische Nebeneffekte. Die geringsten Nebenwirkungen gehen von Penicillinen und Cephalosporinen aus, da sie primär einen Stoffwechselweg blockieren (Synthese der Bakterienzellwand), den es bei höheren Organismen nicht gibt. Alle anderen Antibiotika (die Tetracycline ausgenommen) können stärkere Nebenwirkungen beim Menschen ausüben, wie z.B. Knochenmarkschäden durch Chloramphenicol, Nerven- und Nierenschäden durch Streptomycin und Polymyxine. Bei empfindlichen Personen können jedoch alle Antibiotika teils starke allergische Reaktionen auslösen (vgl. dazu S. 18). Antibiotika beeinträchtigen bei Mensch und Säugetier die natürliche Darmflora, was sehr häufig vorübergehend zu Verdauungsstörungen führt.

Solche Nebenwirkungen stellen sich beim Menschen besonders nach therapeutischer Antibiotikumbehandlung ein. Unter Umständen können sie auch auftreten, wenn sehr empfindliche Personen frische Milch von Kühen trinken, die unmittelbar vorher zur Vorbeugung gegen Mastitis (= bakterielle Entzündung des Euters) mit Antibiotika behandelt wurden. Der Genuß des Fleisches antibiotikumbehandelter Tiere dürfte beim Mensch jedoch nicht zu Antibiotikumnebenwirkungen führen, sofern das Fleisch gekocht oder gebraten wurde. Antibiotika sind nämlich hitzeempfindlich.

c) Resistenzbildung

Wie schon bei den Pestiziden, so mußte man auch bei Antibiotika nach einigen Jahren der Anwendung feststellen, daß die zu bekämpfenden Schädlinge zum Teil resistent gegen die wiederholt eingesetzten Antibiotika wurden. Die Resistenzbildung der Mikroben gegenüber Antibiotika kann man im Experiment leicht nachvollziehen, so daß dieser Vorgang heute gut bekannt ist.

Resistenzbildung geht stets auf eine Mutation zurück; das ist eine plötzlich auftretende Eigenschaftsänderung, die durch eine (z.B. strahleninduzierte) Veränderung der DNS (s. S. 171) zustande kommt. Eine solche Resistenz kann z.B. darin bestehen, daß die betreffenden Zellen durch Mutation imstande sind, ein Enzym zu bilden, welches das Antibiotikum abbaut, oder die Zellmembran kann plötzlich weniger durchlässig für das Antibiotikum werden. Zellen mit solchen Eigenschaften können durch sehr hohe Antibiotikumkonzentrationen trotzdem noch abgetötet werden, d. h. die Mutationen machen sich nur in Gegenwart relativ geringer Wirkstoffkonzentrationen bemerkbar. Setzt man solche Resistenzmutanten einige Zeit einer niederen Antibiotikumkonzentration aus, dann sterben die nichtresistenten Formen ab, während sich die resistenten Zellen weiter vermehren. Sind sie zu einer großen Population angewachsen, dann werden unter diesen Zellen gelegentlich Mutanten auftreten, die eine verbesserte Resistenz aufweisen, d. h. ein noch aktiveres Enzym, welches das Antibiotikum abbaut, oder eine für das Antibiotikum noch weniger durchlässige Zellmembran. Diese Zellen können einer noch höheren Antibiotikumkonzentration widerstehen. So kann durch langsame, stufenweise Steigerung der Antibiotikumkonzentration eine immer stärker ausgeprägte Resistenz erzielt werden. Bakterien können auf diese Weise nicht nur gegen die verschiedensten Antibiotika resistent werden, wie z. B. gegen Penicillin, Chloramphenicol, Tetracyclin usw., sondern sogar gegen synthetische, bakteriostatisch (= das Bakterienwachstum hemmend) wirkende Substanzen, wie Sulfonamide.

Auch Resistenz gegen mehrere Antibiotika und synthetische Bakteriostatika können Bakterien auf dem soeben beschriebenen Wege erwerben (= Multiresistenz).

Die einzelnen Antibiotika werden durch unterschiedlich viele Enzyme abgebaut oder inaktiviert. Läßt sich ein Antibiotikum z. B. durch sechs verschiedene Enzyme inaktivieren, dann ist die Wahrscheinlichkeit größer, daß ein Bakterium Resistenz gegen diesen Stoff entwickelt als gegen ein Antibiotikum, das nur durch ein Enzym inaktiviert werden kann. Da solche inaktivierenden Enzyme eine gewisse Zeit benötigen, ehe sie das Antibiotikum verändert haben, kann diese Form der Resistenz überwunden werden, wenn es gelingt (im menschlichen oder tierischen Körper), sehr rasch einen hohen Antibiotikumspiegel aufzubauen, damit die antibakterielle Wirkung eintritt, bevor die Antibiotikuminaktivierung stattfindet.

Antibiotikumresistenz kann an zwei verschiedenen Stellen in der Bakterienzelle verankert sein:

1. Auf dem Bakterienchromosom. Die Resistenz wird zwar bei jeder Zellteilung auf die Tochterzellen übertragen, aber nicht auf Zellen eines anderen Bakterienstammes.
2. Auf einem Episom oder Plasmid. Darunter versteht man gesonderte, im Vergleich zum Bakterienchromosom winzig kleine DNS-Ringe, die gelegentlich auch in das Bakterienchromosom eingelagert werden können. Da Episomen auch die Anlage zur Bakterienkopulation (= DNS-Austausch zweier Zellen) tragen, kann eine episomale

Resistenz auf andere Stämme und Arten weitergegeben werden, so daß auf diesem Wege Stämme resistent werden, die überhaupt keinem Antibiotikum ausgesetzt waren. Auf diese Weise kann Resistenz und Multiresistenz gegen Ampicillin, Chloramphenicol, Kanamycin, Neomycin, Streptomycin, Tylosin, Tetracyclin und gegen die oben bereits erwähnten synthetischen Sulfonamide übertragen werden.

Wie häufig Resistenzübertragungen tatsächlich vorkommen, ist nicht bekannt. Man hat lediglich gewisse Vorstellungen darüber, wie häufig übertragbare Resistenzfaktoren bei Bakterien vorkommen: von 90 untersuchten *Salmonella*-Stämmen trugen 63% einen solchen Faktor, und von 26 *Escherichia coli*-Stämmen besaßen 25% ein Episom. Deshalb kann z. B. Resistenz gegenüber Aminoglucosid-Antibiotika solcher kopulationsfähiger *Escherichia coli*-Zellen auf eine ganze Reihe anderer Arten übertragen werden, wie *Salmonella, Klebsiella, Citrobacter, Shigella* und andere mehr.

Da Antibiotika nicht nur beim Menschen, sondern auch bei Haustieren häufig angewendet werden, versuchte man der Frage nachzugehen, ob tierische Stämme von *Escherichia coli* mit Resistenzfaktoren auf den Menschen übertragen werden können. Das kommt tatsächlich vor, allerdings breiten sich diese Bakterien in menschlichen Eingeweiden praktisch nicht aus. Dennoch scheinen in seltenen Fällen Resistenzfaktoren tierischer Bakterien auf menschliche Bakterien gelegentlich übertragen zu werden. Resistenzbildung menschlicher Bakterien wird besonders häufig nach fahrlässiger Antibiotikumanwendung oder in antibiotikumhaltigem Abwasser beobachtet.

Antibiotikumresistenz, d.h. die Unwirksamkeit von Antibiotika, kann jedoch auch vorgetäuscht werden. Bereits Spuren von Schwermetallionen, wie Hg^{2+}, Pb^{2+}, Zn^{2+} u. a. können Penicilline völlig inaktivieren, so daß dann auch nicht resistente Bakterien überleben.

d) Schutz vor den Gefahren durch Antibiotika

Die beiden wichtigsten durch Antibiotika auftretenden Gefahren sind ganz unterschiedlicher Natur: einmal können Antibiotika durch unerwünschte Nebeneffekte, zum anderen durch den Verlust ihrer antibiotischen Wirkung infolge Resistenzbildung der Bakterien zur gesundheitlichen Gefahr für den Menschen werden.

Der Schutz vor unerwünschten Nebenwirkungen kann nur beim Menschen selbst einsetzen, der die Antibiotika konsumiert. Die Anwendung der Antibiotika, ganz besonders derjenigen Formen, die vom Menschen nicht so gut vertragen werden (s. S. 152), muß wie bei jedem Medikament auf die unerläßlich notwendigen Fälle beschränkt werden. Bei Personen mit Störungen der Leber- und Nierenfunktionen sollten Antibiotika möglichst ganz vermieden werden. Die oftmals noch allzu sorglose Verschreibung von Antibiotika für Kleinkinder (z.B. antibiotikumhaltige Säfte, Tabletten und Injektionen) sollte künftig unterlassen werden, da im Falle einer Nebenwirkung diese bei Kleinkindern viel stärker ausfallen kann als bei Erwachsenen; unter Umständen treten Spätschäden auf. Allergische Reaktionen lassen sich häufig vermeiden, wenn Antibiotika nicht lokal (an Haut, Lippen, Auge usw.) angewendet werden. Bei oraler Aufnahme (= durch den Mund) ist mit weniger allergischen Reaktionen zu rechnen als bei anderen Anwendungsarten. Resistenzbildung der Bakterien gegen Antibiotika tritt bei der Tierhaltung und im Bereich der Humanmedizin gleichermaßen auf. Wegen der Möglichkeit der Resistenzübertragung muß in beiden Fällen die Dosierung sorgfältig vorgenommen werden. Das bedeutet, daß nur voll wirksame therapeutische Dosen verwendet werden dürfen. Gerade die geringen Antibiotikumkonzentrationen, die man als Wachstumsstimulantien und gegen „Streß" einsetzt, haben sicher schon häufig zur Resistenzbildung von Bakterien beigetragen. Das gleiche gilt für die Anwendung zu niedriger Antibiotikumdosen beim Menschen.

Völlig fehl am Platz ist das Haltbarmachen von Bananen, Fisch und anderen leicht verderblichen Lebensmitteln mit Antibiotika. Die hierzu verwendeten geringen Konzentrationen tragen ebenfalls zur Resistenzbildung bei Bakterien bei.

In Zukunft muß das Bewußtsein aller dafür geschärft werden, daß Antibiotika keine harmlosen Mittel sind, sondern Medikamente, die nur wohlüberlegt und möglichst selten eingesetzt werden sollten. Daß die Rezeptpflicht der Antibiotika allein nicht genügt, dieses Ziel zu erreichen, hat die Vergangenheit gelehrt. Vor allem sollte eine intensive Aufklärung über die Konsequenzen unbesorgter Antibiotikumanwendung sowohl bei den Verschreibenden als auch bei den Verbrauchern das Verständnis dafür fördern, diese für uns so wichtige Stoffklasse für Notfälle zu reservieren. Andernfalls setzt man sich nicht nur unnötig gefährlichen Nebenwirkungen aus, sondern man macht die wirksamste Waffe, die wir gegen Bakterien besitzen, selbst stumpf.

2. Schlafmittel und Psychopharmaka

Einen besonderen Platz unter den Medikamenten nehmen Schlafmittel und Psychopharmaka (Abb. 32) ein, Arzneimittel, die entweder beruhigend oder anregend, häufig stimmungsaufhellend wirken. Gerade zu solchen Mitteln nimmt der Mensch heute sehr gerne Zuflucht, um Streß, Angst, Müdigkeit oder Erregungszustände auf einfache Weise

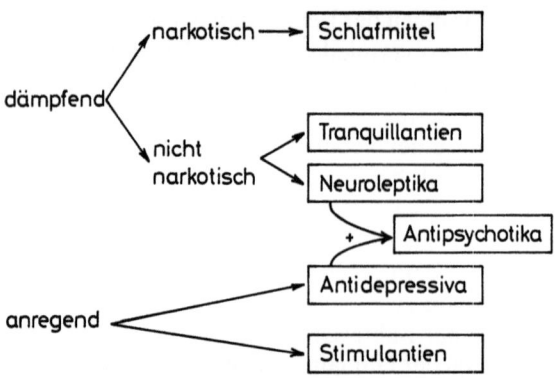

Abb. 32. Systematische Übersicht über die Wirkungscharakteristika von Schlafmitteln und Psychopharmaka

überwinden zu können. Nur zu leicht gerät jedoch der Griff in die Pillendose zur täglichen Routine, und man übersieht dabei die entscheidenden Nachteile, die ein chronischer Gebrauch von Schlafmitteln und Psychopharmaka mit sich bringt.

a) Schlafmittel

Die wichtigsten Schlafmittel sind Harnstoffverbindungen, wie Monoureide und Diureide [= Barbiturate, Tabelle 27; als leichte Schlafmittel werden auch Antihistamine (s. S. 18) verwendet]. Die Schlafmittel greifen am Zentralnervensystem an. Die primären Wirkungsorte sind allerdings nicht genau bekannt. Die Monoureide verursachen bei hoher Dosierung erhöhte Bromkonzentrationen im Körper (vgl. S. 134), die Hautausschläge, Gedächtnisschwund und in schweren Fällen Delirien auslösen.

Barbiturate zeigen diese Nebeneffekte zwar nicht, sie erzwingen aber einen unphysiologischen Schlaf, der subjektiv nicht als so erholsam empfunden wird wie ein normaler Schlaf.

Der Normalschlaf ist durch wechselnde Phasen relativer Ruhe (= orthodoxer Schlaf: Rückgang von Blutdruck, Herzfrequenz und Hirndurchblutung sowie Erschlaffung der Muskulatur) und relativer Aktivität (= paradoxer Schlaf: rasche Augenbewegung, Träume, Anstieg von Blutdruck, Herzfrequenz und Hirndurchblutung) gekennzeichnet. Barbiturate unterdrücken die Phasen des paradoxen Schlafs. Obwohl die physiologische Bedeutung dieser Schlafphasen noch unbekannt sind, kann man doch gewisse Störungen nach dem Absetzen von Schlafmit-

Tabelle 27. Struktur einiger Sedativa und Psychopharmaka

Name	Struktur	Wirkungsweise
Schlafmittel		
Monoureide	$O=C\begin{smallmatrix}NH_2\\NH-R\end{smallmatrix}$ R = bromhaltiger org. Rest	Dämpfung des Zentralnervensystems
Diureide (Barbiturate)	Barbitursäure-Ringsystem mit R_1 und R_2 am C-5 R_1 und R_2 = verschiedene org. Reste	Dämpfung des Zentralnervensystems
Psychopharmaka		
Tranquillantien		
Meprobamat	$H_2N-\overset{O}{\overset{\|}{C}}-O-CH_2-\underset{\underset{CH_2-CH_2-CH_3}{\|}}{C}-CH_2-COO-NH_2$	Entkoppelung von psychischem und vegetativem System
Diazepam	7-Chlor-1-methyl-5-phenyl-1,3-dihydro-2H-1,4-benzodiazepin-2-on	
Neuroleptika		
Chlorpromazin	Phenothiazin-Grundgerüst mit Cl und $-(CH_2)_3-N(CH_3)_2$-Seitenkette	Dämpfung emotioneller Erregbarkeit

Tabelle 27 (Fortsetzung)

Antidepressiva

| Chlorimipramin | [Strukturformel: Dibenzazepin mit Cl-Substituent, N-(CH$_2$)$_3$-N(CH$_3$)$_2$-Seitenkette] | Beeinflussung des Gehalts an biogenen Aminen im Zentralnervensystem |

Stimulantien

| Amphetamin | [Strukturformel: Phenyl-CH$_2$-CH$_2$-NH$_2$] | Unbekannte Wirkung über das Nervensystem |

teln feststellen: Sie äußern sich in häufigen Angstträumen sowie in ausgedehnten Phasen orthodoxen Schlafs. Erst allmählich kehrt der oben beschriebene Normalrhythmus zurück und damit ein subjektiv als erholsam empfundener Schlaf.

Bei Überdosierung lähmen Schlafmittel die Atem- und Herztätigkeit und führen zum Tod.

Die größte Gefahr der Schlafmittel besteht wahrscheinlich darin, daß man von ihnen abhängig wird. Die zur Aufrechterhaltung der Wirkung erforderlichen Dosen müssen gesteigert werden (= Suchtbildung), was den Organismus zunehmend belastet. Deshalb treten immer deutlicher Nebeneffekte hervor, wie Schwindelgefühle, Lethargie und eingeschränktes Urteilsvermögen.

b) Tranquillantien (= Tranquilizer)

Tranquillantien (Tabelle 27) sind Medikamente, die besonders das affektive Verhalten des Menschen beeinflussen: Aggressivität und Bewegungsdrang werden vermindert, ein gewisses Gefühl der Gleichgültigkeit entsteht, und Angstgefühle verschwinden. Dabei bleiben jedoch die Funktionen der inneren Organe, wie Herztätigkeit, Verdauung usw. voll erhalten. Streß- und Angstsituationen können sich deshalb nicht mehr auf vegetative (= Eingeweide-)Organe nachteilig auswirken. Wegen dieser entkoppelnden Wirkung von psychischem und vegetativem System sind gerade Tranquillantien sehr beliebt und weit verbreitet („Volksnahrungsmittel"). Man verwendet sie nicht nur therapeutisch, sondern vielfach vorbeugend bei zu erwartenden Streßsituationen.

Die Toxizität dieser Substanzen, besonders der Diazepine (Tabelle 27) ist zwar gering, man muß aber u. U. damit rechnen, daß sie bei langfristiger Einnahme die Leber belasten (s. S. 14). Ausgeschieden werden diese Stoffe sehr langsam. Die Halbwertzeit für Diazepam beträgt über 24 h. Bei täglicher Einnahme dieser Substanzen kommt es deshalb zu einer Anreicherung im Körper (= Kumulation, s. S. 16). Die Gefahr einer Anreicherung ist sehr groß, da das angenehm entspannte Gefühl nach Einnahme von Tranquilizern zum Dauerkonsum verleitet. Die Wirkung der Tranquilizer wird durch Alkohol noch gesteigert, und es können nicht vorhersehbare Kombinationswirkungen auftreten. Tranquilizer (u. a. Psychopharmaka) setzen die Fahrtüchtigkeit von Autofahrern herab, nicht zuletzt wegen der reduzierten Angstgefühle, ohne daß sich der Fahrer dessen bewußt werden muß. Sie versetzen den Menschen nicht nur im Straßenverkehr in eine Scheinwelt, die von der Realität deutlich abweicht, und so kann gerade diese Arzneimittelgruppe zu Fehlverhalten Anlaß geben. Bei Schwangeren können Tranquilizer Mißbildungen am Fötus hervorrufen. Das Mittel „Librium" z. B. erzeugt 11,4–12,1 % solcher Mißbildungen. Andere Beruhigungsmittel verdoppeln die natürliche Mißbildungsrate (von 2,7 % auf ca. 5 %). Frauen im fortpflanzungsfähigen Alter sollten deshalb überhaupt keine Tranquillantien nehmen (oder zuverlässige Verhütungsmittel benutzen).

c) Neuroleptika

Im Unterschied zu den weitverbreiteten Tranquilizern werden Neuroleptika (Tabelle 27) fast ausschließlich zur Behebung psychischer Störungen eingesetzt. Sie dämpfen die emotionelle Erregbarkeit und befreien damit von Halluzinationen und Wahnvorstellungen, ohne dabei die geistigen Fähigkeiten zu vermindern. Sie schwächen auf noch unbekanntem Wege die Wirkung des Noradrenalins (Substanz zur Erregungsübertragung bei Nerven der inneren Organe). Nebenwirkungen dieser Arzneimittelgruppe wurden bisher sehr unzureichend untersucht, eine Feststellung, die man bei einer ganzen Reihe von Medikamenten machen kann.

d) Antidepressiva

In der Wirkung den Neuroleptika ähnlich sind Antidepressiva (Tabelle 27). Sie beseitigen depressive Stimmungen und Wahnvorstellungen, und sie aktivieren gleichzeitig den vitalen Antrieb. Der Gehalt biogener Amine im Zentralnervensystem (vgl. euphorisierende Wirkung von Nicotin, S. 39) wird erhöht. Die Anwendung von Antidepressiva ist noch kritischer als die der anderen Psychopharmaka zu beurteilen, denn sie verfügen über ein breites Spektrum möglicher Nebenwirkungen, wie z.B. Steigerung des Innendrucks der Augen (führt zu Sehstörungen), Förderung des Harnverhaltens, und u. U. können sie zu Delirien führen.

e) Stimulantien

Die Gruppe der Stimulantien (Tabelle 27) eignet sich kaum für therapeutische Zwecke. Vielmehr werden sie zur Überbrückung von Ermüdungsphasen, zur Stimulierung der Leistungsfähigkeit und wurden, bis zur Einführung von Dopingkontrollen, zum Aufputschen von Sportlern benutzt. (Verwandte Substanzen gebraucht man als Appetitzügler!) Unter dem Einfluß von Stimulantien nehmen Blutdruck und Pulsfrequenz zu, sie wirken antriebsfördernd und stimmungsverbessernd. Amphetamin wird für mehrere Stunden im Gehirn gespeichert, ehe in der Leber eine Koppelung an Zucker stattfindet. Durch die Nieren wird dieser Komplex langsam ausgeschieden. Der genaue Wirkungsmechanismus ist nicht bekannt.

Die durch Amphetamine erzielte Leistungssteigerung wird subjektiv viel stärker empfunden als es objektiv der Fall ist. Möglicherweise spielte diese Diskrepanz zwischen subjektivem Empfinden und der Realität eine entscheidende Rolle bei mehreren Todesfällen von Sportlern, die mit ähnlichen Substanzen gedopt waren. Stimulantien wirken sehr leicht suchterregend, oder, wie man heute sagt, man wird von ihnen abhängig. Bei regelmäßigem Gebrauch muß dann die Dosis gesteigert werden, weil die euphorisierende Wirkung nachläßt.

Nach der Inaktivierung bzw. Ausscheidung der Stimulantien folgt eine Erschlaffungsphase mit überdurchschnittlich langer Schlafdauer, der nicht selten depressive Stimmungen folgen.

f) Schutz vor Nebenwirkungen der Psychopharmaka

Die Fülle möglicher Nebenwirkungen, die mangelhafte Kenntnis der biochemischen Veränderungen im menschlichen Körper sowie die deutliche Tendenz zur Abhängigkeits- oder Suchtbildung sollten Anlaß genug sein, diese Mittel nach Möglichkeit zu meiden und in Notfällen mit großer Vorsicht anzuwenden. Tatsächlich gehören sie aber neben Schmerztabletten zu den meistkonsumierten Medikamenten. Durch die Verschreibungspflicht aller Psychopharmaka sollten sie eigentlich hinlänglich vor Mißbrauch geschützt sein, nur scheinen die Meinungen darüber, was Mißbrauch mit Psychopharmaka ist, noch weit auseinander zu gehen. So scheint es meist nicht schwierig zu sein, beim Arzt auf Wunsch ein entsprechendes Rezept zu bekommen. Bedenklich muß auch die gelegentlich zu beobachtende Sorglosigkeit stimmen, mit der selbst Kleinkindern Schlaf- und Beruhigungsmittel verabfolgt werden. Und schließlich muß die Herstellung von Appetitzüglern auf der Basis von Stimulantien als riskantes Experiment mit der Gesundheit des Verbrauchers angesehen werden. Offenbar ist gerade auf dem Gebiet der Psychopharmaka noch viel Aufklärungsarbeit bei Ärzten und Patienten gleichermaßen erforderlich, damit solche Mittel nicht leichtfertig zur Dauermedikamentierung verwendet werden. Psychopharmaka sind keine Heilmittel, mit deren Hilfe ein krankhafter Zustand behoben werden kann. Sie sind lediglich in der Lage, eine positive psychische Grundstimmung rasch zu erzwingen. Dadurch können innere Organe (Magen, Herz usw.) sofort entlastet werden, oder der Patient wird von Wahnvorstellungen und ähnlichem befreit. Nach dem Absetzen der Medikamente wird jedoch der ursprüngliche Zustand wieder erreicht, sofern nicht auf anderem Wege eine echte Heilung inzwischen eingeleitet werden konnte. Bei Daueranwendung von Psychopharmaka wird zwar der störende Zustand dauernd überspielt, aber bei einem hohen Prozentsatz der Patienten sind dann schädigende Nebenwirkungen mit Sicherheit vorherzusehen.

VII. Cancerogene Substanzen

Unter der Vielzahl umweltbelastender Substanzen anthropogenen Ursprungs wirken mehrere krebserregend (= cancerogen oder carcinogen). Die Summe dieser carcinogenen Faktoren dürfte wesentlichen Anteil daran haben, daß gegenwärtig Krebs zu den häufigsten Krankheiten und Todesursachen zählt.

Unsere Kenntnisse über krebserregende Wirkung von Chemikalien beruht auf Beobachtungen am Menschen, wo z.B. beim beruflichen Umgang mit bestimmten Chemikalien Krebsfälle gehäuft auftreten, und aus Tierversuchen. Eine sichere Beurteilung der carcinogenen Wirkung allein aus Tierversuchen ist nicht möglich. Sie können bestenfalls gewisse Anhaltspunkte liefern. So kann man beispielsweise mit dem

Tabelle 28. Struktur einiger cancerogener Substanzen

Stoffklasse	Charakteristische Vertreter		Ort der Krebserzeugung
	Name	Struktur	
Aromatische Kohlenwasserstoffe	3,4-Benzpyren		Am Ort des Einwirkens
Aromatische Amine	Diphenylamin		Darm, Mamma
	β-Naphthylamin		Blase
	„Buttergelb" (Trans-4-dimethylamino-azobenzol)		Leber
N-Nitroso-Verbindungen	Dimethylnitrosamin		Leber

Alkylierende Verbindungen	N-Lost	$H_3C-N\diagup^{CH_2-CH_2-Cl}_{CH_2-CH_2-Cl}$	lokal wirksam
(Substanzen, die Alkylreste übertragen)	Methansulfonsäuremethylester	$H_3C-\overset{\overset{O}{\|}}{\underset{\underset{O}{\|}}{S}}-O-CH_3$	lokal wirksam
Metalle, Kunststoffe, Asbestabrieb	Werden durch spezifische Form wirksam		lokal wirksam

wichtigen Heilmittel für Lungentuberkulose Isonicotinsäurehydrazid (INH) bei Mäusen Krebsbildung auslösen. Bei Ratten und Hamstern gelingt das jedoch nicht.

Cancerogene Substanzen können ganz verschiedenen Stoffklassen angehören (Tabelle 28). Ubiquitär ist z.b. das 3,4-Benzpyren aus der Gruppe der aromatischen Kohlenwasserstoffe. Dieser Stoff findet sich z.B. im Ruß, Teer, Zigarettenrauch, Rauch vom Holzkohlengrill, in gegrilltem Speck (weniger in gegrilltem Fleisch), in den Auspuffgasen von Kraftfahrzeugen, im Kaffee, Tee sowie im Gemüse und Getreide. Die mit dem Gemüse jährlich pro Person aufgenommene Benzpyrenmenge schätzt man auf ca. 175 μg. Nach den bisher vorliegenden Erfahrungen soll diese Menge allein noch nicht gesundheitsschädlich sein. Besonders reich an Benzpyren ist die Großstadtluft mit Konzentrationen bis zu 400 μg/m^3. Bei Sonnenwetter sinkt diese Konzentration, weil UV-Strahlen das Benzpyren zerstören. Wegen seines lipophilen Charakters haftet diese Substanz sehr fest an der gleichfalls lipophilen Oberfläche von Obst und Laubblättern. Deshalb kann sich das aus Auspuffgasen stammende Benzpyren auf Gemüse und Obst sehr gut niederschlagen, das an der Autobahn wächst oder das zur Anlockung der Kunden ungeschützt vor den Ladengeschäften auf der Straße ausgestellt wird. Mit Wasser können solche lipophilen Stoffe kaum abgespült werden.

Aromatische Amine fallen meist bei der Synthese vieler organischer Substanzen als Begleitstoffe an, so z.B. bei der Anilinherstellung. Kontakt mit aromatischen Aminen haben deshalb speziell Personen bestimmter Zweige der chemischen Industrie. Ein weiteres aromatisches Amin stellt das Buttergelb dar, ein Margarinefarbstoff, der früher häufig verwendet wurde. Seit man die Gefährlichkeit dieser Substanz erkannte, ist das Anfärben von Nahrungsmitteln mit diesem Farbstoff verboten.

Ebenfalls bei Syntheseprozessen entstehen Nitrosamine. Dimethylnitrosamin (Tabelle 28) kommt jedoch auch im Tabakrauch vor. Je stärker der Tabak mit Stickstoff gedüngt wurde, desto höher ist der Dimethylnitrosamin-Gehalt im Tabakrauch. Ferner nimmt man an, daß Nitrosamine aus sekundären und tertiären Aminen im Beisein von Säure und Nitrit im Magen gebildet werden. Die sekundären und tertiären Amine entstehen beim Braten und Kochen von Fleisch, so daß diese Ausgangsprodukte mit der Nahrung ständig dem Magen zugeführt werden.

Eine sehr wichtige Gruppe stellen alkylierende Substanzen dar, die u. a. in der chemischen Industrie als Begleitsubstanzen bei verschiedenen Synthesen entstehen; sie werden als Insektizide benutzt (z.B.

Dichlorvos, s. S. 138), sie werden in Laboratorien zur künstlichen Erzeugung von Mutationen verwendet, und sie sind in einigen Medikamenten enthalten. Zu den Medikamenten, die wahrscheinlich durch Alkylierungen cancerogen wirken, gehört auch das synthetische Hormon Diäthylstilboestrol, das gegen Prostataleiden beim Mann sowie Hormonmangelerscheinungen bei Frauen, wie Regelverschiebungen, klimakterische Störungen, drohender Abortus usw., angewendet werden. Dieses Mittel erzeugt erst bei den Nachkommen der Hormonverbraucherin Mißbildungen und Krebs an den Gonaden.

Unter den Kunststoffen hat sich in letzter Zeit besonders das weitverbreitete Polyvinylchlorid (PVC) als gefährlich herausgestellt, denn dieser Kunststoff enthält stets Reste von Vinylchlorid, dem Ausgangsstoff bei der PVC-Herstellung. Diese Substanz erzeugt im Tierversuch ganz sicher Krebs, aller Wahrscheinlichkeit nach auch beim Menschen, denn in zwei Fabriken in den USA starben Arbeiter an Leberkrebs, die weit überdurchschnittlichen Vinylchloridkonzentrationen ausgesetzt waren. Vinylchlorid wirkt nicht direkt giftig, sondern eines seiner Abbauprodukte, das Chloräthylenoxid, welches im Körper entsteht, bevor es in ausscheidbare Substanzen (Thiodiessigsäure) umgewandelt wird.

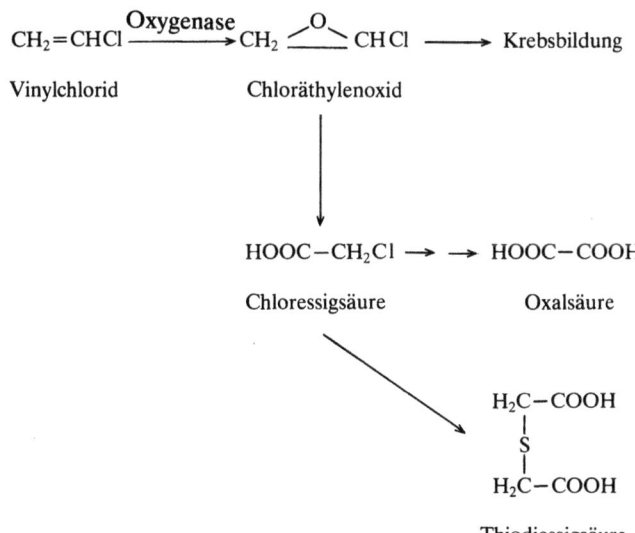

PVC wird u.a. zur Herstellung von Verpackungen und Flaschen benutzt, und damit gelangen Vinylchloridreste auch in Lebensmittel. Messungen ergaben im Martini 1,4 ppm, in Apfelsaft 3,5 ppm, in Essig

1,9 ppm und in Erdnußöl 2,2 ppm. Solches Verpackungsmaterial belastet den Menschen ganz unnötig, da es ohne weiteres durch andere Materialien ersetzbar ist. Sollte dieser sehr wichtige Kunststoff nicht auf allen Anwendungsgebieten ersetzt werden können (Kabelisolierung, Fußbodenbeläge usw.), dann wird man sich in Zukunft intensiv darum bemühen müssen, das Produkt besser von Vinylchloridresten zu reinigen.

Zu den krebserregenden Komponenten in der modernen Umwelt gehören schließlich auch Metall- und Asbeststäube, die aus industriellen Emissionen stammen und durch Abrieb von Brems- und Kupplungsbelägen der Kraftfahrzeuge entstehen. Die cancerogene Wirksamkeit dieser Teilchen hängt offenbar von deren Struktur ab, denn in amorphem Zustand hört die cancerogene Wirkung auf.

Die cancerogene Wirksamkeit aller anderen oben aufgezählten Stoffe kommt wahrscheinlich durch enzymatische Aktivierung im Körper zustande, ähnlich wie es beim Vinylchlorid demonstriert wurde. Die wirksamen Komponenten scheinen meist durch Oxydation zu entstehen (vgl. Abb. 7, vgl. Aktivierung cancerogener Substanzen im Zigarettenrauch; s. S. 14). Obwohl der genaue Weg der Krebsentstehung nicht bekannt ist, nimmt man an, daß sich die aktivierten Substanzen zunächst an DNS oder Proteine binden, denn im Experiment zeigten alle geprüften cancerogenen Substanzen solche Bindungseigenschaften. Vielleicht ist deshalb mit einem ähnlichen Wirkungsmechanismus zu rechnen, wie er bei den Aflatoxinen beschrieben wurde (s. S. 23). Über mögliche Gründe für organ- und artspezifische Wirkungen ist noch nichts bekannt.

Die Vielgestaltigkeit cancerogener Substanzen verdeutlicht, wie notwendig es ist, möglichst viele Umweltchemikalien einer eingehenden Analyse nach möglichen cancerogenen Effekten zu unterziehen. Eine genaue Untersuchung aller neuen Stoffe würde notwendigerweise in Zukunft die Entwicklung neuer Werk- und Wirkstoffe verzögern, dafür aber auch erhöhte Sicherheit bieten. Das wäre eine nützliche Verzögerung, wie es scheint, denn der einzige Schutz vor der Wirkung cancerogener Stoffe besteht heute noch darin, den Kontakt mit ihnen zu vermeiden, wo immer das möglich ist.

VIII. Radioaktivität

Seit dem Abwurf der Atombomben über Hiroshima und Nagasaki im Jahre 1945 und den später folgenden überirdischen Atomwaffenversuchen wurden der Allgemeinheit die verheerenden Auswirkungen radioaktiver Umweltbelastung überdeutlich vor Augen geführt. Dieser Schock sitzt auch heute noch tief im Bewußtsein der Menschen verankert, obwohl man längst dazu übergegangen ist, Radioaktivität auch im Zivilleben zu nutzen. Doch bevor diese Möglichkeiten näher erörtert werden, muß kurz erläutert werden, was Radioaktivität ist.

1. Formen und Maßangaben der Radioaktivität

Unter den chemischen Elementen, die natürlich vorkommen, sind einige so schwer, daß sie von selbst zerfallen. Hierzu gehören z. B. Uran, Thorium und Radium. Bei einem solchen Zerfall können aus dem Atomkern Heliumkerne (= α-Teilchen, bestehend aus 2 Protonen und 2 Neutronen) oder Elektronen (= β-Teilchen) freigesetzt werden. Dabei entstehen neue Elemente. Als Folge des α- und β-Zerfalls tritt oft zusätzlich γ-Strahlung auf. Hierbei handelt es sich um elektromagnetische Wellen, wie bei den Lichtstrahlen, nur von wesentlich kürzerer Wellenlänge und wesentlich höherer Energie. Den γ-Strahlen nahe verwandt sind die Röntgenstrahlen, die jedoch energieärmer als die γ-Strahlen sind. Wenn angeregte Atomkerne ihre überschüssige Energie als Röntgen- oder γ-Strahlung abgeben, dann verändert sich weder deren Masse noch Ladung, d.h. es entstehen keine neuen Elemente.

Die Abgabe von α-Teilchen, β-Teilchen oder γ-Strahlen aus dem Atomkern bezeichnet man gemeinsam als Radioaktivität. Alle drei Strahlenarten haben die Eigenschaft, beim Auftreffen auf Atome jeglicher Stoffe Ionenpaare zu bilden (Abb. 33). Bei jedem dieser Zusammenstöße geht ein Teil der Energie der Kernstrahlung verloren. Die α-Teilchen als größte Partikel werden naturgemäß am häufigsten auf ihrem Weg mit anderen Atomen zusammenstoßen, sie verlieren dadurch aber auch am raschesten ihre Energie. Anders ausgedrückt heißt das, α-Teilchen weisen die höchste Ionisierungsdichte auf, besitzen aber eine sehr geringe Reichweite oder Durchdringungsfähigkeit. Die wesentlich kleineren β-Strahlen werden auf ihrem Weg seltener mit Atomen zusammenstoßen, sie weisen deshalb eine geringere Ionisationsdichte auf als die α-Teilchen, dafür wird ihre Bewegungsenergie langsamer verbraucht, d.h. sie besitzen die größere Reichweite. Die größte Reichweite und die geringste Ionisationsdichte zeigen die γ- (und Röntgen-)Strahlen.

Die Zerfallshäufigkeit oder Radioaktivität eines Stoffes mißt man in Curie. 1 Curie (= 1 Ci) bedeutet 37 Milliarden Atomzerfälle pro Sekunde. Das ist genau diejenige Radioaktivität, die 1 g Radium besitzt. Die von einer radioaktiven Substanz abgegebene Strahlungsmenge (α-, β- und γ-Strahlen zusammen) mißt man in Röntgen (R). Dabei ist 1 R

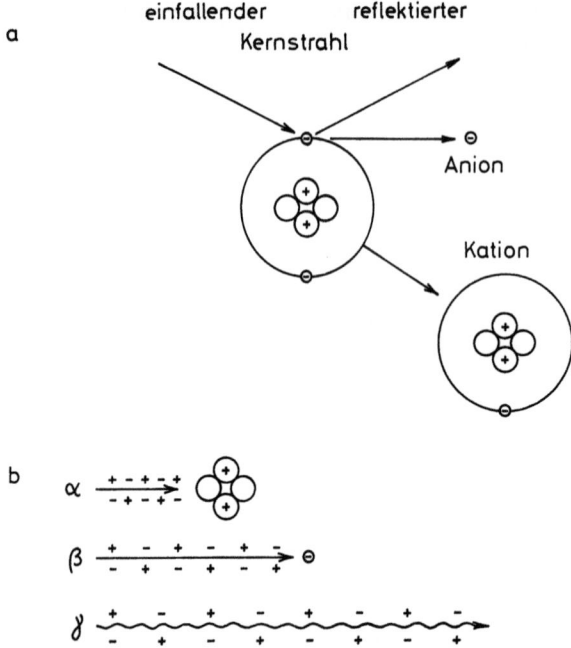

Abb. 33a u. b. Typen und Wirkung von Kernstrahlung. (a) Prinzip der Ionenpaarbildung durch Kernstrahlen. Sehr energiereiche Strahlen können auch aus dem Atomkern Teilchen herausschleudern. (b) Schematische Darstellung der drei Kernstrahlungstypen, deren Reichweite und Ionisationsdichte

diejenige Strahlungsmenge, die in 1 cm³ Luft 2 Milliarden Ionenpaare erzeugt.

Bezogen auf Lebewesen ist es nicht unerheblich, ob eine bestimmte Strahlenmenge einmalig oder verteilt über einen sehr langen Zeitraum wirksam wird. Der Biologe interessiert sich deshalb häufig auch für die Strahlungsintensität, d. h. Strahlenmenge pro Stunde ($=$ R/h), und ganz besonders interessiert er sich für die vom Körper absorbierte Strahlenmenge. Dieser Wert wird als *rad* bezeichnet ($=$ *r*adiation *a*bsorbed *d*ose). Für den Fall, daß Strahlen auf weiches Körpergewebe treffen, kann man für praktische Zwecke 1 R = 1 rad setzen. Eine weitere biologische Größe wurde mit der Bezeichnung *rem* ($=$ *r*öntgen *e*quivalent *m*an) geschaffen. Darunter versteht man diejenige Dosis ($=$ Strahlenmenge), die in ihrer biologischen Wirkung 1 rad entspricht. Diese Größenordnung bezieht sich jedoch nur auf Röntgen- und γ-Strahlen, nicht auf die Korpuskularstrahlen. Um einen raschen Vergleich der verschiedenen Größenordnungen zu gewinnen, kann man für Röntgen- und γ-Strahlen als Faustregel 1 R = 1 rad = 1 rem setzen, was allerdings physikalisch nicht ganz korrekt ist.

2. Beurteilung radioaktiver Elemente nach ihrer biologischen Wirksamkeit

Für die Beurteilung radioaktiver Substanzen ist es wichtig zu wissen, wie lange gibt das betreffende Element Strahlen ab, ehe alle Atome einen stabilen Zustand erreichen. Diese „Lebensdauer" radioaktiver Elemente gibt man als (physikalische) Halbwertzeit an, d. h. man mißt die Zeitspanne, in der die Hälfte der Substanz zerfallen ist (Tabelle 29).

Tabelle 29. Physikalische Halbwertzeit einiger Elemente

Element	Halbwertzeit	Strahlenart
Wasserstoff ^{3}H	12,3 Jahre	β
Kohlenstoff ^{14}C	5570 Jahre	β
Natrium ^{24}Na	15 h	β und γ
Phosphor ^{32}P	14,2 Tage	β
Schwefel ^{35}S	87 Tage	β
Kalium ^{42}K	12,5 h	β und γ
Calcium ^{45}Ca	153 Tage	β
Strontium ^{90}Sr	28 Jahre	β
Jod ^{131}J	8 Tage	β und γ
Caesium ^{137}Cs	30 Jahre	β
Barium ^{137}Ba	2,6 min	γ
Radium ^{226}Ra	1620 Jahre	α und γ
Plutonium ^{229}Pu	24300 Jahre	α und γ
Uran ^{238}U	4510000000 Jahre	α und γ
Uran ^{235}U	713000000 Jahre	α und γ

Neben dieser physikalischen Halbwertzeit ist die sog. biologische Halbwertzeit wissenswert, denn sie gibt an, in welcher Zeit die Hälfte einer vom Menschen aufgenommenen radioaktiven Substanz wieder ausgeschieden wird. Werden Elemente mit langer biologischer Halbwertzeit (z. B. ^{90}Sr) aufgenommen, so wird der Körper weitaus stärker belastet als bei Elementen mit kurzer Verweildauer (z. B. ^{14}C; Tabelle 30).

Als zweites Kriterium für die Gefährlichkeit von radioaktiven Elementen muß die „Härte" der Strahlung, d. h. ihre Reichweite und Durchdringungsfähigkeit berücksichtigt werden. Der „weiche" β-

Tabelle 30. Physikalische und biologische Halbwertzeit einiger wichtiger Spaltprodukte

Element	Halbwertzeit Physikalisch	Biologisch	Kritisches Organ
Strontium 89	54 Tage	50 Jahre	Knochen
Strontium 90	28 Jahre	50 Jahre	Knochen
Jod 131	8 Tage	138 Tage	Schilddrüse
Caesium 137	30 Jahre	~ 140 Tage	Muskeln
Barium 140	13 Tage	200 Tage	Knochen

Strahler Tritium (^{3}H) mit einer Reichweite von wenigen Mikrometern im Gewebe belastet den Organismus weniger stark als eine gleiche Anzahl von ^{60}Co-Atomen, deren „harte" γ-Strahlen quer durch den gesamten menschlichen Körper reichen.

Schließlich muß noch berücksichtigt werden, ob ein radioaktives Element die Tendenz zeigt, sich in bestimmten Organen anzureichern, so daß dieses Organ (= kritisches Organ) besonders stark belastet wird (Tabelle 30).

3. Physiologische Wirkung energiereicher Strahlen

Beim Menschen lösen energiereiche Strahlen verschiedene Schädigungen aus. Dazu gehört die Bildung von Krebs und Blutkrebs (= Leukämie). Welche physiologischen Auswirkungen der Strahlen diese Krankheitsbilder verursachen, ist noch nicht genau bekannt. Vermutlich werden sie durch strahleninduzierte Mutationen eingeleitet. Immerhin kennt man die Häufigkeitsrate strahleninduzierter Krebsfälle: Bei einer Strahlenbelastung mit 1 rem steigt sie von 0,2 % (= natürliche Krebshäufigkeit) auf 0,205 % jährlich. D.h. unter 1 000 000 Menschen (Kinder mit ihrer sehr niedrigen Krebsrate einbezogen) erhöht sich die Krebsrate von 2000 Fällen jährlich auf 2050 Fälle. Bei Leukämie ist die Situation entsprechend. Die natürliche Häufigkeit dieser Krankheit liegt bei etwa 0,005 %. Nach einer Strahlenbelastung von 1 rem steigt sie auf 0,0051 %, d.h. bei 1 000 000 Menschen treten jährlich 50 Fälle spontan auf, und diese Rate wird durch 1 rem auf 51 pro Jahr gesteigert.

Eine zweite wichtige Strahlenwirkung besteht in der Mutationsauslösung. Diesen Prozeß versteht man schon viel besser als die Krebsbildung. Eine Änderung von Erbeigenschaften durch radioaktive Strahlen ist auf zwei Wegen möglich:

1. Nucleinsäuren können direkt durch Strahlen getroffen werden, wobei insbesondere die empfindlichen Basen der DNS desaminiert werden. Z.B. entsteht dabei aus Adenin Hypoxanthin. Infolgedessen wird bei der RNS-Synthese an dieser Stelle eine falsche Base eingebaut (Tabelle 31). Dieser Fehler wirkt sich auch bei der folgenden Protein-

Tabelle 31. Paarungsverhalten veränderter Basen (in Klammern der Paarungspartner)

1. Bei Desaminierung

Ursprungsbase	Desaminierte Base
Adenin (Thymin bzw. Uracil)	Hypoxanthin (Guanin)
Guanin (Cytosin)	Xanthin (Cytosin)
Cytosin (Guanin)	Uracil (Adenin)

2. Bei Ionisierung

Ursprungsbase	Ionisierte Base
Thymin (Adenin)	Thymin[a] (Guanin)
Guanin (Cytosin)	Guanin[a] (Thymin bzw. Uracil)

[a] Ionisierte Form

synthese aus, denn jede Aminosäure eines Proteins wird durch die Aufeinanderfolge (= Sequenz) dreier Basen festgelegt. Änderungen der Aminosäurezusammensetzung führen häufig dazu, daß die (Enzym-)Proteine funktionsunfähig werden oder veränderte Aktivitäten aufweisen.

Neben der Desaminierung von Basen verursachen energiereiche Strahlen häufig auch Ionisierungen. Auch solche Ionisierungen verursachen eine fehlerhafte Paarung von Basen bei der Nucleinsäuresynthese (Tabelle 31) und damit den Aufbau falsch zusammengesetzter Proteine. In jedem Fall wird der normale Stoffwechsel mehr oder minder stark verändert (Abb. 34).

2. Durch die energiereichen Strahlen werden u.a. auch Wassermoleküle ionisiert. In Gegenwart von Sauerstoff bildet sich dann Wasserstoffperoxid (H_2O_2), ein Stoff, der u.a. Nucleinsäurebasen oxydiert und damit wiederum deren Paarungsverhalten ändert. Wasserstoffperoxid spaltet jedoch auch DNS-Stränge der Chromosomen in kurze Bruch-

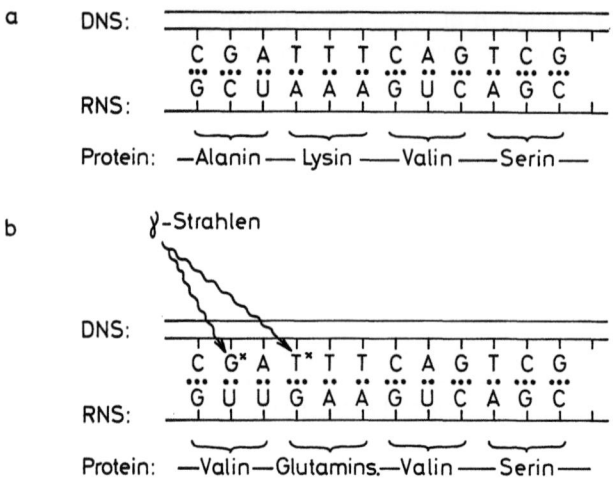

Abb. 34a u. b. Molekularer Mechanismus der Änderung von Erbeigenschaften durch energiereiche Strahlung. (a) Schematische Darstellung der Codierung eines Proteinteilstücks auf der DNS (= Desoxyribonucleinsäure). Der auf der DNS niedergelegte Code für die Aminosäuresequenz (= Reihenfolge der Aminosäuren) der Proteine wird durch eine zwischengeschaltete mRNS aus dem Zellkern in das Cytoplasma übertragen. (b) Auswirkung der Ionisierung zweier DNS-Basen (Guanin und Thymin) durch γ-Strahlen auf die Aminosäuresequenz des unter a dargestellten Proteinstücks und die zwischengeschaltete mRNS. (Vgl. dazu Tabelle 31)

stücke. Solche abgespaltenen Teile gehen bei einer Zellteilung verloren und werden abgebaut. Auf diese Weise können viele Erbmerkmale verloren gehen, was meist zum Absterben der betroffenen Zelle führt.

Die durch H_2O_2 ausgelöste Mutationsrate ist offenbar sehr viel größer als die durch direkte Trefferwirkung erzeugte. Deshalb sind trockene Gewebe, wie z. B. lufttrockene Samenkörner von Pflanzen, sehr viel strahlenresistenter als gequollene Samen oder alle Gewebe mit normalem Wassergehalt. Bei Geweben mit normalem Wassergehalt versucht man die schädigende Wirkung von H_2O_2 mit Hilfe sog. Strahlenschutzstoffe zu vermindern. Dabei handelt es sich um Substanzen mit freien −SH-Gruppen, wie Cystein oder Glutathion, die durch ihre reduzierende Wirkung die Bildung von H_2O_2 verhindern. Strahlenschutzstoffe können also die Anzahl der Mutationen vermindern, nicht aber völlig vor Mutationen schützen. Wenn diese Wirkung voll zur Geltung kommen soll, müssen die Strahlenschutzstoffe bereits während der Bestrahlung im Gewebe anwesend sein.

Ohne Abwehrmaßnahmen nimmt die Mutationsrate mit steigender Strahlendosis linear zu. Es gibt also keinen Schwellenwert, von dem ab radioaktive Strahlen mutagen wirken und unterhalb dessen überhaupt keine Schäden auftreten. Dagegen hängt die Mutationshäufigkeit vom Alter des Menschen ab. Sowohl bei sehr jungen als auch bei älteren Menschen (über 30–35 Jahre) ist die Mutationsrate höher als bei 20–30jährigen.

3. Werden höhere Dosen radioaktiver Strahlen innerhalb eines kurzen Zeitraums wirksam, dann treten grippeähnliche Krankheitssymptome auf, der sog. Röntgenkoller. Ursache hierfür ist die Zerstörung vieler lebensnotwendiger Struktur- und Enzymproteine, was zum momentanen Ausfall vieler lebensnotwendiger Stoffwechselfunktionen führt. Durch Strahlen zerstörte Proteine können jedoch im Laufe der Zeit wieder ersetzt werden, sofern die Chromosomen nicht zu stark geschädigt wurden. Deshalb klingt der Röntgenkoller innerhalb von Tagen oder Wochen wieder ab. War die Strahlendosis jedoch so hoch, daß die Chromosomen zu einem erheblichen Anteil verändert oder zerstückelt wurden, dann kann keine Wiederherstellung stattfinden. Dann stellen sich Blutungen und Haarausfall ein, die von raschem Kräfteverfall begleitet werden und häufig mit dem Tod enden. Die LD_{50}-Dosis für den Menschen liegt bei etwa 400 R, die LD_{100}-Dosis bei 700 R.

4. Eigenschaften und Verhalten der Mutationen

Über die Eigenschaften strahleninduzierter Mutationen beim Menschen und über die Ausbreitung solcher Mutationen innerhalb einer menschlichen Population existieren keine konkreten Vorstellungen. Hier muß man auf Erfahrungen mit Experimenten an Tieren und Pflanzen zurückgreifen. Danach gibt es Mutationen, die die Vitalität der Organismen verbessern und solche, die die Vitalität mindern. Weitaus die meisten Mutationen verschlechtern jedoch die Vitalität.

Mutationen können dominant oder rezessiv sein, d.h. sie können sich sofort auswirken (= dominant, d.h. wirksam im heterozygoten Zustand), oder sie können erst wirksam werden, wenn zwei gleichartige Mutationen zufällig bei einer Kreuzung miteinander vergesellschaftet werden (= rezessiv, d.h. wenn sie homozygot vorliegen).

[Die Zellen höherer Organismen besitzen nämlich von jedem Chromosom zwei Exemplare (sie sind diploid), eines mütterlichen und eines väterlichen Ursprungs. Dementsprechend sind auch alle Gene doppelt vorhanden. Bei dominanten Mutationen setzt sich das mutierte Exemplar (= Allel) über die Wirkung des nicht mutierten Allels durch.

Bei rezessiven Mutationen setzt sich die Wirksamkeit des nicht mutierten, normalen Allels gegenüber dem mutierten Allel durch.]

Da rezessive Mutanten ungleich häufiger vorkommen als dominante, kann man die Gesamtzahl aller aufgetretenen Mutationen nie ganz exakt bestimmen, sondern nur näherungsweise.

Vitalitätsmindernde dominante Mutationen wirken sich sofort aus. Nach Experimenten an Tieren verschwinden sie bereits nach ganz wenigen Generationen vollkommen aus einer Population, d. h. die Träger jener Mutanten sterben aus. Rezessive vitalitätsmindernde Mutanten wirken sich im allgemeinen im haploiden Zustand (= nur eines von zwei gleichen Genen ist mutiert) noch nicht aus. Diese Mutationen bleiben offenbar in der Population erhalten, sofern nicht zufällig einmal zwei gleichartige Mutanten bei einer Kreuzung miteinander kombiniert werden. Vitalitätsmindernde Mutationen reichern sich bereits durch die natürlich vorkommenden Mutationen in einer Population an. Bei einer Untersuchung an einem normal vitalen Stamm der Fruchtfliege *Drosophila* stellte man fest, daß 85 % (!) der untersuchten Individuen rezessive Allele besaßen, die im homozygoten Zustand letal (= tödlich) oder stark vitalitätsmindernd wirken. Offenbar stört diese große Menge rezessiver, meist letaler Mutationen die Vitalität der Population nicht. Ein geringer Prozentsatz rezessiver Mutanten verursacht schon im haploiden Zustand eine gewisse Schwächung des Organismus. Solche Mutanten mit leichtem Selektionsnachteil verschwinden offenbar nur langsam aus der Population. Nach einigen Generationen hat sich bei *Drosophila* das genetische Material der Population durch natürliche Selektion (= Aussterben der Träger sichtbar vitalitätsmindernder Merkmale) wieder stabilisiert.

Das Verhalten der Mutationen bei *Drosophila* darf jedoch nicht ohne Einschränkungen auf den Menschen übertragen werden. Durch den Fortfall vieler natürlicher Selektionsfaktoren in unserer zivilisierten Umwelt (z. B. extreme Temperaturen, Nahrungssuche im Freien, Infektionskrankheiten usw.) können sich beim Menschen schwach vitalitätsmindernde rezessive und z. T. stark vitalitätsmindernde dominante Mutationen wahrscheinlich stärker ausbreiten als bei Tieren. Durch medizinische Versorgung erlangen Träger solcher Mutationen sogar meist die Fortpflanzungsreife. Hierin liegt vielleicht die größte Gefahr für das Erbgut des Menschen in der Zukunft.

Bereits unabhängig von einer künstlichen Bestrahlung dürften sich innerhalb der menschlichen Population wahrscheinlich mehr Mutationen angereichert haben als bei Tieren. Künstliche Radioaktivität wird die Mutationsrate beim Menschen noch etwas erhöhen und damit die Akkumulation von Mutanten beschleunigen. Ob und inwieweit sich das nachteilig auf die weitere Stammesgeschichte des Menschen auswirkt, kann niemand voraussagen. Aus humanen und zivilisatorischen Gründen läßt sich der natürliche Selektionsdruck auf den Menschen nicht nachträglich wieder einführen. Man könnte jedoch versuchen, durch ganz intensive Aufklärung möglichst viele Personen, die objektiv nachweisbare vitalitätsmindernde Mutationen tragen, von der Notwendigkeit zu überzeugen, auf eine Fortpflanzung zu verzichten. Ob dieser Weg im großen Maßstab Erfolg verspricht, kann schwer abgeschätzt werden. Immerhin hat sich dieses Verfahren in kleinerem Kreis bereits bewährt, nämlich bei denjenigen Überlebenden der Atombombenabwürfe von Hiroshima und Nagasaki, die unmittelbar der Strahlenwirkung ausgesetzt waren.

5. Toleranzdosis für den Menschen

Mutationsentstehung gehört zum natürlichen Geschehen aller Lebewesen und stellt eine der wichtigsten Triebfedern für die stammesgeschichtliche Weiterentwicklung der Organismen dar. Künstliche Radioaktivität kann keine anderen Mutationen auslösen als natürliche Radioaktivität, nur die Häufigkeit der Mutationsauslösung nimmt unter dem Einfluß künstlicher Strahlenquellen zu. Die wenigsten Mutationen bedeuten einen echten Vorteil für den Organismus, die meisten stellen Defekte dar. Unter diesen Defektmutationen bedeuten zumindest die dominanten Mutationen Krankheit, Siechtum und Tod für das davon betroffene Individuum.

Fragt man nach der dem Menschen zumutbaren Toleranzdosis radioaktiver Strahlen, dann kann man nicht von der Möglichkeit ausgehen, die Strahlenbelastung völlig auszuschalten, sondern man kann sie bestenfalls auf den Wert der natürlichen Strahlenbelastung senken. Hierbei stößt man jedoch auf Schwierigkeiten, denn eine einheitliche natürliche Strahlenbelastung gibt es nicht. Die natürliche Strahlenbelastung setzt sich aus der (an der Erdoberfläche) sehr geringen kosmischen Strahlung sowie der Strahlung natürlich vorkommender radioaktiver Elemente an der Erdoberfläche zusammen. Die wichtigste Komponente stellt dabei die aus dem Gesteinsuntergrund stammende Strahlung dar. Auf Kalkuntergrund liegt sie jährlich bei etwa 22 mr, auf metamorphem Gestein (= Granit, Gneis usw.) dagegen bei ca. 156 mr. Trotz dieser erheblichen Strahlungsdifferenzen sind jedoch keine gesicherten Unterschiede der Mutationsrate bei der Bevölkerung jener Gebiete bekannt. Offenbar ist die im Bereich zwischen 22 mr und 160 mr jährlich zu erwartende Steigerung der Mutationsrate (es gibt keinen Schwellenwert!) so gering, daß sie nicht nachgewiesen werden kann. Praktisch ausgedrückt: man kann sie vernachlässigen. Deshalb hat man sich darauf geeinigt, auch Strahlungen anthropogenen Ursprungs, die sich innerhalb dieser Toleranzgrenzen bewegen, zu akzeptieren.

Das Hauptziel der Genetiker besteht vor allem darin, den Menschen während seiner fortpflanzungsfähigen Periode vor erhöhten Strahlendosen zu schützen. Geht man davon aus, daß die Generationszeit beim Menschen durchschnittlich etwa bei 30 Jahren liegt, dann variiert die Gesamtstrahlendosis während dieser Zeitspanne zwischen 660 ($= 22 \times 30$) und 4800 ($= 160 \times 30$) mr. Als Durchschnittswert sieht man deshalb 3000 mr als unbedenkliche Strahlenmenge während der Generationszeit an.

Welche Strahlenbelastung darf man den Organismen aber über dieses Maß hinaus zumuten? Hierfür existieren keine naturwissenschaftlich verbindlichen Grenzwerte. Nach Experimenten mit *Drosophila* sowie auf Grund von Berechnungen über das Verhalten von Mutationen in Populationen verschiedener Arten scheint eine Verdoppelung der natürlichen Mutationsrate eine Population nicht spürbar zu belasten. Deshalb ging man zunächst davon aus, daß die (natürliche) mittlere Strahlendosis von 3000 mr pro Generationszeit auf 6000 mr schadlos gesteigert werden könne. Nach den Empfehlungen der Internationalen Kommission für Strahlenschutz (ICRP) will man 5 rem ($\approx$ 5000 mr) in 30 Jahren zulassen, das bedeutet 5000 mr + 3000 mr an natürlicher Belastung = 8000 mr insgesamt. Dabei ging man offenbar von den in der Natur vorkommenden Höchstwerten aus. Diesen „Unbedenklichkeitswert" sollte man jedoch nicht als Naturkonstante ansehen, die auf jeden Fall voll ausgelastet werden darf, denn es wurde bereits darauf hingewiesen, daß sowohl die wahre Mutationsrate als auch das Verhalten der Mutationen in einer Population nicht restlos geklärt sind, so daß diese Schätzwerte mit einem gewissen Unsicherheitsfaktor behaftet sind. Dieser Unsicherheitsfaktor sollte jedoch stets als Anlaß dafür genommen werden, die Belastungsgrenze des Menschen lieber nach unten als nach oben abzurunden.

Die Empfehlungen der ICRP scheinen jedoch noch aus einem anderen Grund eher zu hoch als zu niedrig angesetzt zu sein: Künstlich erzeugte Mutationen (und Krebsbildung) stammen nicht nur aus Quellen künstlicher Radioaktivität, sondern auch von mutagen wirkenden Chemikalien. Mit einem Teil jener Stoffe kommt der Mensch täglich in Berührung (Tabelle 32; vgl. auch cancerogene Substanzen). Welches Ausmaß die Belastung durch chemische Mutagene erreicht, ist unbekannt. Dennoch darf die Frage nach mutagenen Substanzen nicht verharmlost werden, denn für eine ganze Reihe solcher Stoffe konnte

Tabelle 32. Einige Beispiele für mutagene Substanzen

Arzneimittel
   Barbiturate
   Cyclophosphamid
   Äthylmethansulfonat
   Morphin
   Codein
   Formaldehyd
Konservierungsmittel, Farb- und Aromastoffe
   Nitrit
   Acridinorange
   Cumarin
   Cyclohexylamin (Abbauprodukt des Zuckerersatzstoffs Cyclamat)
Pestizide
   Dichlorvos
   Phenoxyessigsäure-Verbindungen
   Hexa-Verbindungen
Genußmittel
   Coffein
   Alkohol (in sehr hohen Konzentrationen)

man nachweisen, daß sie in Kombination stärker wirken, als es der Summe der Wirkungen der Einzelsubstanzen entspricht. Damit bringen mutagene Substanzen einen weiteren Unsicherheitsfaktor in die Berechnung der Toleranzgrenzen. Anders ausgedrückt heißt das, die mutagenen Stoffe stellen eine sehr ernste Mahnung dar, die „Verdoppelungsdosis" der Strahlenbelastung auf keinen Fall voll auszuschöpfen, schon gar nicht, wenn man beim Berechnen der Verdoppelungsdosis von den in der Natur auftretenden Extremwerten ausgeht, wie es die ICRP tut.

6. Quellen künstlicher Strahlenbelastung des Menschen

a) Allgemeiner Überblick

Die anthropogene Strahlenbelastung setzt sich aus verschiedenen Quellen zusammen (Tabelle 33). Berücksichtigt man dabei jeweils die auf die Gonaden wirkende Strahlendosis (= Gonadendosis), dann stellt sich heraus, daß die weitaus größte Belastung von der medizinischen Anwendung radioaktiver Strahlen ausgeht. Alle anderen künstlichen Strahlungsquellen sind dagegen von untergeordneter Bedeutung.

Tabelle 33. Strahlenbelastung der Gesamtbevölkerung (Gonadendosis)

Strahlenquelle	Mittlere Dosis/Jahr in mrem
Medizin	~ 20
Radioaktiver Niederschlag (fall out)	5
Kernreaktoren in 2 km Entfernung	1
Farbfernseher (3 h), Lichtziffern	2
Flugreise	2

Wesentlich höheren Strahlenbelastungen als der Durchschnittsbürger sind bestimmte Berufsgruppen ausgesetzt, wie beispielsweise Flugzeugpiloten, bei denen die Strahlenbelastung (Leuchtzifferarmaturen) bei 1300 mR pro Jahr liegt. Bei Personen, die aus beruflichen Gründen mit Bestrahlungsapparaten, Röntgengeräten, radioaktiven Isotopen usw. umgehen, kann die jährliche Strahlenbelastung sogar bei 2500 mR und darüber liegen. Radioaktive Niederschläge (= „fall out"), die als Folge überirdischer Atombombentests auftreten, sind zwar bei uns gering, an anderen Stellen der Erde jedoch wesentlich höher, nämlich dort, wo solche Versuche noch immer stattfinden.

Radioaktive Substanzen, die in die Umwelt gelangen, können wie andere Umweltchemikalien in der Nahrungskette (s. S. 88) angereichert werden. So speichern z.B. Algen, die als Fischnahrung dienen, radioaktives Jod; Landpflanzen reichern radioaktives Strontium an, und auch Tiere können in bestimmten Organen einzelne radioaktive Elemente speichern.

b) Kernkraftwerke

Zu den bescheidensten Erzeugern radioaktiver Umweltbelastung zählen die Kernkraftwerke (Tabelle 33). Trotzdem wird diese Form der Energiegewinnung heute am heftigsten diskutiert. Um dieses Paradoxon zu begreifen, muß man sich das Prinzip dieses Energiegewinnungsvorganges, einschließlich der daraus sich ergebenden Konsequenzen, vor Augen führen.

In Kernkraftwerken wird die zur Dampferzeugung benötigte Energie mit Hilfe sog. Brennstäbe erzeugt, die als wesentliche Komponenten Uran 233, Uran 235 und Plutonium 239 enthalten. Liegen diese Elemente in einer bestimmten Menge vor (= kritische Masse), dann setzt eine sog. Kettenreaktion ein, bei der vom Uran ausgesandte Neutronen andere Urankerne spalten, die dann wieder Neutronen

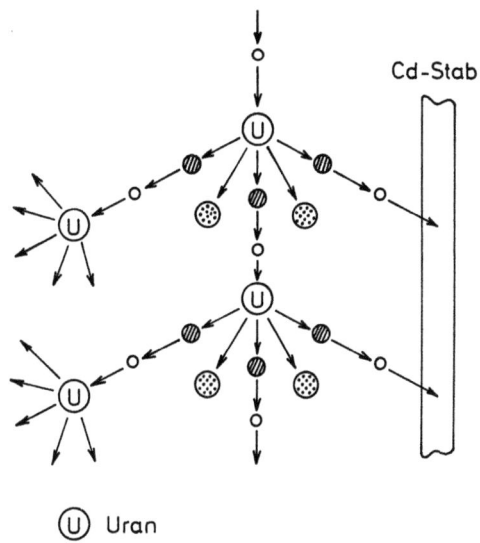

Ⓤ Uran
⊛ Uran-Spaltprodukte
🮰 Graphit
o Neutron

Abb. 35. Prinzip einer Kettenreaktion. Die zur Spaltung der Urankerne erforderliche geringe Neutronengeschwindigkeit erzielt man durch Abbremsen der Neutronen mit Graphit. Der Umfang der Kettenreaktion wird durch Cadmium- (oder Borstahl-) Stäbe reguliert, da diese Stäbe Neutronen absorbieren, ohne dabei zu zerfallen. Durch Einschieben oder Herausziehen dieser Stäbe läßt sich die Kettenreaktion und damit die Wärmeentwicklung beliebig verzögern oder beschleunigen.

Als Spaltprodukte des Urans treten folgende Elementpaare auf: Krypton und Barium, Strontium und Xenon, Yttrium und Jod oder Brom und Lanthan

aussenden usw. (Abb. 35). Bei den Spaltungen der Atomkerne entsteht sehr viel Wärme, die man zur Wasserdampferzeugung nutzt. Ist das spaltbare Material der Brennstäbe soweit verbraucht, daß keine Kettenreaktion mehr stattfinden kann (Unterschreiten der „kritischen Masse"), dann müssen sie, obwohl noch immer hoch radioaktiv, gegen neue Brennelemente ausgetauscht werden. Um beim Betrieb eines Kernreaktors eine Umweltbelastung mit radioaktiven Spaltprodukten auf ein Minimum zu reduzieren, wird bei modernen Reaktoren in einem hermetisch abgeschlossenen, primären Kreislauf Wasser von den Brennstäben erhitzt. Durch das heiße Wasser wird ein zweiter Wasserkreislauf erhitzt, der dann die Turbinen antreibt (Abb. 36). Trotz dieser Vorsichtsmaßnahmen gelangen kleine Mengen radioaktiver Substanzen ins Freie. Durch die freigesetzten radioaktiven Elemente wird in 2 km Entfernung vom Kraftwerk die Bevölkerung einer Belastung von 2 mrem pro Jahr ausgesetzt. Mit zunehmender Entfernung sinkt dieser Wert (s. Transmission, S. 28). Von den freigesetzten Radioisotopen entfallen allein 95 % auf Tritium (radioaktiver Wasserstoff, s. S. 169). Am zweithäufigsten wird das radioaktive Edelgas Krypton 85 emittiert. Der Rest setzt sich aus Radioisotopen von Jod, Xenon, Kobalt, Strontium und Caesium zusammen. Da die ganz überwiegende Menge

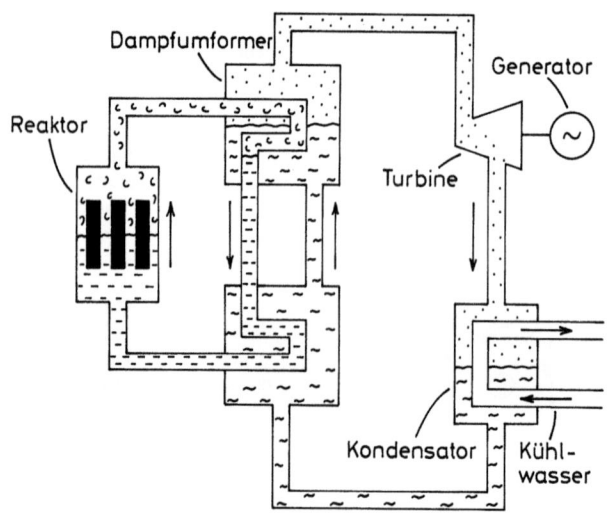

Abb. 36. Schaltbild eines modernen Kernreaktors. (Nach Olschowy, 1971)

der radioaktiven Emissionen eines Kernkraftwerkes auf den extrem „weichen" β-Strahler (= β-Strahler mit extrem kurzer Reichweite) ^{3}H entfällt, ist ein Kernkraftwerk in radiologischer Hinsicht nicht gefährlicher als ein Kohlekraftwerk: Ein 1000-MW-Kohlekraftwerk emittiert pro Jahr 10–100 mCi der weitaus gefährlicheren Radiumisotope ^{226}Ra und ^{228}Ra, die beide γ-Strahlen, also sehr weitreichende, „harte" Strahlen aussenden. Radiologisch günstiger arbeiten nur Ölkraftwerke unter den Wärmekraftwerken, die es heute gibt.

Technisch weniger gut ausgereift ist dagegen die Beseitigung von Brennstäben, deren Uran- (und Plutonium-)Gehalt unter die „kritische Masse" abgesunken ist (s. S. 178). Sie enthalten Spaltprodukte mit einer physikalischen Halbwertzeit von mehreren Jahrzehnten, wie z.B. Strontium 90 mit 28 Jahren und Cäsium 137 von 30 Jahren. Weitaus problematischer sind jedoch die Reste von radioaktivem Uran und Plutonium mit ihren extrem langen Halbwerzeiten: Plutonium mit 24300 Jahren und die verschiedenen Urane mit 100000 und mehr Jahren. Dieses Rückstandsproblem kann man prinzipiell auf zwei Wegen angehen: Entweder man versucht, die Rückstände für immer schadlos zu beseitigen (1), oder man gewinnt die Uran- und Plutoniumreste zurück, um daraus neue Brennelemente herzustellen (2).

1. Zur dauerhaften Beseitigung hochradioaktiver Rückstände hat man schon mehrere Möglichkeiten ausprobiert, wie Ablagerung im arktischen Eis, Versenken im Meer auf mehr als 2000 m Tiefe und

Deponie in offen gelassenen Salzbergwerken. Diese letztgenannte Möglichkeit dürfte bei weitem die sicherste Beseitigungsmethode darstellen, denn sie vereinigt eine Reihe von Vorzügen:
— das Lagergut ist stets kontrollierbar;
— Salzstöcke stehen nicht mit wasserführenden Gesteinsschichten in Verbindung, so daß keine Grundwasserbelastung zu befürchten ist;
— Steinsalz ist ein plastisches Material, so daß bei tektonischen Bewegungen (z. B. Erdbeben, Entstehung von Verwerfungen) sich bildende Risse wieder geschlossen würden;
— Salz ist ein guter Wärmeleiter, der die Abwärme des sich selbst erhitzenden Materials gut in der Erde verteilt. (Für eine praktische Nutzung ist die Abwärme jedoch viel zu gering.)

In der Bundesrepublik eignen sich besonders die norddeutschen Salzstöcke als Ablagerungsstätten, weil sie in einem tektonisch ruhigen Gebiet liegen (= keine Bewegungen in der Erdkruste), die der Geograph als „alte Massen" bezeichnet. Gegenwärtig steht zur Lagerung allerdings nur das Versuchslager im ehemaligen Salzbergwerk Asse II in Remlingen bei Wolfenbüttel zur Verfügung, dessen Lagerkapazität jedoch begrenzt ist (Abb. 37). Zur Lagerung werden die hochaktiven Abfälle (mit mehr als 1000 Ci/l Lösungsmittel) nach mehrjähriger Abklingphase (= Lagerung, bei der die Temperatur des Materials und dessen Radioaktivität sinken) in Beton eingegossen oder in Glasblöcke

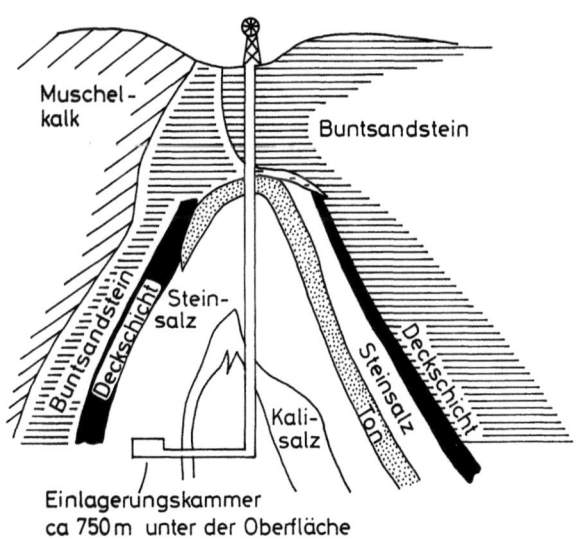

Abb. 37. Stark schematisierter Schnitt durch das Versuchsendlager für radioaktive Abfälle im Salzbergwerk Asse II. (Nach Kühn, 1970)

eingeschmolzen, um sie wasserunlöslich zu machen. Diese Blöcke besitzen eine Innentemperatur von 500° C und eine Außentemperatur von 300 ° C. Schwächer aktive Abfälle werden in Edelstahlfässer gefüllt. Eine gewisse Unsicherheit besteht, ob das Glas unter dem Einfluß von Wärme und Strahlung vorzeitig altern kann oder nicht.

Ein anderes radioaktives Abfallprodukt aus Kernreaktoren stellt das tritiumhaltige Wasser des Primärkreislaufs im Reaktor dar. Die physikalische Halbwertzeit des Tritiums beträgt 12,3 Jahre. Dieses Wasser, das nach dem Stillegen von Kernkraftwerken in großer Menge anfällt, beabsichtigt man in entleerte Ölkavernen zu pumpen, um es dort einige Jahrzehnte zu lagern. Selbst Tritium darf nicht in großen Mengen in die Umwelt gelangen. Da man es ständig mit der Luft oder der Nahrung aufnehmen kann, würde auch dieses Radionuklid zu einer Dauerbelastung der Lebewesen werden.

2. Wesentlich sparsamer als eine Ablagerung wäre die Wiedergewinnung der wertvollen Uran- und Plutoniumreste, denn diese Rohstoffe sind in sehr begrenztem Umfang in der Erdkruste enthalten. Schätzungen zufolge reichen die Uranvorräte höchstens für 100 Jahre Kernreaktorenbetrieb. Man kann diese Elemente jedoch mit Salpetersäure aus den alten Brennstäben herauslösen und aus der Lösung wieder abtrennen. Diese im Labormaßstab ohne weiteres zu bewältigende Prozedur ist jedoch bei uns noch nicht reif für den großtechnischen Einsatz.

Wie die kurze Schilderung gezeigt hat, finden sich die schwächsten Punkte beim Betrieb von Kernkraftwerken bei den Folgeprozessen, wie Lagerung aktiven Materials bzw. Wiedergewinnung von Uran- und Plutoniumresten. Die begrenzte Lagerkapazität im Salzbergwerk Asse II sowie die Ungewißheit, ob rechtzeitig ein großtechnisch genügend ausgereiftes Verfahren für die Rückgewinnung von Uran aus alten Brennelementen zur Verfügung steht, läßt heute noch keine sichere Prognose darüber zu, ob der Betrieb von Kernkraftwerken ungestört weiter entwickelt werden kann, oder ob in Zukunft Abschaltungen erforderlich werden.

Die Kernreaktoren selber befinden sich offenbar in einem technisch sehr viel reiferen Zustand als die Folgeprozesse, auch wenn gelegentlich interne Unfälle vorkommen! Die Wahrscheinlichkeit, daß Unglücksfälle mit radioaktiven Spaltprodukten auftreten, ist durch viele technische Sicherungen außerordentlich gering. Nach der sog. Rasmussen-Studie, in der die technischen Sicherungsanlagen von Kernkraftwerken im Detail beleuchtet werden, soll die Möglichkeit, daß ein Mensch durch Blitzschlag getötet wird, 200mal größer sein als diejenige, daß ein Mensch durch 100 Kernkraftwerke stirbt. Diese hohe Sicherheit ist keinesfalls übertreiben, denn wenn einmal eine ernste Störung auftritt, bei der radioaktives Material in die Umwelt gelangt, dann würde sich sich das tatsächlich katastrophal auswirken, denn die freigesetzten Radioisotope können dann vom Menschen direkt oder über die Nahrungskette aufgenommen werden. Man sollte vielmehr die Sicherheitsmaßnahmen noch verschärfen, wenn Kernkraftwerke in größerem Umfang gebaut werden sollen. Das nie 100%ig auszuschließende Risiko, daß beim Betrieb von Kernkraftwerken einmal radioaktives Material ins Freie gelangt, ließe sich jedoch entschärfen, wenn solche Kraftwerke nur in möglichst dünn besiedelten Gebieten angelegt werden. Ferner muß man bestrebt sein, auch die bereits sehr geringen Emissionen radioaktiver Isotope weiter zu reduzieren, um eine Anreicherung langlebiger Isotope in der Umwelt zu vermeiden.

Eine absolut zuverlässige Beurteilung der Frage, ob Kernkraftwerke zu tolerieren sind oder nicht, kann heute sicher kein Mensch abgeben, da der ganze Problemkreis mit einigen Unsicherheiten behaftet ist, wie wahre Mutationsrate, Verhalten von Mutationen in einer menschlichen Population sowie einige Fragen der technischen Sicherheit. Man kann also, wie beim gesamten Industrialisierungsprozeß oder sogar beim gesamten Zivilisationsprozeß, nicht alle Folgen im Detail voraussagen. Nach den bisher vorliegenden Erfahrungen haben sich jedoch die Kernkraftwerke als relativ umweltfreundlich erwiesen, wenn man die tatsächlich eingetretenen Unfälle und Schäden mit denen auf anderen Gebieten vergleicht, wie z. B. der chemischen Industrie, dem Medikamentenmißbrauch, dem Zigarettenkonsum, dem Verkehr usw. Natürlich stellt die Energiegewinnung aus Kernspaltungen (oder den im Experimentierstadium befindlichen Kernfusionen = Kernverschmelzungen) nicht gerade den erstrebenswerten Idealfall dar, aber in energiearmen Industriegebieten könnte sie für einige Zeit als Ergänzung anderer Energiequellen fungieren. Wünschenswert wäre allerdings eine sorgfältige Entwicklung besonders der schwachen Punkte Endlagerung und Wiederaufarbeitung alter Brennelemente ohne Zeitdruck, so daß sich nicht wegen Übereile vermeidbare Ungeschicklichkeiten einschleichen. Schließlich sollte streng darauf geachtet werden, daß Kernreaktoren und Endlagerstätten für radioaktive Abfälle nicht in erdbebengefährdete Gebiete gehören.

7. Schutz vor Radioaktivität

Zum Schutz vor genetischen Schäden und erhöhter Krebsrate müssen wir uns nicht nur vor radioaktiven Strahlen schützen, sondern auch vor mutagen wirkenden Chemikalien (= Radiomimetika).

Zum Schutz vor Radiomimetika gilt es, künftig verstärkt alle verdächtigen Substanzen an verschiedenen biologischen Objekten auf Mutagenitätswirkung hin zu untersuchen, um sie bei positivem Befund möglichst umgehend aus dem Verkehr zu ziehen.

Bei der Strahlenbelastung des Menschen nimmt die Medizin die führende Rolle ein. Dementsprechend müssen hier entscheidende Schritte zur Reduktion des Strahleneinsatzes eingeleitet werden. Sowohl in der Diagnose als auch in der Therapie sollten energiereiche Strahlen auf das wirklich unumgänglich notwendige Mindestmaß reduziert werden. Zudem müssen, wo immer möglich, dosissparende Verfahren entwickelt werden, denn hier sind noch nicht alle Möglichkeiten ausgeschöpft. Schließlich sollten sich die Ärzte einer besonders kritischen Prüfung unterziehen, bevor sie Menschen während der Fortpflanzungsphase energiereichen Strahlen aussetzen, denn gerade der im Umgang mit Strahlen nur allzu vertraute Arzt neigt dazu, die Strahlenwirkung vorzugsweise nach somatischen Schäden zu beurteilen.

Für die Anwendung von Kernenergie zur Elektrizitätsgewinnung sollten die Sicherheitsbestimmungen kontinuierlich dem sich verbessernden technischen Stand angepaßt werden, um eine Zusatzbelastung der Umwelt aus dieser Quelle auf ein Minimum zu reduzieren, so daß keine meßbare Anreicherung langlebiger Radionuklide in der Umwelt stattfindet. Aber auch das harmlose Tritium (^{3}H), das in Kernkraftwerken entsteht, kann bei zunehmender Konzentration zu einer Umweltgefahr werden, zumal dieses Element die Tendenz zu globaler Ausbreitung zeigt. Da Tritium auch bei der Leuchtfarbenherstellung in immer größeren Mengen verarbeitet wird, muß auch darauf geachtet werden, daß sich die Leuchtfarbenherstellung nicht ungehemmt ausweitet.

Für oberirdische Kernwaffenversuche sowie für Kernwaffen ganz allgemein ist überhaupt kein Platz vorhanden, weil in jedem Fall viele Radioisotope frei in die Umwelt entlassen werden. Dennoch dürfte der Wunsch nach Beseitigung aller Kernwaffen nie in Erfüllung gehen, denn es genügt ein einziger, genügend einflußreicher Politiker auf der ganzen Erde, dessen Ehrgeiz einen Verzicht auf Kernwaffen nicht zuläßt, um vielen anderen Staaten das plausible Argument in die Hand zu geben, ebenfalls Atomwaffen besitzen zu müssen.

IX. Lärmbelastung

Neben elektromagnetischen Wellen, wie z. B. Röntgen- und γ-Strahlen (aber auch Ultraviolettstrahlen) gibt es Druckwellen, die den Menschen in seinem Wohlbefinden beeinträchtigen oder gesundheitlich schädigen.

Solche Druckwellen bezeichnet man, sofern sie sich in der Luft ausbreiten, als Schall. Handelt es sich um unerwünschten Schall, dann spricht man von Lärm. Auch klassische Musik kann als Lärm empfunden werden, wenn sie einem übermüdeten Menschen oder einem Gegner klassischer Musik zu Ohren kommt. Dieses subjektive Empfinden erschwert eine objektive Beurteilung des Schalls.

Einen orientierenden Bewertungsmaßstab bilden zunächst physikalische Meßmethoden der Lautstärke von Schall. Gebräuchliche Einheiten sind Phon und Dezibel. Unter Phon versteht man das Verhältnis der herrschenden Lautstärke zur gerade noch vom Ohr wahrnehmbaren Lautstärke bei einer Schallfrequenz von 1000 Hz (Hertz = Schwingungen pro Sekunde). Phon drückt also das Verhältnis zweier Schallintensitäten zueinander aus. Dezibel (= dB) stellt dagegen das Verhältnis zweier Schalleistungen zueinander dar. (Die Schalleistung erhält man, wenn man die Schallintensität über eine die Schallquelle umschließende Fläche integriert.) Heute ist Dezibel die gebräuchlichste Größe. Bei einer Frequenz von 1000 Hz ist Phon gleich Dezibel. Trotz des subjektiven Empfindes von Schall gibt es auch eine physiologische Obergrenze, die sog. Schmerzgrenze. Sie liegt bei 130 dB. Je nach dem Frequenzbereich des Schalls erträgt man die Schallintensität unterschiedlich gut. Im niederen Frequenzbereich (0–350 Hz) werden 120 dB noch ohne Schädigung vertragen. Bei Frequenzen von 1600 bis 4000 Hz bleiben nur noch Belastungen bis zu 80 dB völlig schadlos. Diese unterschiedliche Empfindlichkeit des menschlichen Ohrs führt man darauf zurück, daß im Bereich um 3000 Hz die Resonanzfrequenz des Gehörgangs liegt (d.h. der Gehörgang kann bei diesen Frequenzen am leichtesten mitschwingen). Dementsprechend hängt sowohl die Hörgrenze als auch die Schmerzschwelle bei den verschiedenen Frequenzen von der Schallintensität ab. Während eine objektive Messung der Schallintensität ohne weiteres möglich ist, sind die Auswirkungen von Schall auf den Menschen sehr viel schwerer zu beschreiben. Erwünschter Schall kann bis zu einem gewissen, schwer festzulegenden Schalldruckpegel ohne Schaden ertragen werden. Durch die mit einer Beschallung verbundenen erhöhten Adrenalinausschüttung im Körper kann sogar eine gewisse Leistungssteigerung erzielt werden (Musikberieselung bei der Arbeit). Das gilt allerdings nur für bereits erlernte Arbeiten geistiger und körperlicher Art, nicht jedoch für neu zu erlernendes Wissen. Bei hohen Schallintensitäten (etwa 120–130 dB) wird die Adrenalinausschüttung so angeregt, daß es zu Verkrampfungen des ganzen Körpers kommt (das kann schon für Diskotheken gelten). Bei lange anhaltenden Schalldruckpegeln dieser Größenordnung stellen sich nervöse Störungen und Schlaflosigkeit ein, und nicht selten führt es zum Herzinfarkt. Wirkt unerwünschter Schall auf den Menschen ein, dann verursachen bereits wesentlich geringere Schallintensitäten Neurosen (z. B. 80 dB und weniger), besonders dann, wenn die Schallquelle nicht beseitigt werden kann und der Mensch sich ihr hilflos ausgeliefert fühlt (z. B. Klavierspiel des Nachbarn, Babygeschrei, Radiomusik der Nachbarn, Straßenlärm usw.). Berücksichtigt man dann noch, wie unterschiedlich die Belastbarkeit des Menschen bei verschiedenen Frequenzbereichen ist, dann wird es nahezu unmöglich, allgemeingültige Werte für Grenzbelastungen aufzustellen. Deshalb ist es nicht verwunderlich, daß die bisher ausgesprochenen Empfehlungen über Schallpegelrichtwerte nicht einheitlich ausgefallen sind.

Ein wirksamer Schallschutz des Menschen kann nur dann erreicht werden, wenn die obere Schallgrenze den verschiedenen Phasen des Alltagslebens angepaßt wird. So empfiehlt der VDI (= Verein deutscher Ingenieure) z. B. für Räume, in denen dauernd mit hoher geistiger Konzentration gearbeitet werden muß, einen geringeren Schallpegel (25–45 Phon) als für Räume, in denen mit mittlerer geistiger Konzentration gearbeitet wird (50–60 Phon). Für Schlafräume wird ein geringerer Geräuschpegel gefordert (25–30 Phon) als für Wohnräume tagsüber (45 Phon).

Zur Verminderung der Lärmbelastung kann man verschiedene Wege beschreiten: (1) Man kann versuchen, sich vor Lärm besser zu schützen, (2) man kann Schallquellen so umkonstruieren, daß sie weniger Lärm erzeugen, und (3) man kann versuchen, Lärmemittenten aus dem menschlichen Wohn- und Tätigkeitsbereich zu entfernen.

1. Für eine wirksamere Schallisolierung des Menschen, besonders der Wohnräume, wurden eine Reihe neuer Techniken entwickelt. Hier ist besonders die Isolierverglasung der Fenster zu nennen. Von zwei Glasscheiben wird ein Raum mit stark verdünnter Luft umschlossen, der eine Barriere für die Fortpflanzung des Schalls darstellt. Mauern und Fußböden werden mit Schaumstoffen, Glas- oder Steinwolle usw. ausgekleidet, die durch ihre plastische Verformbarkeit die Weiterleitung des Schalls ebenfalls hemmen. Diese Techniken dämmen nicht nur die Weiterleitung des Schalls, sondern auch die Wärmeabgabe der Räume. Deshalb bieten sie gegenwärtig auch den wichtigsten Beitrag zur wirtschaftlich tragbaren Energieeinsparung.

2. Neben einer Schallisolierung sollte man künftig immer mehr lärmarme Konstruktionsprinzipien einsetzen. Bei Kraftübertragungen arbeiten Riemen leiser als Zahnradgetriebe, eine Radlagerung auf Kugellagern gibt lautere Geräusche ab als Gleitlager, besonders wenn die Gleitlagerflächen fein geschliffen sind oder mit Plastik beschichtet wurden. Als Verkleidung von Maschinen sollten massive Gehäuse

verwendet werden anstelle dünner Blechwände, oder die Blechwände müssen mit plastischem, die Schalldruckwellen absorbierendem Material beschichtet sein. Im Maschinenbau lassen sich oftmals Hubkolbenmaschinen durch Rotationsmaschinen ersetzen, und schließlich würde ein Ersatz von Verbrennungsmotoren durch Elektromotoren ebenfalls den Schallpegel reduzieren. Dieser in bezug auf Schallerzeugung sehr vorteilhaften Antriebsart steht noch immer der schlechte Wirkungsgrad entgegen, denn Elektrizität muß bei uns erst durch Wärmekraftwerke erzeugt werden (s. S. 102).

3. Schließlich kann man die Lärmbelastung durch planerische Maßnahmen reduzieren. Z.B. vermindert sich die Lärmbelastung des Menschen erheblich, wenn der Luft- und Straßenverkehr von Städten und Erholungsgebieten ferngehalten wird. Das gilt ganz besonders für schnelle Düsenflugzeuge und Überschallflugzeuge. Neue Flugplätze sollten ausschließlich außerhalb der Städte angelegt werden. Ferner wird die Umwelt erheblich entlastet, wenn Flugplätze nur noch in einer bestimmten Richtung angeflogen und verlassen werden dürfen.

Der Lärm von Hauptverkehrsstraßen läßt sich durch hoch- oder tiefliegende Straßentrassen vermindern. Flankierende Schutzpflanzungen dämmen ebenfalls den Straßenlärm ein. Reine Lärmschutzpflanzungen dürfen dichter angelegt werden als Schutzpflanzungen gegen Luftverunreinigungen. Im Nahverkehr würden sich wiederum Fahrzeuge mit Elektroantrieb besonders schallreduzierend auswirken (Straßenbahn), wenn nicht die Stromerzeugung eine Schranke setzen würde.

Literatur

1. Allgemeine Übersicht

Am. Chem. Soc. (Hrsg.): Cleaning our environment, the chemical basis for action. A report. Washington (1969)

Ehrlich, P. R., Ehrlich, A. H., Holdren, J. P.: Humanökologie. Berlin-Heidelberg-New York: Springer, 1975

Forth, W., Henschler, D., Rummel, W.: Allgemeine und spezielle Pharmakologie und Toxikologie. Mannheim-Wien-Zürich: Wissenschafts-Verlag, 1975

Korte, F., Klein, W., Drefahl, B.: Technische Umweltchemikalien, Vorkommen, Abbau, Konsequenzen. Naturwiss. Rundsch. **23**, 445–457 (1970)

Leibundgut, H. (Hrsg.): Schutz unseres Lebensraumes. München: BLV-Verlagsgesellschaft, 1971

Loub, W.: Umweltverschmutzung und Umweltschutz in naturwissenschaftlicher Sicht. Wien: Franz Deuticke-Verlag, 1975

Möbius, K.: Umweltverschmutzung versus Wirtschaftswachstum. Umschau **76**, 738–743 (1976)

Mutschler, E.: Arzneimittelwirkungen. Stuttgart: Wiss. Verlagsgesellschaft, 1973

Olschowy, G. (Hrsg.): Belastete Landschaft, gefährdete Umwelt. München: Goldmann, 1971

Schultze, H. (Hrsg.): Umwelt-Report. Frankfurt/M.: Umschau-Verlag, 1972

Sorauer, P. (Hrsg.): Handbuch der Pflanzenkrankheiten. 4. Teil. Berlin-Hamburg: Paul Parey, 1970

Wegler, R. (Hrsg.): Chemie der Pflanzenschutz- und Schädlingsbekämpfungsmittel. Band 1–4. Berlin-Heidelberg-New York: Springer, 1970–1977

2. Spezielle Kapitel

Bei Literaturangaben „O.N." handelt es sich in der Regel um Kurzberichte über größere Originalarbeiten, die dort auch zitiert werden

Kapitel A
(S. auch Forth et al., 1975; Möbius, 1976; Sorauer, 1970; **Allgemeine Übersicht**)

Kapitel B
(S. auch Sorauer, 1970; **Allgemeine Übersicht**)

Bauer, U.: Über das Verhalten von Bioziden bei der Wasseraufbereitung unter besonderer Berücksichtigung der Langsamsandfiltration. Diss. Univ. Münster (1972)

Berge, H., Jaag, O. (Hrsg.): Handbuch der Pflanzenkrankheiten. Band 4. Berlin-Hamburg: Paul Parey, 1970

Ciarlante, D., Curtis, R. W.: Studies on the fate, recovery and presence of malformin in higher plants. J. paper No. 5223 Purdue Agr. Exp. Stat. (1975)
Curtis, R. W.: Curvatures and malformations in bean plants caused by culture filtrate of *Aspergillus niger*. Plant Physiol. **33**, 17–22 (1958)
Curtis, R. W., Tanaka, H.: Production of malformin by *Aspergillus awamori*. Appl. Microbiol. **15**, 1519–1520 (1967)
Glombitza, K. W.: Pilzgifte auf Nahrungsmitteln und Drogen. Deutsch. Apotheker-Zeitung **113**, 165–170 (1973)
Klausewitz, W., Schäfer, W., Tobias, W.: Umwelt 2000. Kl. Senckenbergreihe Nr. 3. Frankfurt/M.: Verlag W. Krämer, 1971
Reiss, J.: Vorkommen von Mycotoxinen in Lebensmitteln. Naturwiss. Rundsch. **25**, 220–224 (1972)
Schmähl, D.: Karzinogene Faktoren in der Umwelt. Umschau **72**, 288–289 (1972)
Smith, J. E., Berry, D. R.: The Filamentous Fungi I. London: Edward Arnold, 1974
Sporn, M. B., Dingman, C. W., Phelps, H. L., Wogan, G. N.: Aflatoxin B_1 binding to DNA in vitro and alteration of RNA metabolism in vivo. Science **151**, 1539–1540 (1966)
Vogler, G.: Phytoplanktontoxine in Trink-, Brauch- und Badewasser. Naturwiss. Rundsch. **23**, 291–294 (1970)

Kapitel CI
(S. auch Am. Chem. Soc., 1969; Ehrlich et al., 1975; Forth et al., 1975; Leibundgut, 1971; Loub, 1975; Olschowy, 1971; Schultze, 1972; Sorauer, 1970; **Allgemeine Übersicht**)

Abeles, F. B., Forrence, L. E., Leather, G. R.: Ethylene air pollution. Plant Physiol. **48**, 504–505 (1971)
Abeles, F. B., Leather, G. R.: Abscission: Control of cellulase secretion by ethylene. Planta (Berl.) **97**, 87–91 (1971)
Bartels, A.: Industriefeste Gehölze. Gartenpraxis **1**, 440–443 (1975)
Becker, K. H.: Die Photochemie der Luftverschmutzung. Umschau **72**, 255–256 (1972)
Blum, W.: Luftverunreinigung und Filterwirkung des Waldes. Forst- und Holzwirtschaft **20**, 211–215 (1965)
Böger, P.: Photosynthese in globaler Sicht. Naturwiss. Rundsch. **28**, 429–435 (1975)
Czaja, A.: Über das Problem der Zementstaubwirkung auf Pflanzen. Staub **22**, 228–232 (1962)
Eller, B. M.: Straßenstaub heizt Pflanzen auf. Umschau **74**, 283–284 (1974)
Ernst, W. H. O.: Wie viel Schwermetall können Pflanzen vertragen? Umschau **76**, 355–356 (1976)
Garber, K.: Luftverunreinigung und ihre Wirkungen. Berlin: Verlag Borntraeger, 1967
Georgii, H. W.: Verkehrsfreie Sonntage: Neue Einblicke in die Quellen der Luftverschmutzung. Umschau **74**, 715–716 (1974)
Häberle, M.: „Luftverschmutzung" — Weiß der Mensch, was er tut? Sonderdruck der VIK-Mitteilungen (1973)
Hahn, J.: Sind die anthropogenen Stickoxide eine Gefahr für die Ozonschicht? Umschau **76**, 394–396 (1976)
Hope, H. J., Ordin, L.: Metabolism of 3-indoleacetic acid in tobacco exposed to the air pollutant peroxyacetyl nitrate. Plant and Cell Physiol. **12**, 849–857 (1971)
Knabe, W.: Pflanzenbauliche Maßnahmen zur Verminderung von Immissionsschäden. Sonderheft: Landwirtschaftliche Forschung, Stand und Leistung agrikulturbiologischer Forschung **20**, 41–45 (1971)
LeBlanc, F., De Sloover, J.: Relation between industrialization and the distribution and growth of epiphytic lichens and mosses in Montreal. Can. J. Botan. **48**, 1485–1496 (1970)

Lehmann, E.: Stickstoffoxide — ein aktueller Schadstoff. Umschau **76**, 624 (1976)
Lerche, H., Breckle, S. W.: Blei im Ökosystem Autobahnrand. Naturwissenschaften **61**, 218 (1974)
O.N.: Wissenschaft und Technik 1971, eine Rückschau. Umschau **71**, 971 (1971)
O.N.: Hirnschäden durch Blei. Naturwiss. Rundsch. **28**, 411–412 (1975)
O.N.: Beseitigung von Kohlenmonoxid aus der Luft durch Pflanzen. Naturwiss. Rundsch. **28**, 174 (1975)
O.N.: Problematische Sprühdosen. Naturwiss. Rundsch. **28**, 215–216 (1975)
O.N.: Maximale Immissions-Werte. Naturwiss. Rundsch. **28**, 219–220 (1975)
O.N.: Rauchen, Krebs und Herzinfarkt. Umschau **76**, 468–470 (1976)
O.N.: Neue Begonienart als Indikator für photochemischen Smog. Naturwiss. Rundsch. **29**, 129 (1976)
O.N.: Einwirkung von Umweltgiften auf Pflanzen. Umschau **76**, 347–352 (1976)
Ottar, B.: Saure Niederschläge in Skandinavien. Umschau **72**, 290–291 (1972)
Pahlich, E., Jäger, H. J., Steubing, L.: Beeinflussung der Aktivitäten von Glutamatdehydrogenase und Glutaminsynthetase aus Erbsenkeimlingen durch SO_2. Angew. Botan. **46**, 183–197 (1972)
Perchorowicz, J. T., Ting, I. P.: Ozone effects on plant cell permeability. Am. J. Botan. **61**, 787–793 (1974)
Rossenbeck, M.: Benzin — Es geht auch mit weniger Blei. Umschau **76**, 721–722 (1976)
Schlipköter, H. W., Bruck, J., Brockhaus, A., Fodor, G. G.: Die Lunge als Aufnahmeorgan für feste, flüssige und gasförmige Immissionen. Praxis Pneumologie **25**, 509–518 (1971)
Turner, N. C., Waggoner, P. E., Rich, S.: Removal of ozone from the atmosphere by soil and vegetation. Nature (London) **250**, 486–489 (1974)
Wagner, K. H., Siddiqi, I.: Schwermetallkontamination durch industrielle Immission. Naturwissenschaften **60**, 161 (1973)
World Health Organization (Hrsg.): Die Verunreinigung der Luft. Weinheim: Verlag Chemie, 1964
Zeilinger, K.: Umweltfreundliche Kraftstoffe. Umschau **72**, 322–323 (1972)
Ziegler, S.: The effect of SO_3'' on the activity of ribulose-1,5-diphosphate carboxylase in isolated spinach chloroplasts. Planta (Berl.) **103**, 155–163 (1972)

Kapitel C II

(S. auch Ehrlich et al., 1975; Forth et al. 1975, Leibundgut, 1971; Loub, 1975; Olschowy, 1971; Schultze, 1972; Sorauer, 1970; **Allgemeine Übersicht**)

Ambühl, H.: Der Einfluß chemischer Düngung auf stehende Oberflächengewässer. GWF — Wasser/Abwasser **107**, 357–363 (1966)
Banat, K., Förstner, U., Müller, G.: Schwermetalle in den Sedimenten des Rheins. Umschau **72**, 192 (1972)
Bauer, U.: Über das Verhalten von Bioziden bei der Wasseraufbereitung — unter besonderer Berücksichtigung der Langsamsandfiltration. Diss. Univ. Münster 1972
Cole, R. D.: Recognition of crude oils by capillary gas chromatography. Nature (London) **233**, 546–548 (1971)
Förstner, U., Müller, G.: Schwermetalle in Flüssen und Seen als Ausdruck der Umweltverschmutzung. Berlin-Heidelberg-New York: Springer, 1974
Heeren, H.: Umweltschutz durch Trockenkühlung für Kraftwerke. Umschau **73**, 672–673 (1973)
Kloke, A.: Cadmium in Boden und Pflanze. — Ein Beitrag zum Thema „Umweltschutz". Nachrichtenbl. Deutsch. Pflanzenschutzdienst (Braunschweig) **23**, 164–167 (1971)
Knoll, K. H.: Umweltfreundliche Abfallbeseitigung. Umschau **72**, 45–47 (1972)

Kölle, W., Ruf, H., Stieglitz, L.: Die Belastung des Rheins mit organischen Schadstoffen. Naturwissenschaften **59**, 299–305 (1972)

Koepf, H.: Der Einfluß der Landwirtschaft auf den Eutrophierungsprozeß stehender Gewässer. Gewässerschutz — Wasser — Abwasser **4**, 397–415 (1971)

Leh, H. O.: Untersuchungen über die Auswirkungen der Anwendung von Natriumchlorid als Auftaumittel auf die Straßenbäume in Berlin. Nachrichtenbl. Deutsch. Pflanzenschutzdienst (Braunschweig) **25**, 163–170 (1973)

Liebmann, H.: Handbuch der Frischwasser- und Abwasserbiologie. München: R. Oldenboury Verlag, 1960

Liebmann, H.: Anfall und Beseitigung von flüssigen und festen Abfallstoffen bei der Massentierhaltung. Münchner Beitr. Abwasser-, Fischerei- und Flußbiologie **16**, 9–23 (1969)

O.N.: Ligninsulfonsäuregehalt des Rheins. Naturwissensch. Rundsch. **28**, 298 (1975)

O.N.: Sonnenenergie — Das Ei des Kolumbus? Umschau **75**, 69–75 (1975)

O.N.: Anwendung von Strahlen in der Klärschlammbeseitigung. Naturwissensch. Rundsch. **28**, 380 (1975)

O.N.: Umwandlung der Sonnenenergie in elektrische Energie. Naturwissensch. Rundsch. **28**, 339 (1975)

O.N.: Quecksilber in der Umwelt. Naturwissensch. Rundsch. **29**, 94–95 (1976)

Presse- und Informationszentrum des Deutschen Bundestages (Hrsg.) Umweltschutz I: Wasserhaushalt, Binnengewässer, hohe See und Küstengewässer. Bonn 1971

Rosenfeld, E., Gutnick, D.: (New Scientist **64**, 814 (1974)) Naturwissensch. Rundsch. **28**, 338 (1975)

Ruge, U.: Erkennen und Verhindern von Auftausalz-Schäden an Straßenbäumen der Großstädte. Nachrichtenbl. Deutsch. Pflanzenschutzdienst (Braunschweig) **23**, 133–137 (1971)

Schna, L.: Abläufe von Gärfuttersilos. Eine ernstzunehmende Bedrohung der Gewässergütewirtschaft. GWF — Wasser/Abwasser **111**, 388–392 (1970)

Schröder, B. (Hrsg.): Wasser. Frankfurt/M.: Suhrkamp Verlag, 1970

Schwertmann, K.: Der landwirtschaftliche Anteil am Phosphateintrag in Gewässer und die Bedeutung des Bodens hierfür. Z. Wasser u. Abwasserforsch. **6**, 190–195 (1973)

Seidel, K.: Zu Biologie und Gewässer-Reinigungsvermögen von *Iris pseudacorus* L. Naturwissenschaften **60**, 158 (1973)

Seidel, K.: Reinigung von Industrie-Abwässern durch *Juncus maritimus* Lamarc. Naturwissenschaften **60**, 158–159 (1973)

Süß, A., Lessel, T.: Klärschlamm-Kobalt-Bestrahlung ist besser als Pasteurisierung. Umschau **76**, 752–753 (1976)

Viehl, K.: Die Abwässerverhältnisse von ländlichen Gemeinden. Österr. Abwasser-Rundsch. (Wien) **I**, 1–6 (1968)

Viehl, K., Kollatsch, D.: Die Abläufe der landwirtschaftlichen Betriebe — ein neues Abwasserproblem. Wasser u. Boden **9**, 263–267 (1967)

Weichart, G.: Verschmutzung der Nordsee. Naturwissensch. **60**, 469–472 (1973)

Kapitel CIII
(S. auch Ehrlich et al., 1975; Leibundgut, 1971; Olschowy, 1971; Schultze, 1972;
Allgemeine Übersicht)

Delisle, G., Jung, R.: Erdwärmenutzung auch in Deutschland? Umschau **76**, 651–653 (1976)

Hoffman, F. O.: Wärmebelastbarkeit des Rheins abhängig von Wasserverschmutzung. Umschau **74**, 667–668 (1974)

O.N.: Energieverschwendung — die große Energiereserve. Umschau **76**, 315–318 (1976)

Panzram, H.: Das Klima der Erde ist „robust". Naturwissensch. Rundsch. **29**, 359–360 (1976)
Stever, H. G.: Umwelt, Energie und Welternährung — neue Herausforderungen für die Forschungs- und Technologie-Politik. Umschau **76**, 413–416 (1976)

Kapitel CIV
(S. auch Ehrlich et al., 1975; Leibundgut, 1971; Olschowy, 1971; Schultze, 1972; Sorauer, 1970; **Allgemeine Übersicht**)

O. N.: Schredderanlagen — Schrottaufbereitung mit Zukunft. Umschau **73**, 49–50 (1972)
O. N.: O. T. Umschau **73**, 513 (1973)
O. N.: Vernichtung von umweltgefährlichem Cyanid und Nitrit. Naturwissensch. Rundsch. **29**, 281–282 (1976)
O. N.: Sondermüll als Rohstoffquelle. Umschau **76**, 342–344 (1976)
Siegfried, R.: Einfluß von Müllkompost auf den 3,4-Benzpyrengehalt von Möhren und Kopfsalat. Naturwissenschaften **62**, 300 (1975)
Wagner, K. H., Siddiqi, I.: Gefährliche Stoffe in Bodenverbesserungsmitteln. Naturwissenschaften **60**, 160–161 (1973)

Kapitel CV
(S. auch Ehrlich et al., 1975; Loub, 1975; Wegler, 1970–1977; **Allgemeine Übersicht**)

Abelson, P. H.: Pollution by organic chemicals. Science **170**, 495 (1970)
Beran, F.: Pflanzenschutz und Umwelt. Naturwissenschaften **63**, 368–374 (1976)
Bockmann, H.: Die Auswirkung der Cycocelbehandlung auf bestimmte herkömmliche Anbauregeln des Weizens. Nachrichtenbl. Deutsch. Pflanzenschutzdienst (Braunschweig) **23**, 101–104 (1971)
Bowers, W. S., Ohta, T., Cleere, J. S., Marsella, P. A.: Discovery of insect anti-juvenile hormones in plants. Science **193**, 542–547 (1976)
Goos, A., Goos, M., Klein, K.: Versuche zur Ermittlung der Nebenwirkungen von Pflanzenschutzmitteln. Nachrichtenbl. Deutsch. Pflanzenschutzdienst (Braunschweig) **26**, 89–93 (1974)
Harris, N., Dodge, A. D.: The effect of paraquat on flax cotyledon leaves: physiological and biochemical changes. Planta (Berl.) **104**, 210–219 (1972)
Haux, E. H.: Fremdstoffe in unserer Nahrung. Naturwissensch. Rundsch. **24**, 489–490 (1971)
Heidler, G.: Der Einsatz von Herbiziden an und in Gewässern. Nachrichtenbl. Deutsch. Pflanzenschutzdienst **25**, 91–93 (1973)
Hilton, B. D., O'Brien, R. D.: Antagonism by DDT of the effect of valinomycin on a synthetic membrane. Science (Wash.) **168**, 841–843 (1970)
Hondelmann, W. H. J.: Genbanken sichern unsere Ernährung. Umschau **74**, 605–609 (1974)
Horn, A. V.: Untersuchungen über den Einfluß von Wuchsstoffherbiziden auf Wildgeflügel, insbesondere Fasanen. Nachrichtenbl. Deutsch. Pflanzenschutzdienst (Braunschweig) **26**, 154–155 (1974)
Jangaard, N.O:.: The effect of herbicides, plant growth regulators and other compounds on phenylalanine ammonia-lyase activity. Phytochemistry **13**, 1769–1775 (1974)
Janicki, R. H., Kinter, W. B.: DDT: Disrupted osmoregulatory events in the intestine of cel anguilla rostrata adapted to sea water. Science **173**, 1146–1147 (1971)
Jukes, T. H.: Insecticides in health, agriculture and the environment. Naturwissenschaften **61**, 1–16 (1974)

Krieg, A.: Bekämpfung von Schadinsekten mit *Bacillus thuringiensis*. Umschau **74**, 87 (1974)
Leshniowsky, W. O., Dugan, P. R., Pfister, R. M., Frea, J. I., Randles, C. J.: Aldrin: Removal from lake water by flocculent bacteria. Science **169**, 993–994 (1970)
Lelley, J.: Über Bedeutung der chemischen Unkrautbekämpfung bei Kohl-Direktsaat. Nachrichtenbl. Deutsch. Pflanzenschutzdienst (Braunschweig) **23**, 104–106 (1971)
Levinson, H. Z.: Vorratsschutz mit Lockstoffen. Umschau **71**, 945 (1971)
Lück, E.: Konservierungsstoffe für Lebensmittel. Ber. Landwirtschaft **50**, Heft 2 (1972)
Maddrell, S. H. P., Reynolds, S. E.: Release of hormones in insects after poisoning with insecticides. Nature (London) **236**, 404–406 (1972)
Maddrell, S. H. P.: Insect hormones as possible insecticides. New Scientist **27**, 203–205 (1972)
Niehuss, M., Börner, H.: Untersuchungen über den Einfluß von Herbiziden auf Fische. Nachrichtenbl. Deutsch. Pflanzenschutzdienst (Braunschweig) **23**, 113–117 (1971)
O. N.: Bilharziosebekämpfung schädigt den Baumwollanbau in Ägypten. Umschau **73**, 354 (1973)
O. N.: Welche Schäden verursachten die Vietnam-Herbizide? Umschau **74**, 685–686 (1974)
O. N.: Seveso: Wie giftig ist die Giftgaswolke? Umschau **76**, 541–542 (1976)
O. N.: Wie giftig ist TCDD? Umschau **76**, 569–570 (1976)
Schuhmann, G.: Umweltschutzaufgaben im Bereich des Pflanzenschutzes. Nachrichtenbl. Deutsch. Pflanzenschutzdienst (Braunschweig) **23**, 65–67 (1971)
Schupan, W.: Food plants and environmental toxicology. Exc. Med. Intern. Congr. (Prag) **213**, 722–730 (1969)
Schwenke, W.: Zwischen Gift und Hunger. Berlin-Heidelberg-New York: Springer, 1968
Stärk, H., Süß, A.: Bromgehalte von Gemüsepflanzen verschiedener Herkunft. Nachrichtenbl. Deutsch. Pflanzenschutzdienst (Braunschweig) **25**, 87–91 (1973)
Steffan, A. W.: Sind mitteleuropäische Blattlausarten genetischen Bekämpfungsverfahren zugänglich? Nachrichtenbl. Deutsch. Pflanzenschutzdienst **24**, 33–35 (1972)
Vité, J. P., Bakke, A., Hughes, P. R.: Ein Populationslockstoff des zwölfzähnigen Kiefernborkenkäfers *Ips sexdentatus*. Naturwissenschaften **61**, 365–366 (1974)
Wellenstein, G., Lühl, R.: Bekämpfung schädlicher Raupen mit insektenpathogenen Polyederviren und chemischen Stressoren. Naturwissenschaften **59**, 517 (1972)
Zwölfer, H.: Grundlagen und Möglichkeiten der biologischen Unkrautbekämpfung. Nachrichtenbl. Deutsch. Pflanzenschutzdienst (Braunschweig) **26**, 98–102 (1974)

Kapitel CVI
(S. auch Forth et al., 1975; Mutschler, 1973; **Allgemeine Übersicht**)

Mercer, H. D., Pocurull, D., Gaines, S., Wilson, S., Benuett, J. V.: Characteristics of antimicrobial resistance of Escherichia coli from animals: relationship to veterinary and management uses of antimicrobial agents. Appl. Microbiol. **22** 700–705 (1971)
Milkovich, L., van den Berg, B. J.: (New Engl. J. Med. **291**, 1268 (1974)) Naturwissensch. Rundsch. **28**, 335 (1975)

Kapitel CVII
(S. auch Ehrlich et al., 1975; Forth et al., 1975; **Allgemeine Übersicht**)

Borneff, J., Kunte, H., Farkasdi, G., Glathe, H.: Krebs durch Benzpyren in natürlichem Dünger? Umschau **73**, 626–628 (1973)
Jungmann, R. A., Schweppe, J. S.: Binding of chemical carcinogens to nuclear proteins of rat liver. Cancer Res. **32**, 952–959 (1972)

Norphoth, K.: Wodurch entsteht bei PVC-Arbeitern Krebs? Umschau **76**, 684–686 (1976)
O.N.: Vinylchlorid — ein potentieller Krebserreger. Naturwissensch. Rundsch. **28**, 19 (1975)
Preussmann, R.: PVC und Krebsgefahr. Naturwissenschaften **62**, 5 (1975)
Rhim, J. S., Cho, H. Y., Rabstein, L., Gordon, R. J., Bryan, R. J., Gardner, M. B., Huebner, R. J.: Transformation of mouse cells infected with AKR leukaemia virus induced by smog extracts. Nature (London) **239**, 103–107 (1972)
Rhoades, J. W., Johnson, D. E.: N-Dimethylnitrosamine in tobacco smoke condensate. Nature (London) **236**, 307–308 (1972)
Schmähl, D.: Karzinogene Faktoren in der Umwelt. Umschau **72**, 288–289 (1972)

Kapitel CVIII
(S. auch Ehrlich et al., 1975; Leibundgut, 1971; Olschowy, 1971; Schultze, 1972; **Allgemeine Übersicht)**

Ashwood-Smith, M. J., Trevino, J., Ring, R.: Mutagenicity of dichlorvos. Nature (New Biol.) **240**, 418–420 (1972)
Braun, M.: Umweltschutz experimentell. München: BLV u. Schwann, 1974
Bridges, B. A., Mottershead, R. P., Green, M. H. L., Gray, W. J. H.: Mutagenicity of dichlorvos and methyl methanesulphonate for *Escherichia coli* WP_2 and some derivates deficient in DNA repair. Mutation Res. **19**, 295–303 (1973)
Coggle, J. E.: Biological effects of radiation. London-Winchester: Wykeham Publications Ltd., 1971
Fahrig, R.: Nachweis einer genetischen Wirkung von Organophosphor-Insektiziden. Naturwissenschaften **60**, 50–51 (1973)
Kühn, K.: Die radioaktiven Abfälle. Informationstagung der schweizerischen Vereinigung für Atomenergie über die Sicherheit von Kernkraftwerken und die Probleme der Radioaktivität. Bern 1970
Marquardt, H.: Die Strahlengefährdung des Menschen durch Atomenergie. Hamburg: Rowohlt, 1959
Mohn, G.: 5-Methyltryptophan resistance mutations in Escherichia coli K-12. Mutagenic activity of monofunctional alkylating agents including organophosphorus insecticides. Mutation Res. **20**, 7–15 (1973)
Muller, H. J.: Studies in Genetics. Bloomington, Indiana: Univ. Press, 1962
O.N.: Sicherheit von Kernkraftwerken. Naturwissensch. Rundsch. **28**, 169 (1975)
O.N.: Stillegung von Kernkraftwerken zu erwarten? Umschau **76**, 532–533 (1976)
O.N.: Luftverkehr ist gefährlicher als Kernkraftwerke. Umschau **76**, 569 (1976)
O.N.: Umweltbelastung durch Tritium. Naturwissensch. Rundsch. **29**, 50–52 (1976)
Reddy, M. V., Rao, B. V. R.: The cytological effects of insecticides (Dimecron-100 and Roar-40) on *Vicia faba* L. Cytologia (Tokyo) **34**, 408–417 (1969)
Roth, B. F.: Uran — die größten Energie-Reserven der Erde. Umschau **76**, 273–278 (1976)

Kapitel CIX
(S. auch Leibundgut, 1971; Olschowy, 1971; Schultze, 1972; **Allgemeine Übersicht)**

Beck, G.: Pflanzen als Mittel zur Lärmbekämpfung. Hannover-Berlin-Sarstedt: Platzer Verlag, 1967
Glück, K.: Was kostet es, Verkehrslärm- und -abgasbelastungen zu reduzieren? Umschau **76**, 554–555 (1976)

Sachverzeichnis

Abgase (s. auch Emissionen)
 Ausbreitung 3
 Otto- und Dieselmotor 67 f.
Abgasreinigung
 bei Kraftfahrzeugen 67
 Elektroabscheider 65 f.
 Nachverbrennung 66
 Naßabscheidung 66
 Trockenabscheidung 65
Abgasresistenz von Pflanzen 59, 64 f.
Abraum 94, 108
Abwärme von
 Brennelementen 181
 Kraftwerken 102, 104
Abwässer
 industrielle 81 f.
 kommunale 70 f.
 landwirtschaftliche 73 f.
Abwasserbelüftung 97
adi-Werte 125, 137
Aerosol 53 f.
Äthylen
 Herkunft 57
 Wirkung auf Pflanzen 57 f.
Aflatoxine 20 ff.
 Schutz vor 25
 Struktur 22
 Toleranzgrenze 24
 Vorkommen 21
 Wirkungsweise 22 f.
Akarizide 125, 129
Akkumulatoren 106
Aldrin 127, 129, 135
Algizide 27, 125
Alkylierende Substanzen 138, 164
Alkylsulfonsäuren 84
Alveolen (s. Lungenbläschen)
Ammoniak 30, 71, 75 f., 98
Amphetamin 158
Anabolika 147
Aneuploidie 138

Angstträume 158
Antibiotika 148 ff.
 Definition 148
 Inaktivierung 153 f.
 Nebenwirkungen 152, 155
 Resistenzbildung bei Bakterien 152 f.
 Resistenzübertragung 152 f.
 Schutz vor Gefahren 154 f.
 Therapeutische Dosen 148 f.
Antidepressiva 158, 160
Antihistaminika 18, 156
Appetitzügler 160
Asbeststaub 166
Aspergillus flavus 20
Auftausalze 73
Auspuffgase bei
 Flugzeugen 50 f.
 Kraftfahrzeugen 35, 49, 53, 164
Autoreifenverwertung 119
Azobenzol, asymmetrisches 136

Bacillus subtilis 114
Bacillus thermophilus 114
Badeseife 132
Bakteriensporen, Hitzestabilität 115
Bakterizide 125
Barbiturate 156 f.
Batterien 106
Beizen von Samen 130
Belebtschlammverfahren 96 f.
Belebungsbecken 95
Benzinabscheider 96
3, 4-Benzpyren 32, 40, 117, 162, 164
Biochemischer Sauerstoffbedarf (s. BSB_5)
Biologische Halbwertzeit
 Cadmium 90
 Definition 15
 Quecksilber 88
 Radioisotope 169 f.

195

Biologische Wasserklärung 77, 95f.
Blattnekrosen 49, 73
Blei
  Gesetze 35
  Herkunft 35
  MAK-Wert 36
  Verbreitung 35
  Verteilung im menschlichen Körper 36f.
  Wirkungsweise 36
Bleianämie 37
Bleikolik 37
Bleisaum 37
Bleitetraäthyl
  MAK-Wert 36
  Struktur 35
  Wirkungsweise 36
Bodenbeschaffenheit 116, 139
Bodenverbesserung 78, 117
Brennstäbe 178, 182
Brennstoffzellen 106
BSB_5 69, 91, 98, 110, 111
Buttergelb 162, 164

Cadmium 90
Cancerogene Substanzen (s. Krebserregende Substanzen)
Carcinogene Substanzen (s. Krebserregende Substanzen)
„Carrier"-Proteine (s. Transportproteine)
CCC 127, 129, 133
Cephalothin 150
Cerezin 126, 128
Chlorakne 132
Chloramphenicol 151
Chlorcholinchlorid (s. CCC)
Chlorgas 29
Chlorimipramin 158
Chlormequatchlorid (s. CCC))
Chlorpromazin 157
Chlorwasserstoffgas 46f., 113
Chromosomendefekte 138
Claviceps purpurea 19
C/N-Verhältnis 114
COHb (s. Kohlenmonoxidhämoglobin)
Coli-Titer 70
Contergan 147
Curie 167
Cyanidentgiftung 121

2,4-**D** 126, 129, 140
Dämpfe 41
DCMU 127, 129
DDT 121ff., 129, 135f., 139, 141
Defektmutationen 175
Defoliantien 125
Deponie von Brennelementen 181
Detergentien 84f.
Dezibel 185
Diäthyldicarbonat 135
Diäthylstilboestrol 165
Diazepam 157
Diazinon 128
Dichlordiphenyltrichlormethan (s. DDT)
2,4-Dichlorphenoxyessigsäure (s. 2,4-D)
Dichlorvos 138, 165
Dieldrin 127, 129, 135
Dimethylnitrosamin 162, 164
Diureide 156f.
Diuron (s. DCMU)
Diphenylamin 162
Dörrfleckenkrankheit 116
Doping 160
Dosis-Wirkungsbereich 11f.
Düngemittel
  Bedeutung für Wasserbelastung 78
  Flankierende Maßnahmen 79
  Klärschlamm 95, 98
  Müll 115
  Verhalten im Boden 78f.
Düsenflugzeuge und Wolkenbildung 32
Dunstglockenbildung 18, 53

EGW 68f.
Einwohnergleichwert (s. EGW)
Eisenerzvorräte 101
Elektronentransport zur Energiegewinnung 106
Emission 28
Empfindlichkeit des Menschen
  altersbedingte 13
  art- und rassenbedingte 13, 50, 164
  individuelle 12f.
Endosulfan (s. Thiodan)
Energiebedarf 107
Entkrautung, chemische 131

Entstaubung 65f., 113
Enzyme
  Abbau von Giftstoffen 14
  Hemmung durch Giftstoffe 10
Erdöl
  bakterieller Abbau 83
  Tankerreinigung 83
  Wasserverunreinigung 82
  Wirkung auf Pflanzen 82
  Wirkung auf Tiere 82
Erdölprodukte 81
Ergotamin 19f.
Ergotismus (s. Kribbelkrankheit)
Euphorisierende Stoffe 39, 160
Eutrophierung 110
  Abwasser 95, 98
  Definition 71
  Phosphate 71, 73, 79
  Silosaft 76
  Waschmittel 93

Fahrtüchtigkeit (Autofahrer) 159
Fall out 178
Fangpflanzenverfahren 59
Faulgase 71, 95, 98
Faulschlamm 71, 96
Faulturm 95, 98
Fernwirkung von Emissionen 46f.
Feuchtegehalt von Müll 114
Fischsterben 3, 47, 77, 85, 94
Flechten als Abgasindikatoren 48, 59
Fließgeschwindigkeit von
  Flußwasser 103
  Müllsickerwasser 110
Fluoride 47
Fluorwasserstoffgas
  Entstehung 46, 113
  MAK-Wert 46
  Wirkung auf Pflanzen 47f.
Flußsedimente 92, 102
Flußufer, Pflege von 99f.
Frigen 50, 105
Fungizide 125, 128

Gase, Definition 41
Geschmackbeeinflussung von
  Fischfleisch 86
  Trinkwasser 86
Giftalarm, Kriterium für 81
Giftstoffe
  Abbau 14f., 134ff., 165

Akkumulation (s. Kumulation)
Aktivierung im Körper 166
Antagonismus 12
Ausscheidung 15f., 135
Dosis-Effektkurven 11f.
Kumulation 16, 133f., 159
Metabolisierung (s. Umbau)
Rückresorption 15
Synergismus 12
Umbau 14f.
Gips als Abfallprodukt 120
Gonadendosis 177
Großvieheinheit (s. GVE)
Grundwasserbelastung 130
GVE 69

Halbwertzeit radioaktiver Elemente
  biologische 169f.
  physikalische 169f.
Hammermühle 115
Harnstoffabbau 75
Hausmüll 108
Hautkrebs 50
Herbizide (s. auch Pestizide) 125, 128f.
Herzinfarkt 39
Heuschnupfen (s. Pollenallergie)
Hexa 127, 129
Hexachlorcyclohexan (s. Hexa)
Hexachlorophen 125f.
8-Hydroxychinolin 147f.

Immission 28
Industrieansiedlung 60f.
Industriemüll 108, 110, 112, 120
INH 164
Insektenbekämpfung 144f.
Insektenlockstoffe 129, 145
Insektizide (s. auch Pestizide) 125, 129
Invertseifen 85
Ionenaustauscher 101
Ionenpaarbildung durch Kernstrahlen 168
Ionisationsdichte von Kernstrahlen 167f.
Isonicotinsäurehydrazid (s. INH)
Itai-Itai-Krankheit 90

Kernkraftwerke 104, 178
Kernreaktor 180

Kernstrahlen
   Mutationsauslösung 171 f.
   Natur 167
   Physiologische Wirkung 170 ff.
Kettenreaktion 178 f.
Klärschlamm 95, 98 f., 108, 114
Klimaänderungen 105, 107
Körperspray 132
Kohlendioxid 30 ff.
   Entstehung 41
   Konzentration in der Luft 42
   Kreislauf 42
   Wirkung auf den Energiehaushalt der Erde 44
Kohlenmonoxid 29 f., 40
   Abhängigkeit von Motorleistung 43
   Bindung durch Pflanzen 43
   Entstehung 43
   Konzentration in Großstadtluft 43
   Wirkung auf den Menschen 44 f.
Kohlenmonoxid-Hämoglobin 41, 44 f.
Kombinationswirkung von Giftstoffen 12, 56 f., 159
Kompostierung 95
Kräuselkrankheit 116
Kraftwerke 103
Krankheitserreger 109, 115
Krebserregende Substanzen 22, 32, 117, 136, 161 f., 170
Kreislaufschäden 39
Kribbelkrankheit 19 f.
Kritische Masse 178
Kritisches Organ 170
Kühltürme 104, 107
Kühlwasser 103
Kupfervorräte 101

Lärm 184 ff.
Lärmarme Konstruktionsprinzipien 186
LD_{50}-Werte
   Alfatoxine 22
   Definition 12 f.
   Kernstrahlen 173
   Pestizide 123, 132, 135, 137, 141
LD_{100}-Werte
   Definition 13
   Kernstrahlen 173
Leberkrebs 22
Leuchtfarben 184

Löslichkeitskoeffizient 8
Luft, belastete und natürliche 30
Lungenbläschen
   Gesamtfläche beim Menschen 8
   Stoffaufnahme 8
   Verätzungen 47
Lungenkrebs 40, 61
Lungenödem 51
Lysergsäure 19 f.

Magnetabscheider 115, 118 f.
MAK-Werte 29
Malariasterblichkeit und DDT 122
Malathion 128, 134, 141
Malformin 24
Massenentwicklung von Algen (s. auch Eutrophierung) 26
Massentierhaltung 77
Maximale Arbeitsplatzkonzentration (s. MAK)
Maximale Emissionskonzentration (s. MEK)
Maximale Immissionskonzentration (s. MIK)
Medikamentenmißbrauch 147 ff.
MEK-Werte 28 f.
Membranen (s. Zellmembranen)
Meprobamat 157
Meßverfahren für Abgase
   biologische 59
   physikalische 58
Methan 71, 98
Methansulfonsäuremethylester 163
Methämoglobinämie 51, 79
Methoxyäthylquecksilber 126
Methylbromid 134
MIK-Werte 28 f.
MIK_D-Werte 29
MIK_K-Werte 29
Minamata-Krankheit 87 f.
Mineraldünger und Ertrag 4
Mißbildungen am Fötus 159
Mitscherlichgesetz 79 f.
Molluskizide 140
Monoureide 156 f.
Moose als Anzeiger für Luftverschmutzung 59
Müll 108 ff.
   Deponie 111 f., 117
   Entseuchung 113, 115
   Kompostierung 98, 113, 116 f

Müll
　Menge　117
　Miete　115
　Sickerwasser　110 f.
　Verbrennung　112 f., 117
　Verdichter　111
　Verträglichkeit bei Pflanzen　116
　Volumen　109
Multiresistenz　153
Mutagene Substanzen　176 f., 183 f.
Mutationen　170 f., 173
Mutationshäufigkeit und Lebensalter　173 f.
Mutterkorn 19
Mycotoxine　19, 23 f.

Nachklärbecken　95, 97
Nachrotte (s. Rotte)
Nahrungskette　88, 133, 178
β-Naphthylamin　162
Naßabscheidung　113
Naßkühltürme　(s. Kühltürme)
Nebelbildung　32, 104
Nervensystem
　Störung der Erregungsleitung　9, 36, 123, 138
　Störung der sensorischen Neuronen　89
Nesselsucht　26
Neuroleptika　157, 159
Nicotin
　Abbaugeschwindigkeit　40
　Letalitätsdosis　40
　Struktur　39
　Wirkung auf den Embryo　40
　Wirkung auf den Menschen　39 f.
Nitrate　79
Nitrilotriessigsäure　93
Nitritentgiftung　121
Nitrobacter　76
Nitrose Gase (s. Stickoxide)
Nitrosomonas　76
N-Lost　163

Organochlorverbindungen　9, 138
　Speicherung im Körperfett　86
Ozon
　Entstehung　49
　Konzentration in Großstädten　50
　Oxydation von SO_2　57
　Silberblattbildung　52 f.
　Stratosphären-Ozon　50
　Wirkung auf den Menschen　51
　Wirkung auf Pflanzen　51 f.
Ozonide　52 f.

PAN
　Hemmung der Photosynthese　56
　Struktur　54
Paraquat　127, 129
Parathion　128 f.
Patulin　20, 24
PCB　86 f.
Penicillin G　150
Penicillium notatum　148
Peroxyacetylnitrat (s. PAN)
Pestizide (s. auch Pflanzenschutzmittel)　121 ff.
　Definition　125
　Eigenschaften　142
　Neuentwicklung　143
　Struktur　126 f.
　Systemische Wirkung　141
　Verhalten in Kläranlagen　98, 101
　Verminderung des Einsatzes　142, 144 f.
Pflanzenschutzmittel (s. auch Pestizide)
　Gesamtmenge　131
　Wasserbelastung　80 f.
　Wirkung auf den Ertrag von Pflanzen　2, 4, 139 f.
　Wirkung auf den Fruchtansatz von Pflanzen　141
　Wirkung bei Samenkeimung　130
Pflanzenwachstum, Hemmung durch saure Emissionen　47 f., 59
Phenolabbau durch Pflanzen　86
Phenole　9, 85 f.
Phon　185
Phosphatvorräte　101
Photosynthese
　Bindung von Kohlendioxid　41
　Freisetzen von Sauerstoff　42, 62
Photosynthesehemmung durch
　Chlorwasserstoffgas　49
　Fluorwasserstoffgas　49
　PAN　56
　Pestizide　138
　Schwefeldioxid　48
　Staub　34

Photosyntheseleistung im Verlauf der Erdgeschichte 42
Phytoplanktontoxine 19, 25f.
Pollenallergie 17f.
Polychlorierte Diphenyle (s. PCB)
Polychlorierte Naphthaline 86
Polyoxyäthylen 84
Polyvinylchlorid (s. PVC)
Propanil 136
Psychopharmaka 156ff.
   Rezeptpflicht 161
   Schutz vor Psychopharmaka 160f.
PVC 113, 165

Qualität von Kulturpflanzen 140
Quecksilber 87ff.
   Ablagerung in Haaren 89
   Anwendung 87
   Methylierung 88f.
   Speicherung im Körperfett 88
   Wirkung beim Menschen 88f.
Quecksilberverbindungen 128

Rachitis 32f.
rad 168f.
Radioaktive Abfälle 181
Radioaktivität 166f.
Radiomimetika (s. mutagene Substanzen)
Rauch 37f.
Raucherbein 39
Raucherhusten 40
Rauchhärte von Pflanzen (s. Abgasresistenz)
Recycling (s. Wiedergewinnungsverfahren)
rem 168f.
Resistenzbildung gegenüber
   Antibiotika 152
   Pestiziden 141
Resistenzzüchtung von Pflanzen 146
Resonanzfrequenz 185
Restwärme beim Turbinenantrieb 102
Rodentizide 125
Röntgen 167ff.
Röntgenkoller 173
Rohhumuspflanzen 116
Rohstoffverknappung 107, 118
Rotschlamm für Eisengewinnung 120
Rotte 114ff.
Rottetürme 115
Rottezellen 115

Salzresistenz von Pflanzen (s. Salztoleranz)
Salztoleranz von Pflanzen 73
Sandfang 95f.
Saprobienstufen (s. Wassergüteklassen)
Sauerstoff 30, 62f.
   Löslichkeit in Wasser 103
   Mindestgehalt für Fische 103
   Schwund im Wasser 103
Sauerstofftransport des Blutes
   Hemmung durch Kohlenmonoxid 40
Schall 185f.
   Frequenz 185
   Intensität 185
   Isolierung 186
   Pegelrichtwerte 186
Schimmelpilze 20
Schlaf, unphysiologischer, orthodoxer, paradoxer 156
Schlafmittel 156ff.
Schlankheitskur und Pestizidverhalten 133
Schutzpflanzungen 62f.
Schwefeldioxid 29f., 32
   Enstehung 45f., 113
   MAK-Wert 46
   MIK-Wert 46
   Oxydation durch Ozon 57
   Photochemische Reaktionen 54
   Wirkung auf den Menschen 56
   Wirkung auf Pflanzen 47f.
Schwefelkohlenstoff 71
Schwefelwasserstoff 71, 75, 98
Schwelbrand 110
Schwermetalle 11, 27, 34f., 87f., 110, 117, 154
   Allgemeine Wirkungsmechanismen 90f.
   Anreicherung in Sedimenten 92, 102
   Emittenten 91
   Verhalten in Kläranlagen 98, 101
   Verhalten in Wasser 91f.
   Verminderung der Anwendung 93f.
Selektionsfaktoren und Mutationsauslösung 174
Shreddern 119
Silicose (s. Staublunge)
Silosickersaft 77

Smog
 Alarm 59
 Begleitsubstanzen 56
 geographische Voraussetzungen 55
 klimatische Voraussetzungen 55
 London-Typ 54
 Los-Angeles-Typ 53
 Physiologische Wirkungen 55
 Terpensmog 18
SMON 147
Solarzellen 106
Sondermüll (s. Industriemüll)
Sonnenenergie 106f.
Spraydosen 50f., 131
Spritzmittel 130
Spurenelemente 94, 116
Staub
 Ausbreitung 31, 63
 Beeinflussung des Klimas 31f.
 Enstehung 30f., 113
 Wirkung auf den Menschen 32f. 56
 Wirkung auf Pflanzen 33f.
Staublunge 32
Stickoxide 29f., 49
 Herkunft 49
 Photochemische Umsetzungen 49
 Wirkung auf den Menschen 51
 Wirkung auf Pflanzen 51f.
Stickstoffdioxid
 Gefährdung der Ozonschicht 50
 MAK-Wert 49
Stimulantien 158, 160
Stoffaufnahme
 Außenhaut 9
 Diffusion 6ff.
 Geschwindigkeit 8
 hydrophile Stoffe 6
 lipophile Stoffe 6, 9
 Mensch 8f., 32, 36ff., 47
 Pflanzen 47
γ-Strahlen 167
Strahlenbelastung
 künstliche 176ff.
 medizinische 178, 184
 natürliche 175
Strahlenschutzstoffe 172
Strahlentoleranzdosis 175f.
Straßenführung 60f.
Streptomycin 151

Suchtbildung 158
Suchtmittel 39
Sulfitionen
 Bindung an Zellmembranen 48
Systox 128f.

2,4,5-T 126, 129
Tabakrauch
 Enstehung 38
 Fernwirkung 40
 Inhaltsstoffe 38ff., 164
 Resorption 39
 und Nichtraucher 62
 Wirkung auf den Menschen 38ff.
Tauchscheibenverfahren 97
TCDD 9, 132
Terabol 134
2,3,5,6-Tetrachlorbenzoesäure 126, 129
2, 3, 7, 8-Tetrachlordibenzodioxin (s. TCDD)
Tetracyclin 150
Thermische Belastung (s. Wärmebelastung)
Thiodan 128f., 141
Thrombose 39
Thranquilizer 157f.
Tranquillantien (s. Tranquilizer)
Transmission 28
Transmittersubstanzen, Störung durch Pestizide 138
Transportproteine 10
2,4,5-Trichlorphenoxyessigsäure (s. 2,4,5-T)
Trinkwassergewinnung 26f., 81, 95, 99f.
Tritium 170, 179, 182, 184
Trockenbeete 95
Trockenkühltürme (s. Kühltürme)
Tropfkörper 97

Truthahnkrankheit 20
Turkey-x-disease (s. Truthahnkrankheit)

Uferfiltration 100
Umkippen von Gewässern 71, 97
Urticariasymptome (s. Nesselsucht)
UV-Strahlen
 Absorption durch Ozonschicht 50
 Krebsbildung 50

UV-Strahlen
  photochemische Ozonbildung   49 f.
  Vitamin D-Bildung   33

Verdauungstrakt, Stoffaufnahme durch   9
Verpuppungshormone   129
Verschrottung von Autowracks   119
Verschwindestoffe   134 f.
Vinylchlorid   165
Vitalitätsminderung   138
Vorklärbecken   95
Vorratshaltung   131
Vorrotte (s. Rotte)

Wachstumsregulatoren   125, 129
Wärmebelastung von Flüssen   103
Wassergüte(klassen)   72, 77, 92, 98
Wasserkrankheit   79
Weichmacher   35
Wiedergewinnung   84, 94, 101 f., 118 f.

Wirkungsgrad
  und Temperaturdifferenz des Wasserdampfes   102
  von Kernkraftwerken   102
  von konventionellen Kraftwerken   104

Zellmembranen
  Änderung der Durchlässigkeit   48, 51, 123
  Aktionspotential   9
  Aufbau   5 f., 9
  Durchlässigkeit   9
  Permeabilität (s. Durchlässigkeit)
  Poren   6
  Resorption (s. Stoffaufnahme)
  Stoffaufnahme   6 f.
  Transportproteine   10
α-Zerfall   167
β-Zerfall   167
Zigarettenrauch (s. Tabakrauch)
Zivilisationskrankheiten und Schwermetalle   93

U. Förstner, G. Müller

Schwermetalle in Flüssen und Seen

als Ausdruck der Umweltverschmutzung

Mit einem Geleitwort von H.-J. Elster

83 Abbildungen, 59 Tabellen. XII, 225 Seiten. 1974
Gebunden DM 36,–; US $ 15.90
ISBN 3-540-06589-X

Aus den Besprechungen: „Das Buch befaßt sich mit umweltbedingten Metallkonzentrationen in Flüssen und Seen, insbesondere mit der Herkunft, der Verbreitung und den Auswirkungen von toxischen Schwermetallen. Im Mittelpunkt stehen eine Bestandsaufnahme der Schwermetallbelastung von Gewässern in der Bundesrepublik Deutschland und die generelle Beschreibung der Anreichungsvorgänge von Schwermetallen in aquatischen Systemen. Besonders interessant ist die Untersuchung der Sedimente, die eine wichtige Steuerfunktion bei vielen Stoffwechselvorgängen im Ökosystem haben und auch als Nahrungsbasis für die Bodenfauna und als Dokumentation der Geschichte des Ökosystems eine wichtige Rolle spielen. In zahlreichen Beispielen wird nachgewiesen, daß die Anreicherung von besonders toxischen Metallen, wie Quecksilber, Cadmium, Blei und Zink, zu einer drohenden Gefahr für unsere Umwelt und die Trinkwasserversorgung aus Oberflächengewässern wird. Das Buch leistet einen wertvollen Beitrag zur Aufklärung der gegenwärtigen Situation und Tendenz in den Binnengewässern."

Neue Züricher Zeitung
Forschung und Technik

S. A. Gerlach

Meeresverschmutzung

Diagnose und Therapie

Hochschultext
57 Abbildungen, 39 Tabellen. VI, 145 Seiten. 1976
DM 24,–; US $ 10.60
ISBN 3-540-07921-1

Erst in den vergangenen zehn Jahren sind Fragen der Meeresverschmutzung so wichtig geworden, daß sie die Öffentlichkeit bewegen und überall auf der Welt intensiv erforscht werden. Die Zahl der Meldungen über unhygienische Zustände an den Badestränden, über DDT und Schwermetalle in Meeresorganismen und über das Ausmaß der Ölpest steigen alarmierend. Doch wer sich informieren wollte, war bisher auf die weit verstreuten Originalarbeiten angewiesen. Dieses Buch will nun eine Lücke füllen und gleichzeitig durch die Verarbeitung neuester wissenschaftlicher Ergebnisse die notwendige Aktualität gewährleisten. Behandelt werden die regionalen Probleme der Küstenverschmutzung, die Gefahren durch die Versenkung von Giftabfällen im Meer und die weltweite Belastung der Ozeane durch Schadstoffe, die über die Atmosphäre verbreitet werden.

Preisänderungen vorbehalten

Springer-Verlag
Berlin
Heidelberg
New York

H.C. Coppel, J.W. Mertins
Biological Insect Pest Suppression
46 figures, 1 table. VIII, 314 pages. 1977
Cloth DM 72,–; US $ 31.70
(Advanced Series
in Agricultural Sciences, Volume 4)
ISBN 3-540-07931-9
Distribution rights for India:
Allied Publishers, New Delhi

Biological Insect Pest Suppression is the authors' attempt to encompass a discussion of the potential of the multifarious biologically based methods of insect pest population reduction. The major significance of this book is its synthesis of a broader range of techniques than that usually covered in texts on biological control. While the discussion is restricted to the suppression of insect pests, the topics covered are diverse and include the historical, theorectical and philosophical bases of biological insect pest suppression, the organisms used in classical biological control, the use of host resistance, environmental manipulations and cultural practices, autocidal control and genetic manipulation, natural determinants of growth, metamorphosis, and behavior, and integrated pest suppression.

R. Guderian
Air Pollution
Phytotoxicity of Acidic Gases and Its Significance in Air Pollution Control

Translated from the German
by C.J. Brandt

40 figures, 4 in color, 26 tables. VIII, 127 pages. 1977
Cloth DM 58,–; US $ 25.60
(Ecological Studies, Volume 22)
ISBN 3-540-08030-9

The author's personal experiments, with an extensive survey and evaluation of the literature, show the effects of sulfur dioxide, hydrogen fluoride, and hydrogen chloride, air pollutants causing injury to vegetation in central and western Europe, on different ecosystem levels. Injurious effects are discussed in relationship to pollutant constellation, internal and external growth factors, and the inherent degree of resistance of higher and lower plants. Experimental analysis of effects from air pollutants is evaluated. This detailed presentation, well-documented with tables and figures, considers not only the special aspects of teaching and research, but also the significance of plant and ecosystem reactions for practical air pollution control, the determination of allowable atmospheric pollutant concentrations, the use of biological recognition and surveillance indicators, and protective measures for reducing injury at the growing site.

Preisänderungen vorbehalten

Springer-Verlag Berlin Heidelberg New York

MIX
Papier aus verantwortungsvollen Quellen
Paper from responsible sources
FSC® C105338

If you have any concerns about our products,
you can contact us on
ProductSafety@springernature.com

In case Publisher is established outside the EU,
the EU authorized representative is:
**Springer Nature Customer Service Center GmbH
Europaplatz 3, 69115 Heidelberg, Germany**

Printed by Libri Plureos GmbH
in Hamburg, Germany